新 编 项 目 式 培 训 教 材

U0740630

中文版

CorelDRAW 2024

基础培训教程

数字艺术教育研究室 编著

人民邮电出版社
北 京

图书在版编目（CIP）数据

中文版 CorelDRAW 2024 基础培训教程 / 数字艺术教育研究室编著. -- 北京：人民邮电出版社，2025.
ISBN 978-7-115-66893-6

I. TP391.412

中国国家版本馆 CIP 数据核字第 20252UY745 号

内 容 提 要

本书全面、系统地介绍使用 CorelDRAW 2024 绘制矢量图形的方法与技巧，内容包括软件基本操作和图形与图像的基础知识、绘制和编辑图形、绘制和编辑曲线、编辑轮廓与填充颜色、排列和组合对象、编辑文本、编辑位图、应用特殊效果，以及商业案例实训等。

本书以任务实践为主线，通过对任务实际操作的讲解，帮助读者快速上手，熟悉软件功能和艺术设计思路。书中的任务知识部分可以帮助读者深入学习软件功能；项目实践和课后习题部分可以拓展读者的实际应用能力，使读者熟练掌握软件使用技巧；商业案例实训部分可以帮助读者快速掌握商业图形的设计理念和设计元素，从而顺利达到实战水平。

随书附赠学习资源，包括书中案例的素材文件、效果文件和在线教学视频，以及基础素材包和扩展案例。另外，专为教师提供教学资料，包括教学大纲、教学教案、PPT 课件及教学题库等。

本书适合作为相关院校平面设计、电商设计、UI 设计等艺术类专业和培训机构 CorelDRAW 相关课程的教材，也可作为 CorelDRAW 自学人员的参考书。

◆ 编　著　数字艺术教育研究室
责任编辑　张丹丹
责任印制　陈　犇

◆ 人民邮电出版社出版发行　　北京市丰台区成寿寺路 11 号
邮编 100164　电子邮件 315@ptpress.com.cn
网址 https://www.ptpress.com.cn
三河市中晟雅豪印务有限公司印刷

◆ 开本：787×1092　1/16
印张：15.25　　　　　　2025 年 7 月第 1 版
字数：370 千字　　　　 2025 年 7 月河北第 1 次印刷

定价：59.80 元

读者服务热线：(010)81055410　印装质量热线：(010)81055316
反盗版热线：(010)81055315

前言

CorelDRAW是由Corel公司开发的一款矢量图形绘制和编辑软件，在插画设计、平面设计、排版设计、包装设计、界面设计、产品设计和服饰设计等领域都有广泛的应用。其功能强大、易学易用，深受平面设计人员和图形图像处理爱好者的喜爱。

如何使用本书

01 **精选基础知识，快速了解 CorelDRAW**

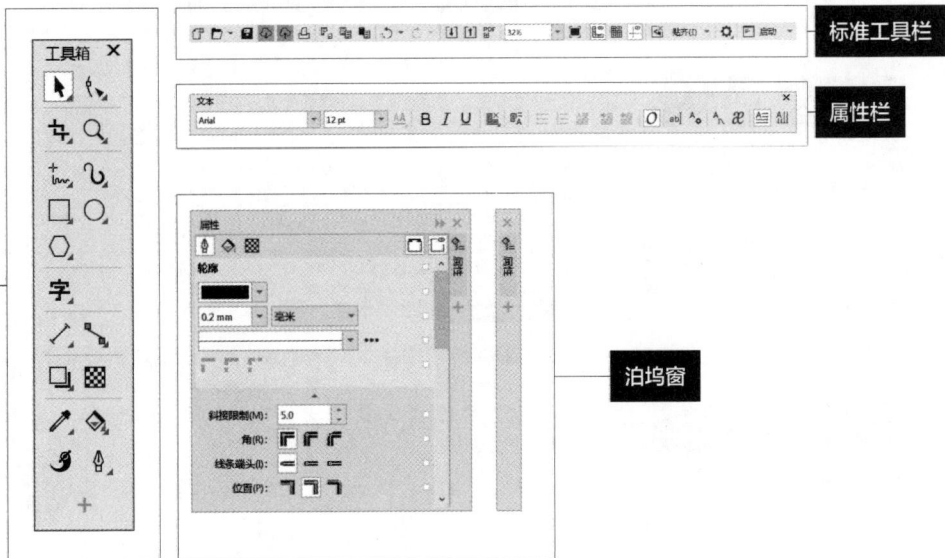

02　任务实践＋任务知识，边做边学软件功能，熟悉设计思路

基础绘图＋高级绘图＋版式编排＋特效应用四大核心功能

任务2.1 掌握基本图形的绘制

　　使用CorelDRAW 2024的基本绘图工具可以绘制简单的几何图形。通过本节的学习，读者可以初步掌握CorelDRAW 2024基本绘图工具的特性，为今后绘制更复杂、更优质的图形打下坚实的基础。

精选典型商业案例

任务实践　绘制花灯插画

任务目标 学习使用绘图工具绘制花灯插画。

了解任务目标和任务要点

任务要点 使用"矩形"工具、"常见形状"工具、"形状"工具、"转换为曲线"按钮、"椭圆形"工具、"垂直镜像"按钮绘制花灯插画。最终效果参看学习资源中的"项目2\效果\绘制花灯插画.cdr"文件，效果如图2-1所示。

任务操作

01 按Ctrl+N快捷键，弹出"创建新文档"对话框，设置文档的宽度为

操作步骤详解

100mm，高度为100mm，方向为横向，原色模式为CMYK，分辨率为300dpi。单击"OK"按钮，创建一个文档。

图2-1

任务知识

2.1.1 绘制矩形

　　"矩形"工具用于绘制直角矩形、圆角矩形等。

完成任务实践后深入学习任务知识

1. 使用"矩形"工具绘制直角矩形

　　在工具箱中选择"矩形"工具□，在绘图页面中按住鼠标左键不放，拖曳鼠标到需要的位置，松开鼠标左键，完成矩形的绘制，如图2-54所示。"矩形"工具属性栏如图2-55所示。

03　项目实践＋课后习题，拓展应用能力

项目实践　绘制南天竹花卉插画

更多商业案例

项目要点 使用"导入"命令导入素材图片，使用"多边形"工具、"旋转角度"选项、"透明度"工具、"常见形状"工具、"椭圆形"工具绘制花盆，使用"2点线"工具、"椭圆形"工具、"水平镜像"按钮、"星形"按钮绘制南天竹。最终效果参看学习资源中的"项目2\效果\绘制南天竹花卉插画.cdr"文件，效果如图2-200所示。

图2-200

课后习题　绘制卡通汽车

巩固本项目所学知识

习题要点 使用"矩形"工具、"椭圆形"工具、"变换"泊坞窗、PowerClip相关命令和"水平镜像"按钮绘制卡通汽车。最终效果参看学习资源中的"项目2\效果\绘制卡通汽车.cdr"文件，效果如图2-201所示。

图2-201

插画设计

宣传单设计

包装设计

Banner 设计

图书封面设计

教学指导

本书的参考学时为64学时，其中实训环节为34学时，各项目的参考学时参见下面的学时分配表。

项 目	课程内容	学时分配	
		讲授	实训
项目 1	初识 CorelDRAW 2024	2	—
项目 2	绘制和编辑图形	4	4
项目 3	绘制和编辑曲线	2	4
项目 4	编辑轮廓与填充颜色	2	4
项目 5	排列和组合对象	2	4
项目 6	编辑文本	4	4
项目 7	编辑位图	2	4
项目 8	应用特殊效果	6	4
项目 9	商业案例实训	6	6
学 时 总 计		30	34

配套资源

● 学习资源

案例素材文件	最终效果文件	在线教学视频	基础素材包	扩展案例

● 教学资源

教学大纲	授课计划	教学教案	PPT 课件
教学案例	实训项目	教学视频	教学题库

教辅资源

本书提供的教辅资源参见下面的教辅资源表。

资源类型	数量	资源类型	数量
教学大纲	1 套	任务实践	26 个
教学教案	9 个	项目实践	17 个
PPT 课件	9 个	课后习题	17 个

扫描"资源获取"二维码，关注微信公众号，即可得到上述资源文件的获取方式，并且可以通过该方式获取在线教学视频的观看地址。

提示：微信扫描二维码关注公众号后，输入51页左下角的5位数字，即可获得资源获取帮助。

由于编者水平有限，书中难免存在不妥之处，敬请广大读者批评指正。

资源获取

目 录

Contents

项目1 初识CorelDRAW 2024

项目2 绘制和编辑图形

项目7 编辑位图

项目8 应用特殊效果

项目9 商业案例实训

项目 1

初识CorelDRAW 2024

本项目的目的是熟悉CorelDRAW 2024的工作界面，掌握文件的基本操作和页面布局的设置技巧，以及了解图形和图像的基础知识。通过本项目的学习，读者可以初步认识和简单使用CorelDRAW 2024，为后期的设计制作工作打下坚实的基础。

学习目标

● 熟悉软件工作界面。
● 熟练掌握文件的基本操作。
● 掌握页面布局的设置技巧。
● 了解图形和图像的基础知识。

技能目标

● 了解CorelDRAW 2024工作界面的各个组成部分。
● 熟练设置页面尺寸、背景以及插入、删除与重命名页面。
● 能够正确识别矢量图、位图以及相应的文件格式。

素养目标

● 培养学习CorelDRAW的兴趣。
● 培养积极探索CorelDRAW不同功能和工具的好奇心。

任务1.1 熟悉软件工作界面

本节将介绍CorelDRAW 2024的工作界面，并简单介绍CorelDRAW 2024的菜单栏、标准工具栏、工具箱及泊坞窗。

任务实践 界面操作

任务目标 学习并掌握CorelDRAW的界面操作及基础操作。

任务要点 通过打开文件和取消群组熟悉菜单栏的操作，通过选取图形掌握工具箱中工具的使用方法，通过改变图形的颜色掌握泊坞窗的使用方法。最终效果参看学习资源中的"项目1\效果\界面操作.cdr"文件，效果如图1-1所示。

图1-1

任务操作

01 打开CorelDRAW 2024软件，选择"文件 > 打开"命令，弹出"打开绘图"对话框，选择学习资源中的"项目1\素材\界面操作\01"文件，如图1-2所示。单击"打开"按钮，打开文件，如图1-3所示。

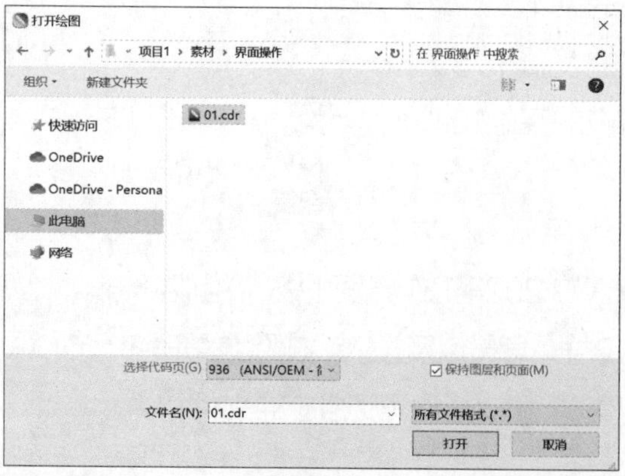

图1-2

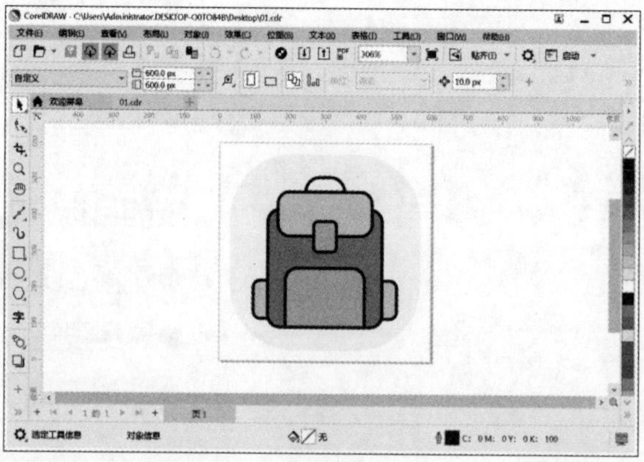

图1-3

02 在左侧工具箱中选择"选择"工具，单击书包图形将其选中，如图1-4所示。按Ctrl+C快捷键复制书包图形。

03 按Ctrl+N快捷键，弹出"创建新文档"对话框，各选项的设置如图1-5所示，单击"OK"按钮，新建一个文档，如图1-6所示。按Ctrl+V快捷键，将复制的书包图形粘贴到新建的页面中，如图1-7所示。

图1-4

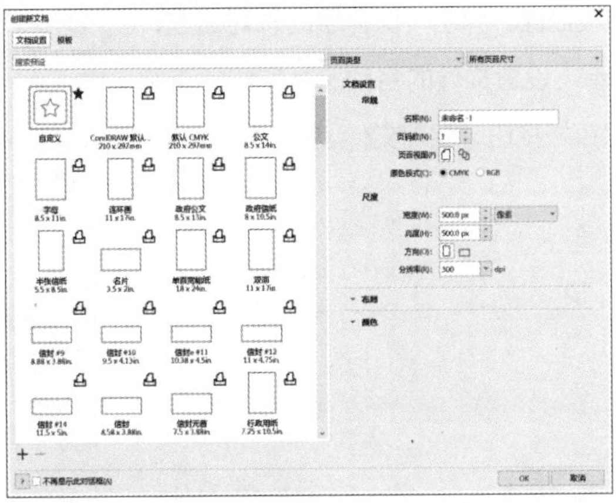

图1-5

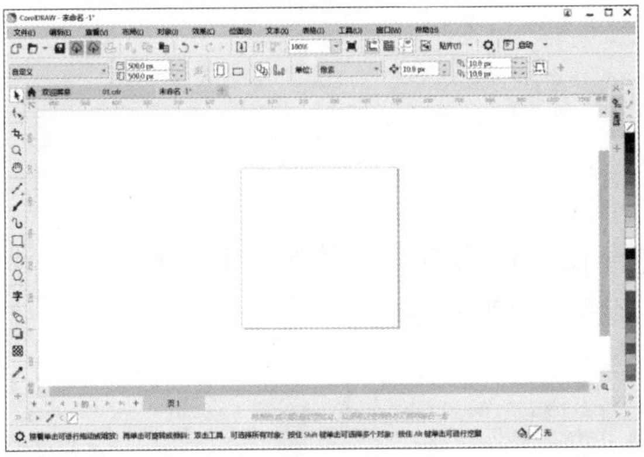

图1-6

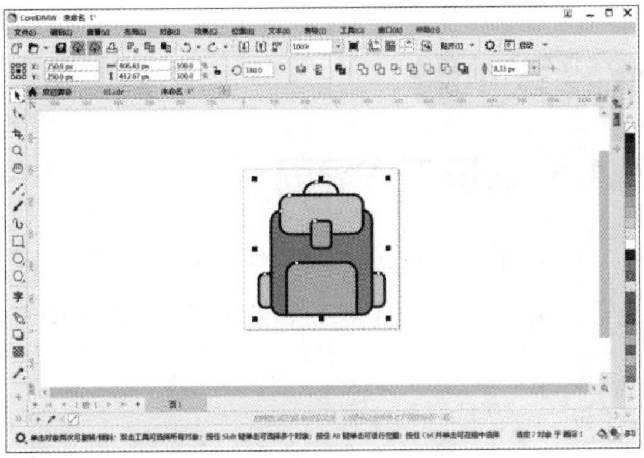

图1-7

04 在界面上方的菜单栏中选择"对象 > 组合 > 取消群组"命令,取消对象的组合状态。选择"选择"工具 🔾,选取图形,如图1-8所示。按Shift+F11快捷键,弹出"编辑填充"对话框,单击"均匀填充"按钮 ■,选择"RGB"色彩模式,然后设置RGB颜色值,如图1-9所示。图形被填充相应颜色,效果如图1-10所示。

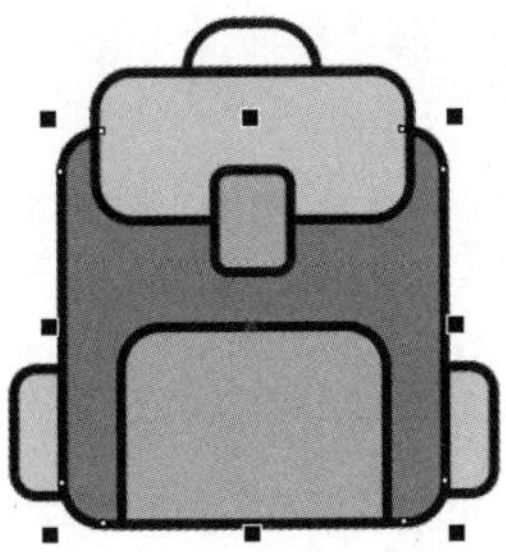

图1-8

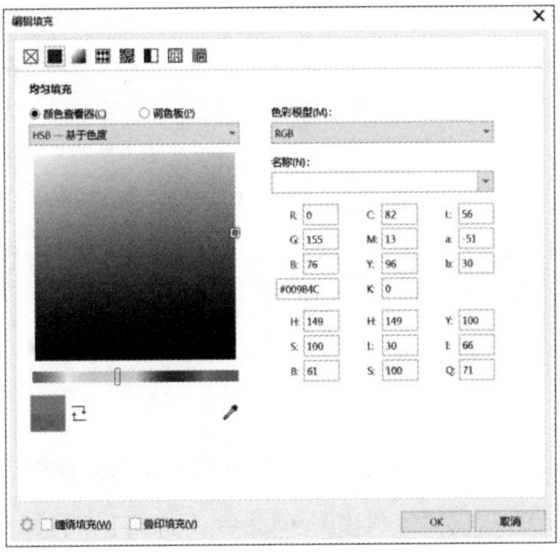

图1-9

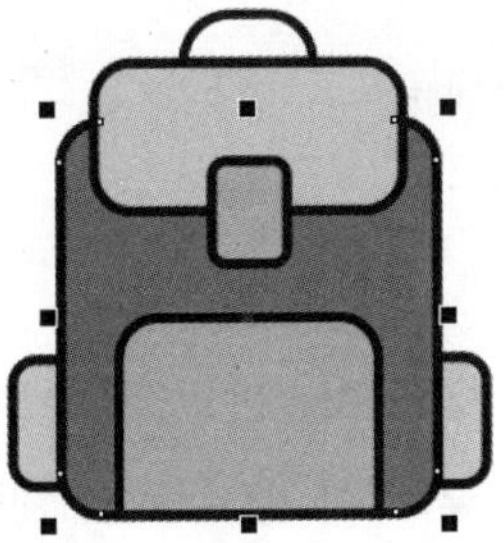

图1-10

05 按Ctrl+S快捷键，弹出"保存绘图"对话框，如图1-11所示，设置文件的名称、类型和保存路径，单击"保存"按钮，保存文件。

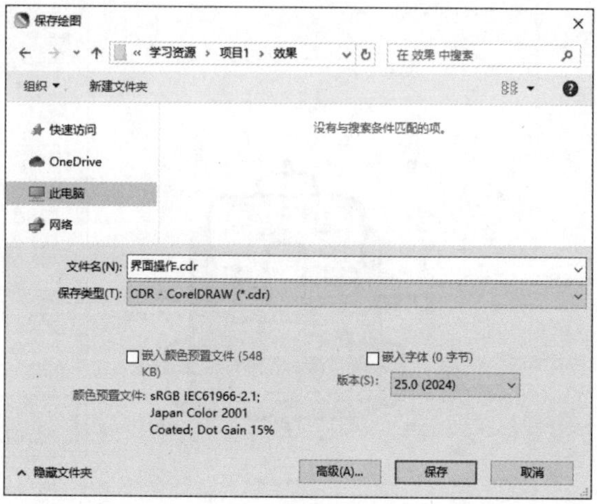

图1-11

任务知识

1.1.1 认识工作界面

CorelDRAW 2024的工作界面主要由标题栏、菜单栏、标准工具栏、属性栏、工具箱、标尺、调色板、页面控制栏、状态栏、泊坞窗和绘图页面等部分组成，如图1-12所示。

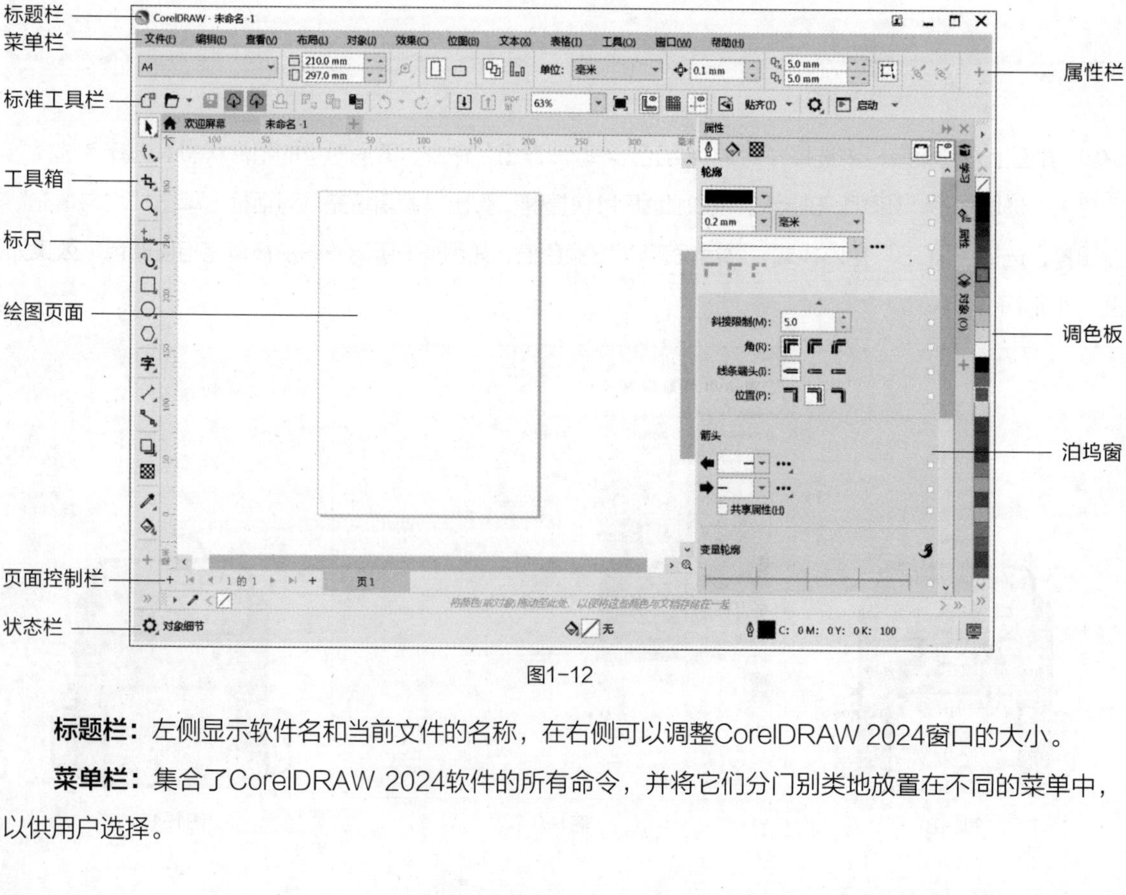

图1-12

标题栏： 左侧显示软件名和当前文件的名称，在右侧可以调整CorelDRAW 2024窗口的大小。

菜单栏： 集合了CorelDRAW 2024软件的所有命令，并将它们分门别类地放置在不同的菜单中，以供用户选择。

标准工具栏： 提供了常用的工具按钮，可使用户轻松地完成基本的操作任务。

属性栏： 显示了绘制图形的相关信息，并提供了一系列用于对图形进行修改操作的工具和选项。在工具箱中选择不同的工具，属性栏中会显示该工具的相关选项。

工具箱： 用于分类存放CorelDRAW 2024中常用的工具，这些工具可以帮助用户完成各种工作。

标尺： 用于度量图形的尺寸并对图形进行定位，是进行平面设计工作不可缺少的辅助工具之一。

绘图页面： 绘图窗口中带边框的矩形区域，只有此区域中的内容会被打印出来。

调色板： 可以直接对选定的图形或图形轮廓进行颜色填充。

泊坞窗： CorelDRAW 2024中具有特色的窗口，因可停靠在绘图窗口边缘而得名。它提供了许多常用的功能，使用户的创作更加高效。

页面控制栏： 用于创建新页面或显示文档中的各个页面。

状态栏： 为用户提供了有关当前操作的各种提示信息。

1.1.2 使用菜单栏

CorelDRAW 2024的菜单栏包含"文件""编辑""查看""布局""对象""效果""位图""文本""表格""工具""窗口""帮助"12个菜单，如图1-13所示。

文件(F)	编辑(E)	查看(V)	布局(L)	对象(J)	效果(C)	位图(B)	文本(X)	表格(T)	工具(O)	窗口(W)	帮助(H)

图1-13

单击每个菜单名称都会弹出相应的下拉菜单。例如，单击"编辑"菜单，将弹出图1-14所示的"编辑"下拉菜单。

在下拉菜单中，最左边为图标，它和标准工具栏中具有相同功能的工具按钮的图标一致，便于用户记忆和使用；最右边为快捷键，便于用户提高工作效率。

某些命令后带有▶标记，表示该命令下有子菜单，将鼠标指针悬停在命令上即弹出子菜单。

某些命令后带有…标记，选择该命令即可打开对应的对话框，从而进行进一步设置。

此外，有些命令显示为灰色，表示该命令当前不可使用，只有进行一些相关的操作后方可使用。

图1-14

1.1.3 使用标准工具栏

菜单栏的下方通常是标准工具栏，CorelDRAW 2024的标准工具栏如图1-15所示。

图1-15

标准工具栏中存放了常用的控件，如"新建"按钮、"打开"按钮、"保存"按钮、"从云中打开"按钮、"保存到云"按钮、"打印"按钮、"剪切"按钮、"复制"按钮、"粘贴"按钮、"撤销"按钮、"重做"按钮、"导入"按钮、"导出"按钮、"发布为PDF"按钮、"缩放级别"下拉列表框 32% ▾、"全屏预览"按钮、"显示标尺"按钮、"显示网格"按钮、"显示辅助线"按钮、"贴齐关闭"按钮、"贴齐"按钮 贴齐(I) ▾、"选项"按钮、"应用程序启动器"按钮 ▣ 启动 ▾ 等。使用这些命令按钮，可以便捷地完成一些基本操作。

此外，CorelDRAW 2024还提供了一些其他的工具栏，用户可以在菜单栏中打开它们。例如，选择"窗口 > 工具栏 > 文本"命令，即可显示"文本"工具栏，如图1-16所示。

图1-16

选择"窗口 > 工具栏 > 变换"命令，即可显示"变换"工具栏，如图1-17所示。

图1-17

1.1.4 使用工具箱

CorelDRAW 2024的工具箱包含绘制图形时常用的一些工具，这些工具是每个软件使用者都必须掌握的基本操作工具，CorelDRAW 2024的工具箱如图1-18所示。

工具箱中依次分类排列着"选择"工具、"形状"工具、"裁剪"工具、"缩放"工具、"手绘"工具、"艺术笔"工具、"矩形"工具、"椭圆形"工具、"多边形"工具、"文本"工具、"平行度量"工具、"连接器"工具、"阴影"工具、"透明度"工具、"颜色滴管"工具、"交互式填充"工具等。

其中，有些工具按钮带有小三角形标记◢，表示还有拓展工具栏，在这类工具按钮上按住鼠标左键即可打开其对应的拓展工具栏。例如，将鼠标指针移到"平行度量"工具上，按住鼠标左键将打开图1-19所示的拓展工具栏。

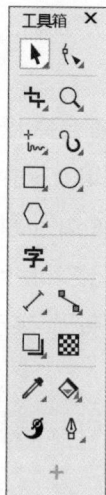

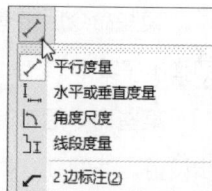

图1-18　　　　图1-19

1.1.5 使用泊坞窗

CorelDRAW 2024的泊坞窗是十分有特色的窗口。当打开泊坞窗时，它会停靠在绘图窗口的边缘，因此被称为"泊坞窗"。选择"窗口 > 泊坞窗 > 属性"命令，或按Alt+Enter快捷键，可打开"属性"泊坞窗，如图1-20所示。

可通过拖曳泊坞窗将其放在任意位置，还可通过单击泊坞窗右上角的 ▶ 按钮或 ↙ 按钮将泊坞窗折叠或展开，如图1-21所示。因此，泊坞窗又被称为"卷帘工具"。

图1-20

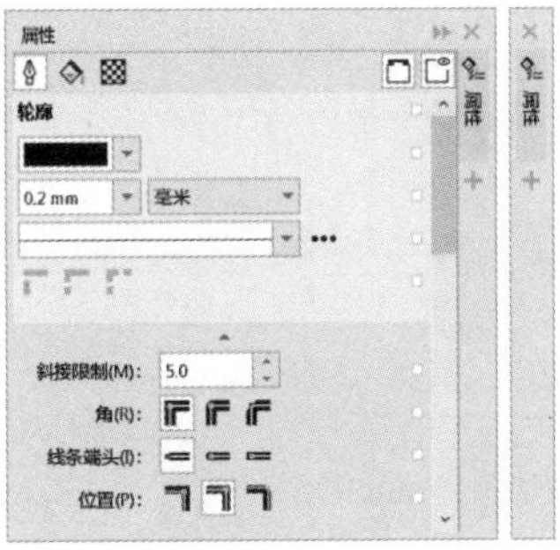

图1-21

CoreIDRAW 2024泊坞窗的列表位于"窗口 > 泊坞窗"子菜单中，可以选择该子菜单中的命令，打开相应的泊坞窗。用户可以打开一个或多个泊坞窗，当打开多个泊坞窗时，除了当前操作的泊坞窗，其余泊坞窗将沿着当前泊坞窗右边的边框以标签形式显示，如图1-22所示。

图1-22

任务1.2 掌握文件的基本操作

掌握基本的文件操作是开始设计和制作作品的基础，下面将介绍CoreIDRAW 2024文件的基本操作。

任务实践 文件操作

任务目标 学习并掌握CoreIDRAW文件的基本操作技巧。

任务要点 通过打开素材文件熟练掌握"打开"命令，通过导入文件熟练掌握"导入"命令，通过新建文档熟练掌握"新建"命令，通过关闭新建的文档掌握"保存"和"关闭"命令，通过导出文档掌握"导出"命令。最终效果参看学习资源中的"项目1\效果\文件操作.cdr"文件，效果如图1-23所示。

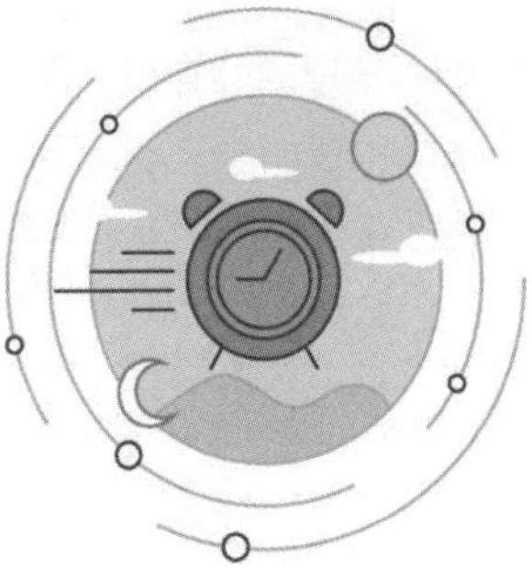

图1-23

任务操作

01 打开CorelDRAW 2024软件，选择"文件 > 打开"命令，弹出"打开绘图"对话框，选择学习资源中的
"项目1\素材\文件操作\01"文件，如图1-24所示。单击"打开"按钮，打开文件，如图1-25所示。

图1-24

图1-25

02 按Ctrl+I快捷键，弹出"导入"对话框，选择学习资源中的"项目1\素材\文件操作\02"文件，如
图1-26所示。单击"导入"按钮，在页面中单击以导入图片，选择"选择"工具，拖曳图片到适当的
位置，效果如图1-27所示。

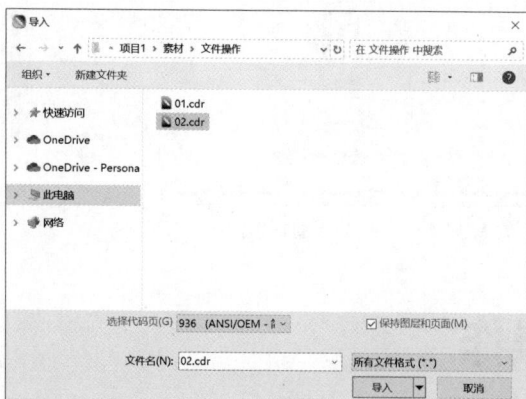

图1-26

图1-27

03 按Ctrl+A快捷键，全选图形，如图1-28
所示。按Ctrl+C快捷键，复制选中的图形。按
Ctrl+N快捷键，弹出"创建新文档"对话框，各
选项的设置如图1-29所示，单击"OK"按钮，
新建一个文档，如图1-30所示。

图1-28

图1-29

图1-30

04 按Ctrl+V快捷键，将复制的图形粘贴到新建的页面中，如图1-31所示。单击绘图窗口右上角的"关闭"按钮⊠，弹出提示对话框，如图1-32所示。单击"是"按钮，弹出"保存绘图"对话框，各选项的设置如图1-33所示。单击"保存"按钮，保存文件的同时关闭该文档，并自动切换到"01"文档窗口，如图1-34所示。

图1-31

图1-32

图1-33

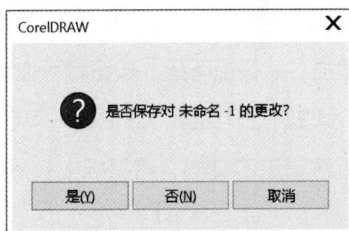

图1-34

05 按Ctrl+E快捷键，弹出"导出"对话框，设置文件的名称、类型和导出路径，如图1-35所示。单击"导出"按钮，弹出"导出到JPEG"对话框，各选项的设置如图1-36所示，单击"OK"按钮，导出文件。

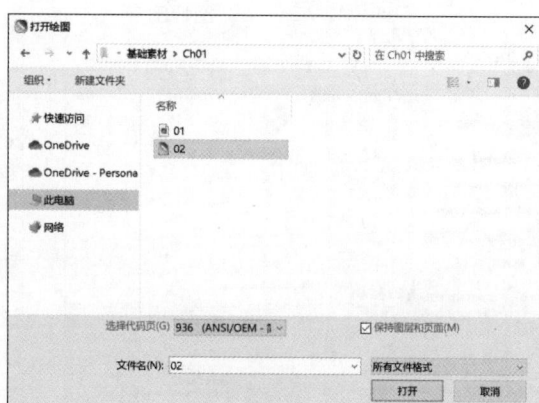

图1-35　　　　　　　　　　　　　　　　　图1-36

任务知识

1.2.1　新建和打开文件

1. 在CorelDRAW 2024的欢迎屏幕中新建和打开文件

　　CorelDRAW 2024启动时的欢迎屏幕如图1-37所示。单击"新文档"图标，可以创建一个新的文档；单击"从模板新建"按钮，可以使用系统默认的模板创建文件；单击"打开文件"按钮，弹出图1-38所示的"打开绘图"对话框，可以从中选择要打开的文件；单击最近使用过的文档预览图，可以打开最近编辑过的文档，将鼠标指针悬停在文档预览图上，会显示文件名称、创建时间、存储位置等信息。

图1-37　　　　　　　　　　　　　　　　　图1-38

2. 使用命令和快捷键新建和打开文件

　　选择"文件 > 新建"命令，或按Ctrl+N快捷键，可新建文件。选择"文件 > 从模板新建"命令、

"文件>打开"命令，或按Ctrl+O快捷键，可打开文件。

3. 使用标准工具栏新建和打开文件

使用CorelDRAW 2024标准工具栏中的"新建"按钮和"打开"按钮可以新建和打开文件。

1.2.2 保存和关闭文件

1. 使用命令和快捷键保存文件

选择"文件 > 保存"命令，或按Ctrl+S快捷键，可保存文件。选择"文件 > 另存为"命令，或按Ctrl+Shift+S快捷键，可将文件另存为新文件。

如果是第一次保存文件，在执行上述操作后，会弹出图1-39所示的"保存绘图"对话框。在该对话框中，可以设置文件保存路径、文件名、保存类型和版本等保存选项。

2. 使用标准工具栏保存文件

使用CorelDRAW 2024标准工具栏中的"保存"按钮可以保存文件。

3. 使用命令或按钮关闭文件

选择"文件 > 关闭"命令，或单击绘图窗口右上角的"关闭"按钮，可关闭文件。

此时，如果文件未保存，将弹出图1-40所示的提示框，询问用户是否保存文件。单击"是"按钮，则保存文件；单击"否"按钮，则不保存文件；单击"取消"按钮，则取消保存操作。

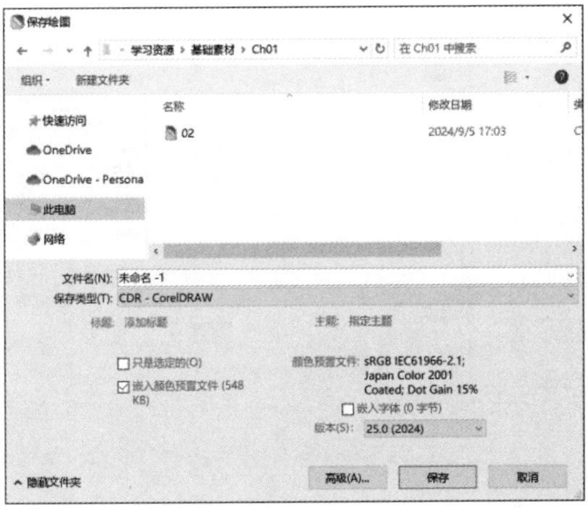

图1-39

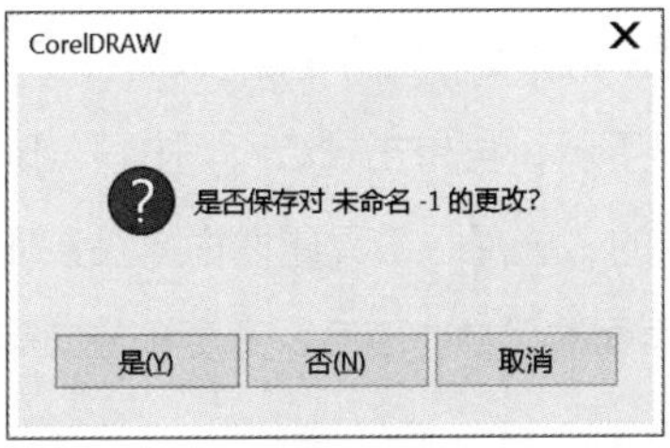

图1-40

1.2.3 导入和导出文件

1. 使用命令和快捷键导出文件

选择"文件 > 导入"命令，或按Ctrl+I快捷键，弹出图1-41所示的"导入"对话框。在该对话框中选择要导入的文件，单击"导入"按钮，导入文件。

选择"文件 > 导出"命令，或按Ctrl+E快捷键，弹出图1-42所示的"导出"对话框。在该对话框中设置文件保存路径、文件名和保存类型等导出选项，单击"导出"按钮，导出文件。

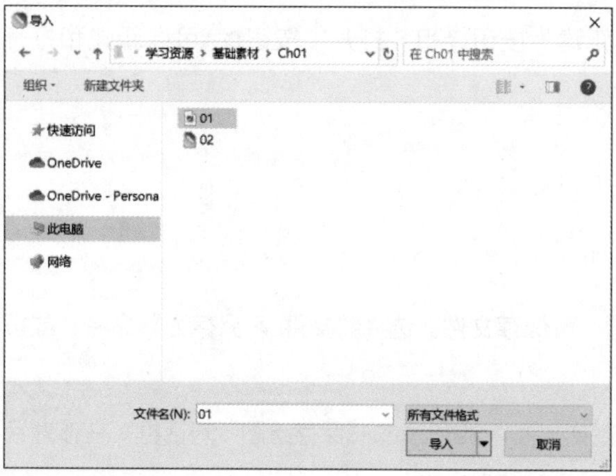

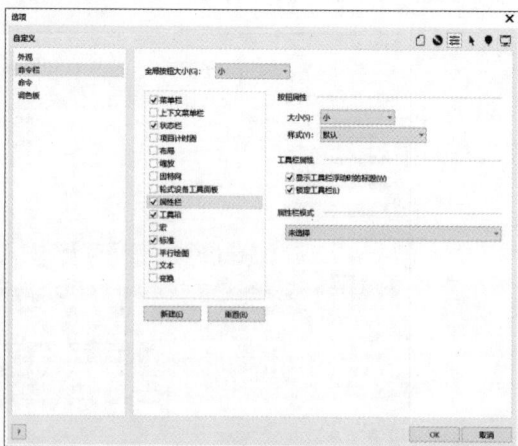

图1-41 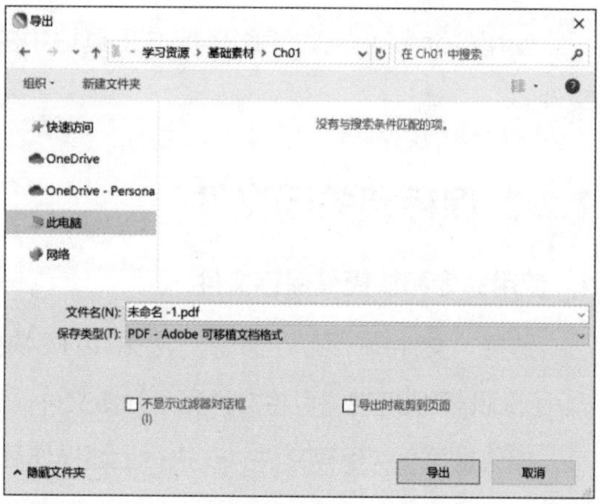 图1-42

2. 使用标准工具栏导出文件

使用CoreIDRAW 2024标准工具栏中的"导入"按钮或"导出"按钮可以将文件导入或导出。

任务1.3 掌握页面布局设置技巧

利用"选择"工具属性栏可以轻松地进行页面布局的设置。选择"选择"工具，选择"工具 > 选项"命令，或单击标准工具栏中的"选项"按钮，或按Ctrl+J快捷键，弹出"选项"对话框。在该对话框中单击"自定义"按钮，切换到相应的界面，选择"命令栏"选项，然后勾选"属性栏"复选框，如图1-43所示，再单击"OK"按钮，则可显示图1-44所示的"选择"工具属性栏。在该属性栏中，可以设置页面的尺寸、高度、宽度和方向等。

图1-43

图1-44

任务实践 版面操作

任务目标 学习并掌握CorelDRAW版面的操作技巧。

任务要点 通过更换背景颜色掌握"页面背景"命令，通过复制和重命名页面掌握"再制页面""重命名页面"命令，通过更改页面尺寸掌握"页面大小"命令。最终效果参看学习资源中的"项目1\效果\版面操作.cdr"文件，效果如图1-45所示。

任务操作

01 打开CorelDRAW 2024软件，选择"文件 > 打开"命令，弹出"打开绘图"对话框，选择学习资源中的"项目1\素材\版面操作\01"文件，如图1-46所示。单击"打开"按钮，打开文件，如图1-47所示。

图1-45

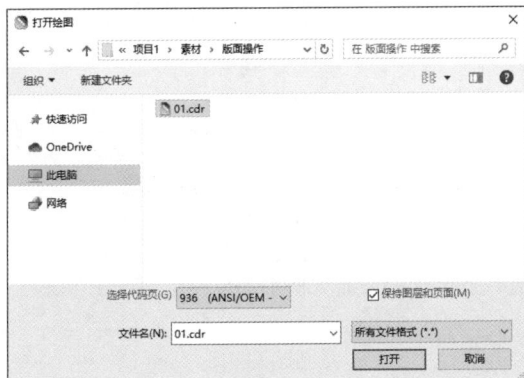

图1-46

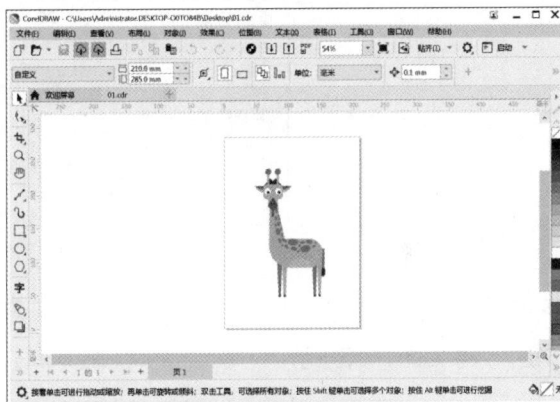

图1-47

02 选择"布局 > 页面背景"命令，弹出"选项"对话框，选择"纯色"单选项，单击右侧的下拉按钮，在弹出的下拉列表中设置背景颜色的CMYK值为1、4、15、0，其他选项的设置如图1-48所示。单击"OK"按钮，效果如图1-49所示。

图1-48

图1-49

03 选择"布局 > 再制页面"命令，弹出"再制页面"对话框，各选项的设置如图1-50所示，单击"OK"按钮，得到复制的页面，如图1-51所示。

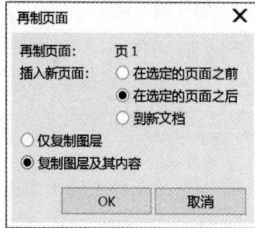

图1-50

图1-51

04 选择"布局 > 重命名页面"命令，弹出"重命名页面"对话框，各选项的设置如图1-52所示，单击"OK"按钮，重命名页面，如图1-53所示。

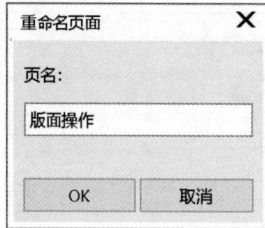

图1-52

图1-53

05 选择"布局 > 页面大小"命令，弹出"选项"对话框，各选项的设置如图1-54所示，单击"OK"按钮，效果如图1-55所示。

图1-54

图1-55

06 按Ctrl+Shift+S快捷键，弹出"保存绘图"对话框，设置文件的名称、保存类型和保存路径，单击"保存"按钮，保存文件。

任务知识

1.3.1　设置页面尺寸

利用"布局"菜单中的"页面大小"命令，可以对页面进行更详细的设置。选择"布局 > 页面大小"命令，将弹出"选项"对话框，如图1-56所示。

选择"页面尺寸"选项，可以对页面大小和方向进行设置，还可以设置页面的渲染分辨率、出血值等。

选择"标记预设"单选项时，"选项"对话框如图1-57所示，这里有超过800种预设格式供用户选择。

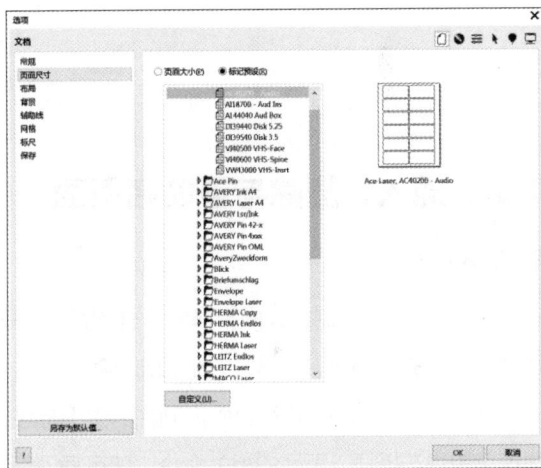

图1-56　　　　　　　　　　　　图1-57

1.3.2　设置布局

选择"布局"选项时，"选项"对话框如图1-58所示，可以设置布局的样式。

图1-58

1.3.3 设置背景

选择"背景"选项时，"选项"对话框如图
1-59所示，可以从中选择纯色或位图作为页面的
背景，也可以设置为无背景。

图1-59

1.3.4 插入、删除与重命名页面

1. 插入页面

选择"布局 > 插入页面"命令，弹出图1-60所示的"插入页面"对话框。在该对话框中，可以设置插入页面的页码数、位置、大小和方向等。

在CorelDRAW 2024页面控制栏的页面标签上单击鼠标右键，弹出图1-61所示的快捷菜单。在该快捷菜单中选择插入页面的相关命令，即可插入新页面。

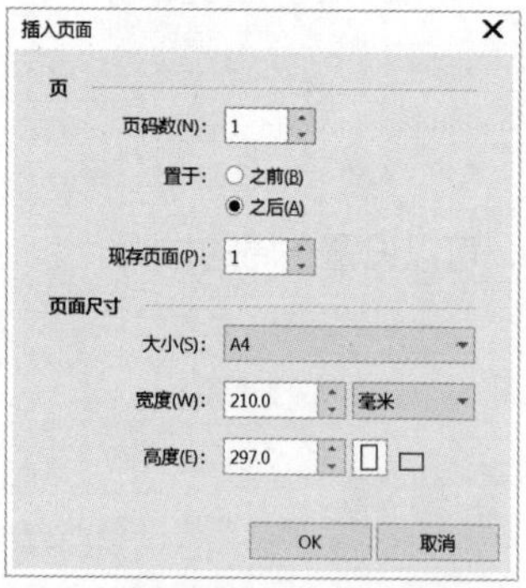

图1-60

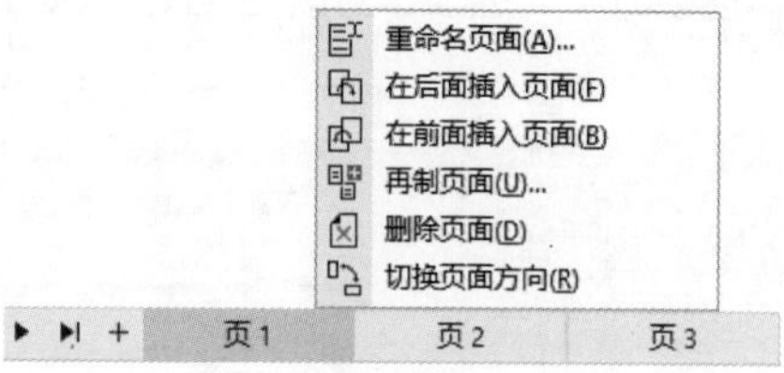

图1-61

2. 删除页面

选择"布局 > 删除页面"命令，弹出图1-62所示的"删除页面"对话框。在该对话框中，可以设置要删除页面的序号，还可以同时删除多个连续的页面。

3. 重命名页面

选择"布局 > 重命名页面"命令，弹出图1-63所示的"重命名页面"对话框。在该对话框的"页名"文本框中输入页面的名称，单击"OK"按钮，即可重命名页面。

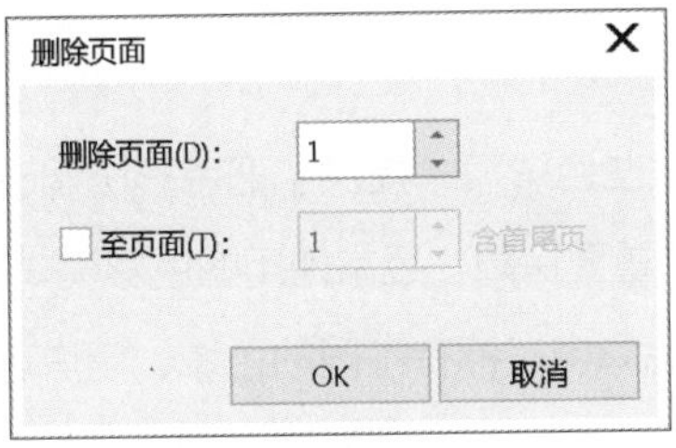

图1-62

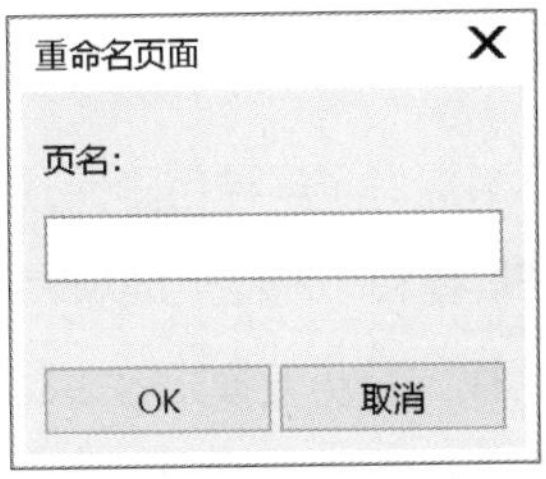

图1-63

任务1.4　熟悉图形和图像的基础知识

如果想要熟练掌握CorelDRAW 2024的使用技巧，就需要对图形和图像的种类、色彩模式及文件格式有所了解，下面进行详细介绍。

任务知识

1.4.1　位图与矢量图

在计算机中，图像大致可以分为两种：位图和矢量图。位图效果如图1-64所示，矢量图效果如图1-65所示。

位图又称为点阵图，是由许多点组成的，这些点称为像素，许许多多不同色彩的像素组合在一起便构成了一幅图像。由于位图采取点阵的方式记录图像内容，每个像素都能够记录图像的色彩信息，因此位图可以精确地表现色彩丰富的图像。位图图像的色彩越丰富，图像的像素就越多（即分辨率越高），文件也就越大，所以在处理位图时，对计算机硬盘和内存的要求较高。另外，由于位图本身的特点，位图在缩放或旋转变形时会产生失真的现象。

矢量图是相对位图而言的，也称为向量图，它是以数学中的矢量方式来记录图形内容的。矢量图中的元素称为对象，每个对象都是独立的，具有各自的属性（如颜色、形状、轮廓、大小和位置等）。矢量图在缩放时不会产生失真的现象，并且它的文件占用的存储空间较小，但这种图像的缺点是无法像位图那样精确地描绘各种绚丽的色彩。

这两种类型的图像各具特色，各有优缺点，并且两者之间具有良好的互补性。因此，在处理图像和绘制图形的过程中，将这两种图像灵活使用，取长补短，能创作出优秀的作品。

图1-64

图1-65

1.4.2 色彩模式

CorelDRAW 2024提供了多种色彩模式。这些色彩模式提供了把色彩协调一致地用数值表示的方法，是设计作品能够在屏幕和印刷品上成功表现的重要保障。经常使用的色彩模式有RGB模式、CMYK模式、HSB模式、Lab模式及灰度模式等。每种色彩模式都有不同的色域，用户可以根据需要选择合适的色彩模式，并且各个模式之间可以互相转换。

1. RGB模式

RGB模式是工作中使用最广泛的一种色彩模式。RGB模式是一种加色色彩模式，它通过红、绿、蓝3种色光相叠加而形成更多的颜色。同时RGB模式也是色光的色彩模式，一幅24位的RGB模式图像有3个色彩信息通道：红色（R）、绿色（G）和蓝色（B）。

每个通道都有8位的色彩信息：色彩信息指一个范围为0～255的亮度值色域。RGB模式中3种色彩的数值越大，颜色就越浅，当3种色彩的数值都为255时，颜色为白色；RGB模式中3种色彩的数值越小，颜色就越深，当3种色彩的数值都为0时，颜色为黑色。

3种色彩的每一种色彩都有256个亮度级别。3种色彩相叠加，约有1670万（256×256×256）种可能的颜色，这1670万种颜色足以表现这个绚丽多彩的世界。例如，用户使用的显示器就是RGB模式的。

进入RGB模式的步骤：按Shift+F11快捷键，弹出"编辑填充"对话框，在对话框中单击"均匀填充"按钮■，选择"RGB"色彩模式，然后设置RGB值，如图1-66所示。

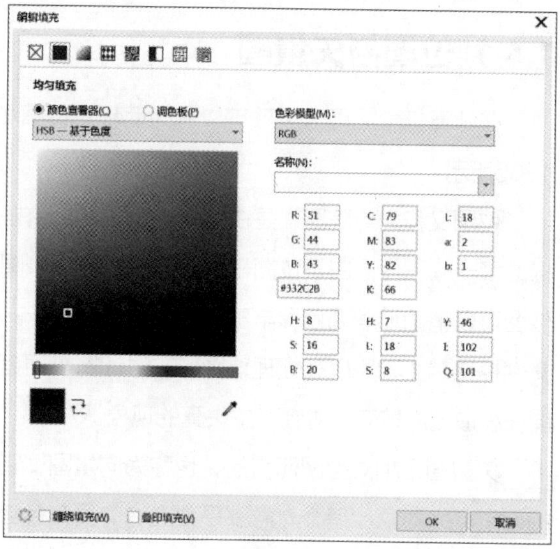

在编辑图像时，RGB模式是最佳的选择。因为它可以提供全屏幕的多达24位的色彩范围，所以被一些计算机领域的色彩专家称为"True Color"（真彩色）。

图1-66

2. CMYK模式

CMYK模式应用了色彩学中的减法混合原理，通过反射某些颜色的光并吸收另外一些颜色的光来产生不同的颜色，它是一种减色色彩模式。CMYK代表印刷用的4种油墨色：C代表青色，M代表洋红色，Y代表黄色，K代表黑色。CorelDRAW 2024在默认状态下使用的就是CMYK模式。

CMYK模式是图片印刷常用的一种色彩模式，在印刷中通常要进行四色分色和制作四色胶片，然后再进行印刷。

进入CMYK模式的步骤：按Shift+F11快捷键，弹出"编辑填充"对话框，单击"均匀填充"按钮■，选择"CMYK"模式，然后设置CMYK值，如图1-67所示。

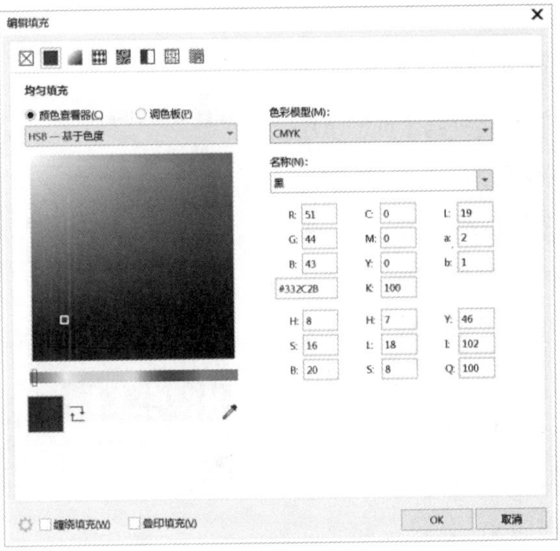

图1-67

3. HSB模式

HSB模式是一种直观的色彩模式，它的调色方法更接近人的视觉原理，在调色过程中更容易找到需要的颜色。

H代表色相，S代表饱和度，B代表亮度。色相是指反射自物体或投射自物体的颜色，在0°~360°的标准色轮上，按位置度量色相。在日常使用中，色相由颜色名称标识，如红色、橙色或绿色。饱和度代表色彩的纯度，饱和度为0时为灰色，黑、白两种颜色没有饱和度。亮度是指色彩的明亮程度，最大亮度的色彩呈现最鲜明的状态，黑色的亮度为0。

进入HSB模式的步骤：按Shift+F11快捷键，弹出"编辑填充"对话框，单击"均匀填充"按钮■，选择"HSB"模式，然后设置HSB值，如图1-68所示。

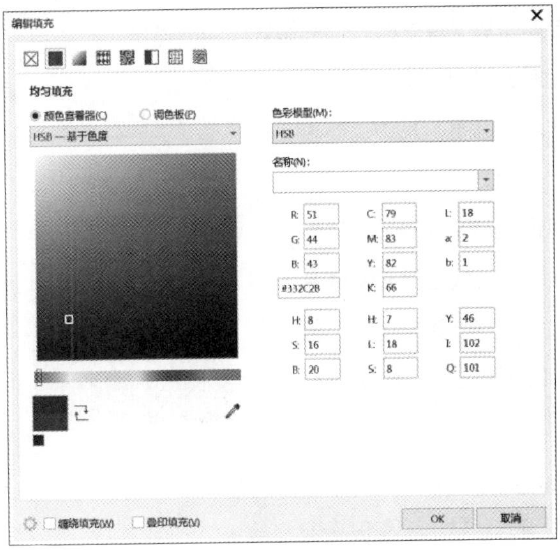

图1-68

4. Lab模式

Lab模式是国际色彩标准模式，它由3个通道组成：一个通道是亮度，即L；另外两个通道是色彩通道，共同定义颜色的色相和饱和度，分别用a和b表示。a通道包括的颜色从深绿色到灰色，再到亮粉红色；b通道包括的颜色从亮蓝色到灰色，再到焦黄色。这些颜色混合后将产生明亮的颜色。

进入Lab模式的步骤：按Shift+F11快捷键，弹出"编辑填充"对话框，单击"均匀填充"按钮■，选择"Lab"色彩模式，然后设置Lab值，如图1-69所示。

Lab模式在理论上可以产生人眼可见的所有颜色，它弥补了CMYK模式和RGB模式的不足。

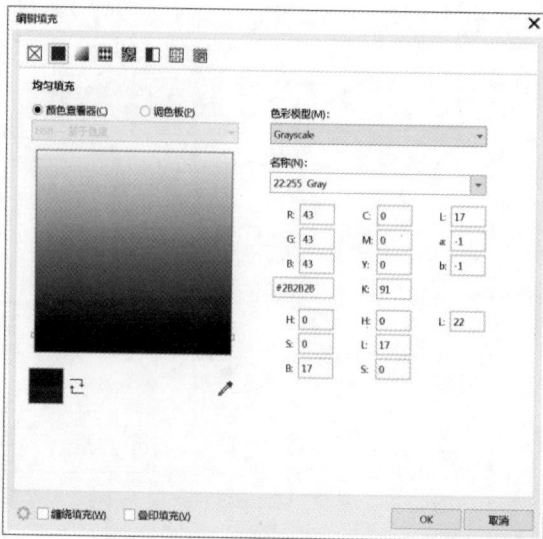

图1-69

在这种模式下图像的处理速度比在CMYK模式下快数倍，与在RGB模式下的速度相仿。此外，在把Lab模式转换成CMYK模式的过程中，所有的颜色不会丢失，也不会被替换。而将RGB模式转换成CMYK模式时，Lab模式扮演着中间者的角色，也就是说，RGB模式会先转换成Lab模式，再转换成CMYK模式。

5. 灰度模式

在灰度模式下形成的灰度图又叫8位深度图。灰度图中的每个像素用8位二进制数表示，能产生2^8（即256）级灰色调。当彩色模式文件被转换为灰度模式文件时，所有的颜色信息都将丢失。虽然CorelDRAW 2024允许将灰度模式文件转换为彩色模式文件，但不可能将原来的颜色完全还原。所以，当要将某图像的色彩模式转换为灰度模式时，请先做好图像的备份。

与黑白照片一样，灰度模式的图像只有亮度信息，没有色相和饱和度这两种信息。其中，亮度为0%时代表黑色，为100%时代表白色。

当彩色模式文件被转换为双色调模式文件时，必须先将彩色模式文件转换为灰度模式文件，然后将灰度模式文件转换为双色调模式文件。值得一提的是，在制作黑白印刷品时经常使用灰度模式。

进入灰度模式的步骤：按Shift+F11快捷键，弹出"编辑填充"对话框，单击"均匀填充"按钮■，选择"Grayscale"色彩模式，然后设置灰度值，如图1-70所示。

图1-70

1.4.3　文件格式

CorelDRAW 2024中有20多种文件格式可供选择。在这些文件格式中，既有CorelDRAW 2024专用的文件格式，也有适用于其他应用程序的通用文件格式，还有一些比较特殊的文件格式。

1．CDR格式

CDR格式是CorelDRAW 2024的专用文件格式。CDR格式可以记录文件的属性、位置和分页等信息，但它的兼容性比较差，只能在CorelDRAW中打开（注意，高版本软件可以打开低版本软件制作的CDR文件，反之则不行），在其他图像编辑软件中无法打开。

2．AI格式

AI格式是一种矢量图格式，是Illustrator的专用文件格式，它的兼容性比较强。另外，CorelDRAW软件支持将CDR格式的文件导出为AI格式的文件。

3．TIF格式

TIF（TIFF）格式是标签图像格式。TIF格式具有很强的可移植性，但用TIF格式存储文件时应考虑文件的大小，因为TIF格式的结构要比其他格式的结构复杂。TIF格式支持24个通道，能存储多于4个通道的文件，对多通道图像的处理非常有用。此外，TIF格式非常适合用于印刷。

4．PSD格式

PSD格式是Photoshop软件的专用文件格式。PSD格式能够保存图像的细小部分信息，如图层、蒙版、通道等Photoshop对图像进行特殊处理的信息。在没有最终确定图像的存储格式前，最好先以PSD格式存储图像，这样才能更完整地保存图像的信息。另外，Photoshop打开和存储PSD格式文件的速度比其他格式文件快。但是PSD格式也有缺点，用它存储图像的文件特别大，占用空间多，通用性不强。

5．JPEG格式

JPEG格式是目前常用的存储格式。JPEG格式是压缩格式中的"佼佼者"，与TIF格式采用的LZW无损压缩相比，它的压缩比例更大，但它采用的有损压缩算法会丢失部分数据。用户可以在存储图像前选择图像的质量，这样能控制数据的损失程度。

6．PNG格式

PNG格式是用于无损压缩和在Web上显示图像的文件格式，是GIF格式的无专利替代品。它支持24位图像，能实现背景透明效果，显示无锯齿状边缘的图像，还支持无Alpha通道的RGB、索引颜色、灰度和位图模式的图像。某些Web浏览器不支持PNG格式的图像。

项目 2

绘制和编辑图形

本项目将介绍使用CorelDRAW 2024绘制和编辑图形的多种方法和技巧。通过本项目的学习，读者可以掌握CorelDRAW 2024的绘图功能及编辑对象的方法，为进一步学习CorelDRAW 2024打下坚实的基础。

学习目标

● 掌握基本图形的绘制方法。
● 熟练掌握编辑对象的技巧。

技能目标

● 掌握花灯插画的绘制方法。
● 掌握风景插画的绘制方法。

素养目标

● 培养正确的审美观和创造性思维。
● 培养绘制和编辑图形的能力。
● 培养对线条精确性和细节的掌控能力。

任务2.1　掌握基本图形的绘制

　　使用CorelDRAW 2024的基本绘图工具可以绘制简单的几何图形。通过本节的学习，读者可以初步掌握CorelDRAW 2024基本绘图工具的特性，为今后绘制更复杂、更优质的图形打下坚实的基础。

任务实践　绘制花灯插画

任务目标　学习使用绘图工具绘制花灯插画。

任务要点　使用"矩形"工具、"常见形状"工具、"形状"工具、"转换为曲线"按钮、"椭圆形"工具、"垂直镜像"按钮绘制花灯插画。最终效果参看学习资源中的"项目2\效果\绘制花灯插画.cdr"文件，效果如图2-1所示。

图2-1

任务操作

01　按Ctrl+N快捷键，弹出"创建新文档"对话框，设置文档的宽度为100mm，高度为100mm，方向为横向，原色模式为CMYK，分辨率为300dpi。单击"OK"按钮，创建一个文档。

02　选择"矩形"工具，在页面中绘制一个矩形，如图2-2所示。按数字键盘上的+键，复制矩形。选择"选择"工具，按住Shift键的同时，水平向右拖曳左侧中间的控制手柄到适当的位置，效果如图2-3所示。

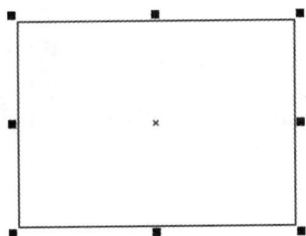

图2-2

图2-3

03　按F12键，弹出"轮廓笔"对话框，在"颜色"选项中设置轮廓颜色的CMYK值为49、100、100、26，其他选项的设置如图2-4所示。单击"OK"按钮，效果如图2-5所示。

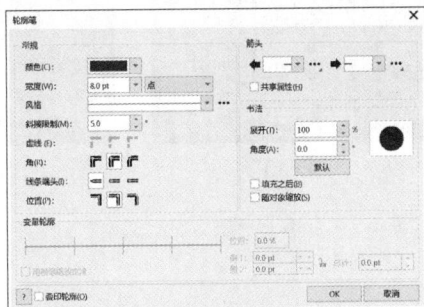

图2-4

图2-5

04 选中下层矩形，按F12键，弹出"轮廓笔"对话框，在"颜色"选项中设置轮廓颜色的CMYK值为49、100、100、26，其他选项的设置如图2-6所示。单击"OK"按钮，效果如图2-7所示。在"CMYK调色板"中的"红"色块上单击，填充图形，效果如图2-8所示。

图2-6

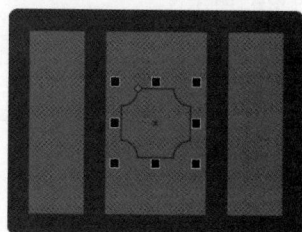

图2-7   图2-8

05 选择"常见形状"工具，在属性栏中单击"常用形状"按钮，在弹出的下拉列表中选择需要的基本形状，如图2-9所示，在适当的位置拖曳鼠标绘制图形，效果如图2-10所示。

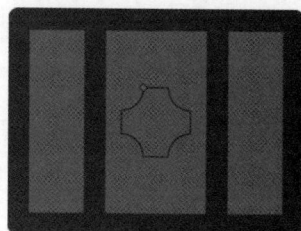

图2-9   图2-10

06 选择"形状"工具，拖曳红色图形到适当的位置，调整圆角大小，效果如图2-11所示。选择"选择"工具，按F12键，弹出"轮廓笔"对话框，在"颜色"选项中设置轮廓颜色的CMYK值为49、100、100、26，其他选项的设置如图2-12所示。单击"OK"按钮，效果如图2-13所示。设置图形颜色的CMYK值为0、20、100、0，填充图形，效果如图2-14所示。

图2-11

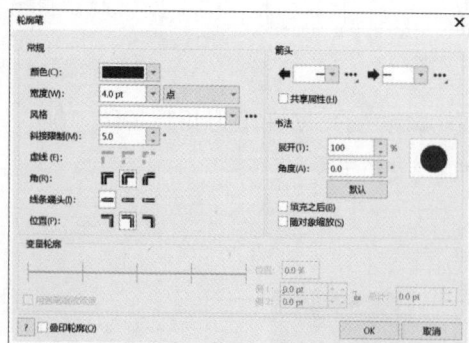

图2-12

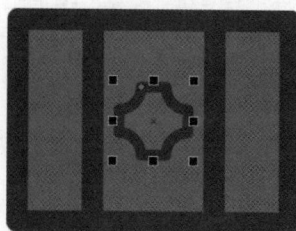

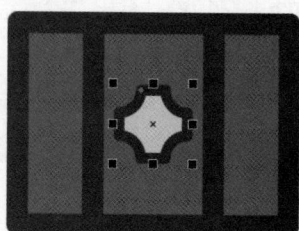

图2-13   图2-14

07　选择"矩形"工具□，在
适当的位置绘制一个矩形，如
图2-15所示。单击属性栏中的
"转换为曲线"按钮 ⟳，将图形
转换为曲线，如图2-16所示。

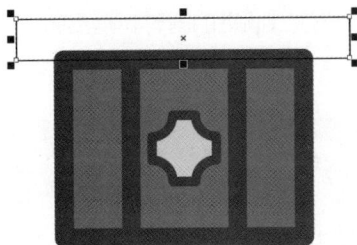

图2-15

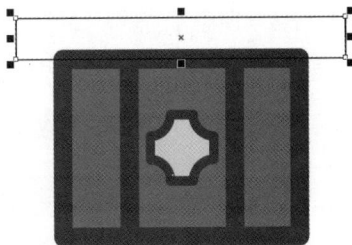

图2-16

08　选择"形状"工具 ⟨，选中
矩形左上角的节点，按住Shift
键的同时，水平向右拖曳选中的
节点到适当的位置，效果如图
2-17所示。用相同的方法调整
右上角的节点到适当的位置，效
果如图2-18所示。

图2-17

图2-18

09　按F12键，弹出"轮廓笔"对话框，在"颜色"选项中设置轮廓颜色的CMYK值为49、100、100、
26，其他选项的设置如图2-19所示。单击"OK"按钮，效果如图2-20所示。设置图形颜色的CMYK
值为0、20、100、0，填充图形，效果如图2-21所示。

图2-19

图2-20

图2-21

10　选择"选择"工具 ⟨，按数字键盘上的+键，复制图形。按住Shift键的同时，水平向右拖曳左侧中间
的控制手柄到适当的位置，效果如图2-22所示。用相同的方法绘制其他形状，并填充相应的颜色，效
果如图2-23所示。选择"选择"工具 ⟨，用圈选的方法将所绘制的转换为曲线的图形同时选取，如图
2-24所示。

图2-22

图2-23

图2-24

11 按数字键盘上的+键，复制图形。按住Shift键的同时，垂直向上拖曳复制的图形到适当的位置，效果如图2-25所示。单击属性栏中的"垂直镜像"按钮 ，垂直翻转图形，效果如图2-26所示。

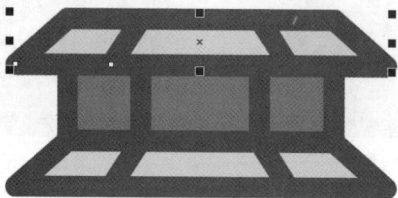
图2-25

图2-26

12 用类似的方法绘制其他图形，并填充相应的颜色，效果如图2-27所示。选择"椭圆形"工具 ，按住Ctrl键的同时，在适当的位置绘制一个圆形，设置图形颜色的CMYK值为49、100、100、26，填充图形，并去除图形的轮廓，效果如图2-28所示。

图2-27

图2-28

13 选择"矩形"工具 ，在适当的位置绘制一个矩形，如图2-29所示。在属性栏中将"圆角半径"选项均设为1.4mm，如图2-30所示。按Enter键，效果如图2-31所示。设置图形颜色的CMYK值为49、100、100、26，填充图形，并去除图形的轮廓，效果如图2-32所示。

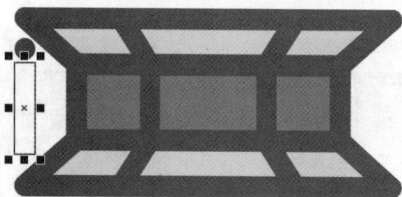
图2-29

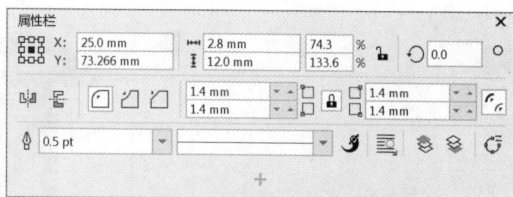
图2-30

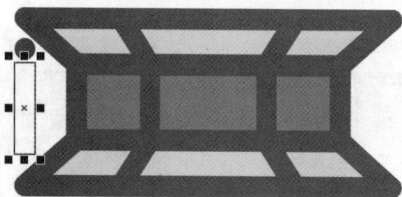
图2-31

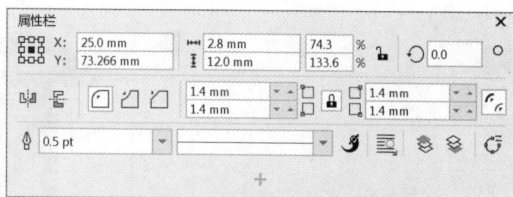
图2-32

14 选择"选择"工具 ，按住Shift键的同时，单击上方圆形将其同时选取，如图2-33所示。按数字键盘上的+键，复制图形。按住Shift键的同时，垂直向下拖曳复制的图形到适当的位置，效果如图2-34所示。

15 选择"选择"工具 ，选中下方的圆角矩形，按住Shift键的同时，垂直向下拖曳下边中间的控制手柄到适当的位置，调整圆角矩形的大小，效果如图2-35所示。

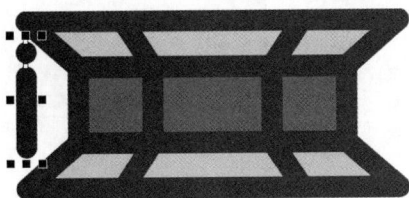
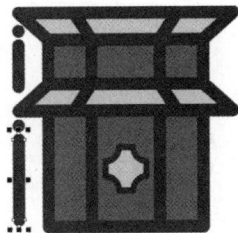

图2-33　　　　　　　　　图2-34　　　　　　　　　图2-35

16 使用"选择"工具 ，用圈选的方法将所绘制的圆形和圆角矩形同时选取，如图2-36所示。按数字键盘上的+键，复制图形。按住Shift键的同时，水平向右拖曳复制的图形到适当的位置，效果如图2-37所示。用相同的方法绘制其他图形，并填充相应的颜色，效果如图2-38所示。

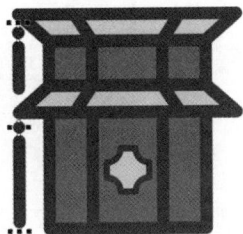

图2-36　　　　　　　　　图2-37　　　　　　　　　图2-38

17 选择"矩形"工具 ，在适当的位置绘制一个矩形，如图2-39所示。在属性栏中将"圆角半径"选项均设为5.2mm，如图2-40所示。按Enter键，效果如图2-41所示。设置图形颜色的CMYK值为0、20、20、0，填充图形，并去除图形的轮廓，效果如图2-42所示。

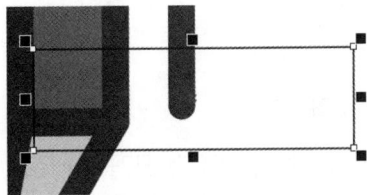
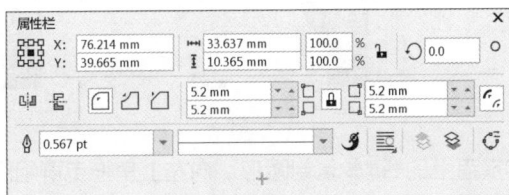

图2-39　　　　　　　　　　　　　　　图2-40

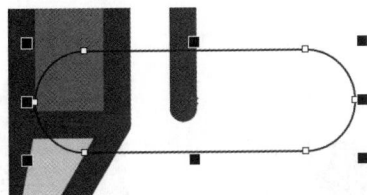
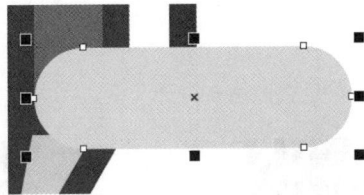

图2-41　　　　　　　　　　　图2-42

18 选择"矩形"工具 ，在适当的位置再绘制一个矩形，如图2-43所示。设置图形颜色的CMYK值为0、20、20、0，填充图形，并去除图形的轮廓，效果如图2-44所示。

19 选择"椭圆形"工具 ，按住Ctrl键的同时，在适当的位置绘制一个圆形，设置图形颜色的CMYK值为0、20、20、0，填充图形，并去除图形的轮廓，效果如图2-45所示。

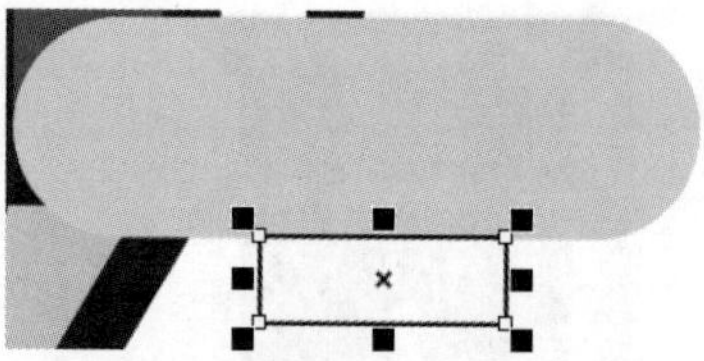

图2-43 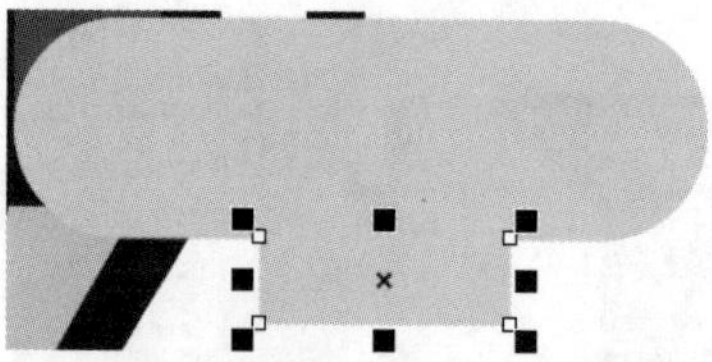 图2-44 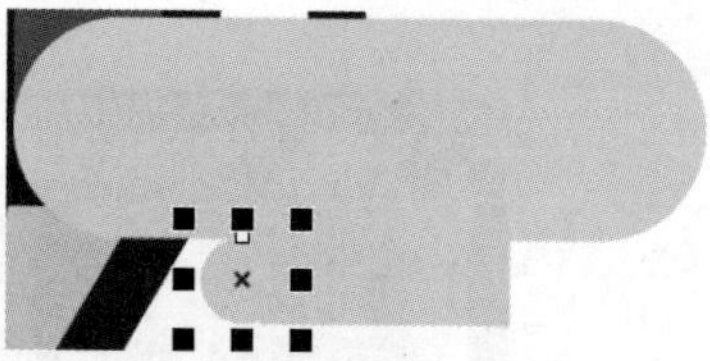 图2-45

20 按数字键盘上的+键，复制圆形。选择"选择"工具▓，按住Shift键的同时，水平向右拖曳复制的圆形到适当的位置，效果如图2-46所示。用圈选的方法将刚绘制的3个图形同时选取，单击属性栏中的"移除前面对象"按钮▣，将3个图形剪切为一个图形，效果如图2-47所示。用相同的方法再绘制一个圆角矩形，并填充相应的颜色，效果如图2-48所示。

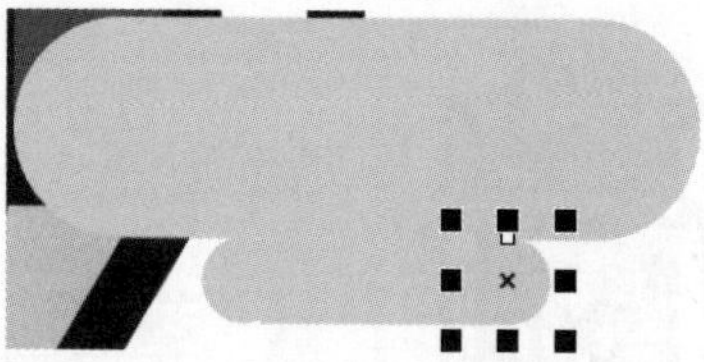

图2-46 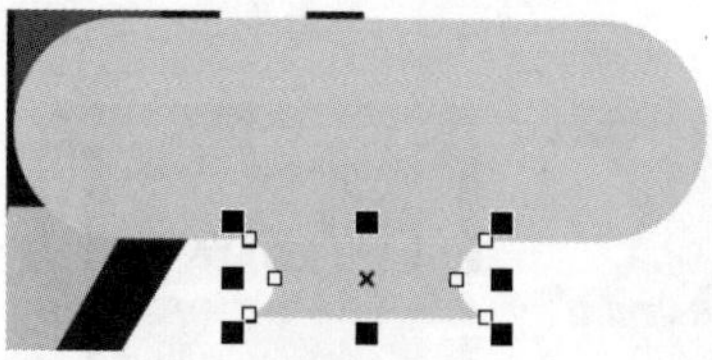 图2-47 图2-48

21 选择"选择"工具▓，用圈选的方法将从第17步开始绘制的图形同时选取，如图2-49所示，按Ctrl+G快捷键，群组图形。按Shift+Page Down快捷键，将图形向后移到适当的位置，效果如图2-50所示。

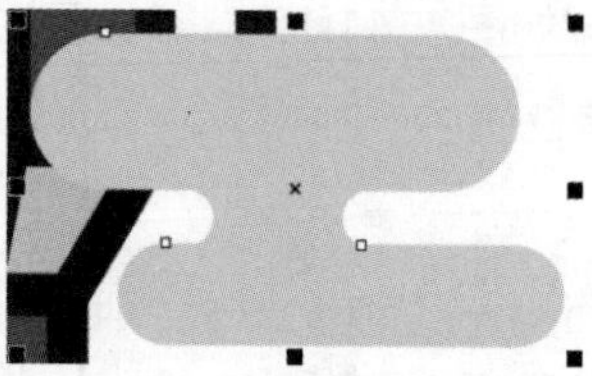

图2-49 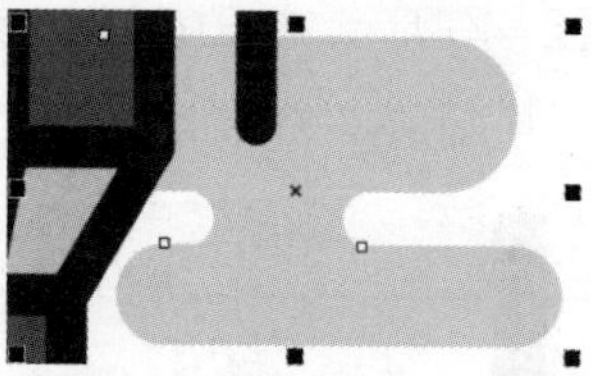 图2-50

22 按数字键盘上的+键，复制图形。向左上角拖曳群组图形到需要的位置，如图2-51所示。单击属性栏中的"垂直镜像"按钮▣，垂直镜像图形，效果如图2-52所示。花灯插画绘制完成，效果如图2-53所示。

图2-51

图2-52

图2-53

任务知识

2.1.1　绘制矩形

"矩形"工具用于绘制直角矩形、圆角矩形等。

1. 使用"矩形"工具绘制直角矩形

在工具箱中选择"矩形"工具▢，在绘图页面中按住鼠标左键不放，拖曳鼠标到需要的位置，松开鼠标左键，完成矩形的绘制，如图2-54所示。"矩形"工具属性栏如图2-55所示。

按Esc键，取消矩形的选中状态，效果如图2-56所示。选择"选择"工具▶，在刚绘制好的矩形上单击可以选中矩形。

	X:	105.0 mm		104.102 mm	100.0	%		0.0	
	Y:	148.5 mm		132.148 mm	100.0	%			

图2-54　　　　　　　　　　　图2-55　　　　　　　　　　　图2-56

按F6键，快速选择"矩形"工具▢，可在绘图页面适当的位置绘制矩形。

按住Ctrl键，可在绘图页面中绘制正方形。

按住Shift键，可在绘图页面中以当前点为中心绘制矩形。

按住Shift+Ctrl组合键，可在绘图页面中以当前点为中心绘制正方形。

> **技巧**　双击工具箱中的"矩形"工具▢，可以绘制出一个和绘图页面大小一样的矩形。

2. 使用"矩形"工具绘制圆角矩形

在绘图页面中绘制一个矩形，如图2-57所示。在属性栏中，如果选定小锁图标🔒，改变圆角半径时，矩形4个角的圆角半径将进行相同的改变。设定"圆角半径"🔲的值，如图2-58所示，按Enter键，效果如图2-59所示。

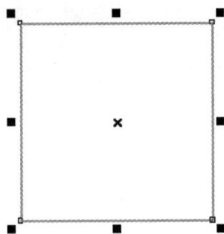

			20.0 mm			20.0 mm		
			20.0 mm			20.0 mm		

图2-57　　　　　　　　　　　图2-58　　　　　　　　　　　图2-59

如果不选定小锁图标 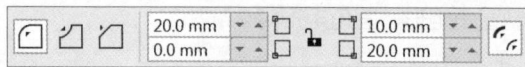，则可以单独改变某个角的圆角半径。在属性栏中，分别设定"圆角半径" 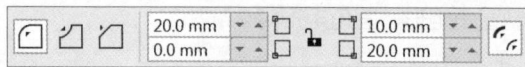 的值，如图2-60所示，按Enter键，效果如图2-61所示。如果要将圆角矩形还原为直角矩形，可以将圆角半径值均设为0。

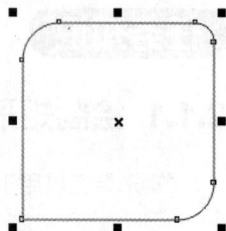

图2-60　　　　　　　　　　　　　图2-61

3. 使用鼠标拖曳矩形节点以绘制圆角矩形

绘制一个矩形，按F10键，快速选择"形状"工具 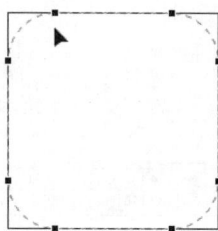，选中矩形一个角的节点，如图2-62所示。按住鼠标左键拖曳节点，可以同时改变4个角为圆角，如图2-63所示。松开鼠标左键，圆角矩形的效果如图2-64所示。

图2-62　　　　　　　图2-63　　　　　　　图2-64

4. 使用"矩形"工具绘制扇形角图形

绘制一个矩形，如图2-65所示。在属性栏中，单击"扇形角"按钮，设置"圆角半径"的值均为20.0mm，如图2-66所示，按Enter键，效果如图2-67所示。

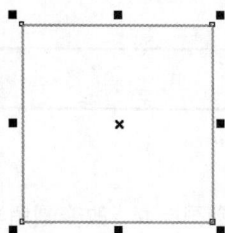

图2-65　　　　　　　　图2-66　　　　　　　　图2-67

5. 使用"矩形"工具绘制倒棱角图形

绘制一个矩形，如图2-68所示。在属性栏中，单击"倒棱角"按钮，设置"圆角半径"的值均为20.0mm，如图2-69所示，按Enter键，效果如图2-70所示。

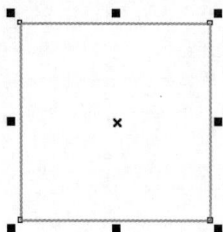

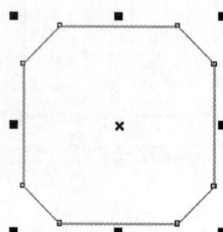

图2-68　　　　　　　　图2-69　　　　　　　　图2-70

6. 使用"相对角缩放"按钮调整图形

绘制一个圆角矩形，其属性栏和效果如图2-71所示。在属性栏中，单击"相对角缩放"按钮 ，拖曳控制手柄调整图形的大小，圆角半径值将根据图形的调整进行改变，调整图形后，属性栏和效果如图2-72所示。

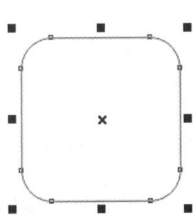

图2-71   图2-72

7. 绘制以任意角度放置的矩形

选择"矩形"工具 □ 拓展工具栏中的"3点矩形"工具 □，在绘图页面中按住鼠标左键不放，拖曳鼠标到需要的位置，松开鼠标左键，即可绘制一条任意方向的线段作为矩形的一条边，如图2-73所示；再拖曳鼠标到需要的位置，确定矩形的另一条边，如图2-74所示；单击即可完成矩形的绘制，效果如图2-75所示。

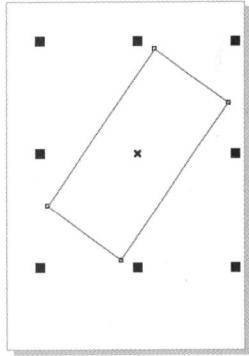

图2-73   图2-74   图2-75

2.1.2 绘制椭圆形

"椭圆形"工具用于绘制椭圆形、圆形、饼形、弧形等。

1. 使用"椭圆形"工具绘制椭圆和圆形

选择"椭圆形"工具 ○，在绘图页面中按住鼠标左键不放，拖曳鼠标到需要的位置，松开鼠标左键，完成椭圆形的绘制，如图2-76所示。"椭圆形"工具属性栏如图2-77所示。

按住Ctrl键，在绘图页面中可以绘制圆形，如图2-78所示。

图2-76   图2-77   图2-78

按F7键，快速选择"椭圆形"工具 ◯，可在绘图页面适当的位置绘制椭圆形。

按住Shift键，可在绘图页面中以当前点为中心绘制椭圆形。

按住Shift+Ctrl组合键，可在绘图页面中以当前点为中心绘制圆形。

2. 使用"椭圆形"工具绘制饼形和弧形

绘制一个圆形，如图2-79所示。单击"椭圆形"工具属性栏（见图2-80）中的"饼形"按钮 ◗，可将圆形转换为饼形，如图2-81所示。

图2-79   图2-80   图2-81

单击"椭圆形"工具属性栏（见图2-82）中的"弧形"按钮 ◡，可将圆形转换为弧形，如图2-83所示。

图2-82   图2-83

在"起始和结束角度"  中设置饼形和弧形的起始角度和结束角度，按Enter键，可以准确绘制饼形和弧形，效果如图2-84所示。

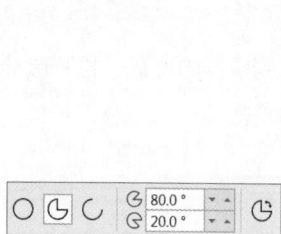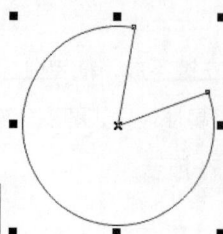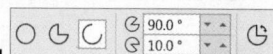

图2-84

技巧 在选中"椭圆形"工具的状态下，在属性栏中单击"饼形"按钮◐或"弧形"按钮◖，可以使图形在饼形和弧形之间切换。单击属性栏中的"更改方向"按钮◔，可以对饼形或弧形进行180°的镜像翻转。

3. 使用鼠标拖曳椭圆形节点以绘制饼形和弧形

　　绘制一个圆形，按F10键，快速选择"形状"工具◣，选中圆形轮廓上的节点并按住鼠标左键不放，如图2-85所示。向圆内拖曳节点，如图2-86所示。松开鼠标左键，圆形变成饼形，效果如图2-87所示。向圆外拖曳轮廓上的节点，可使圆形变成弧形。

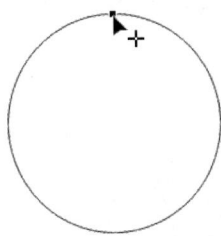
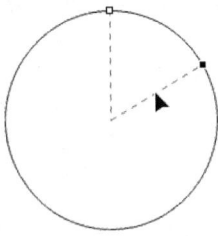

图2-85　　　　　　　　　图2-86　　　　　　　　　图2-87

4. 绘制以任意角度放置的椭圆形

　　选择"椭圆形"工具◯拓展工具栏中的"3点椭圆形"工具◉，在绘图页面中按住鼠标左键不放，拖曳鼠标到需要的位置，松开鼠标左键，可绘制一条任意方向的线段作为椭圆形的一个轴，如图2-88所示。再拖曳鼠标到需要的位置，即可确定椭圆形的形状，如图2-89所示。单击完成椭圆形的绘制，如图2-90所示。

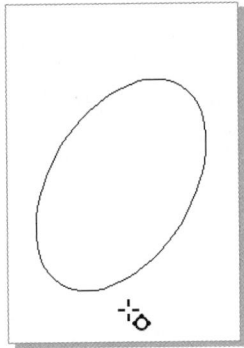
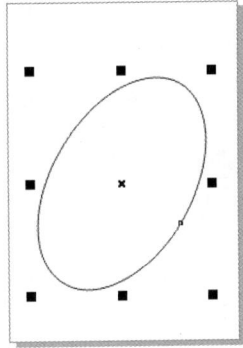

图2-88　　　　　　　　　图2-89　　　　　　　　　图2-90

2.1.3　绘制多边形

　　选择"多边形"工具◯，在绘图页面中按住鼠标左键不放，拖曳鼠标到需要的位置，松开鼠标左键，完成多边形的绘制，如图2-91所示。"多边形"工具属性栏如图2-92所示。

　　设置"多边形"工具属性栏中的"点数或边数" ◇ 5 ：数值为9，如图2-93所示，按Enter键，多边形效果如图2-94所示。

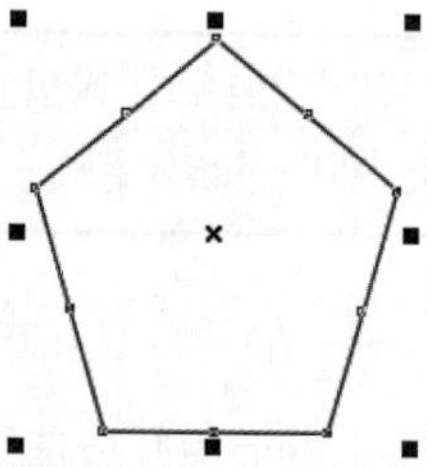

图2-92

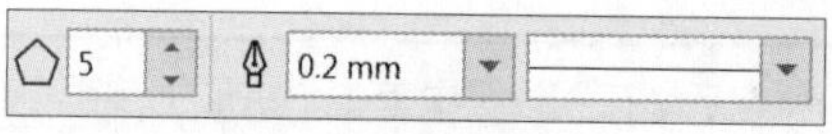

图2-91

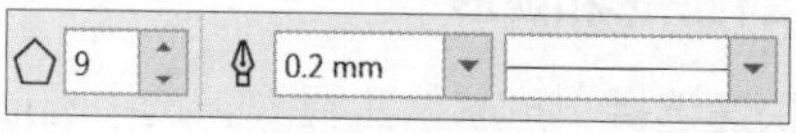

图2-93

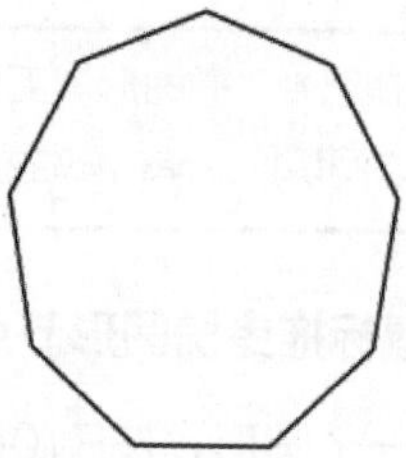

图2-94

绘制一个多边形，如图2-95所示。选择"形状"工具 ，选中多边形轮廓上的节点并按住鼠标左键不放，如图2-96所示，向多边形外拖曳节点，如图2-97所示，可以将多边形改变为星形，效果如图2-98所示。

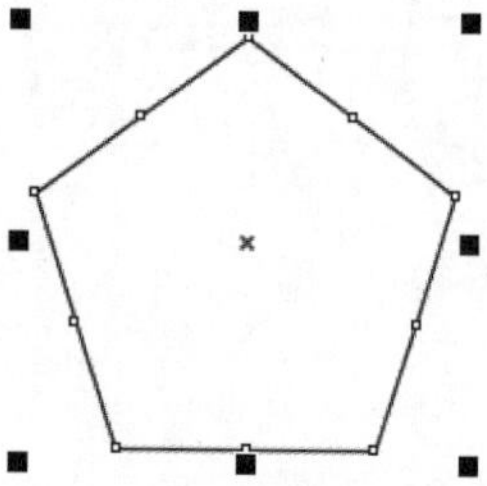

图2-95

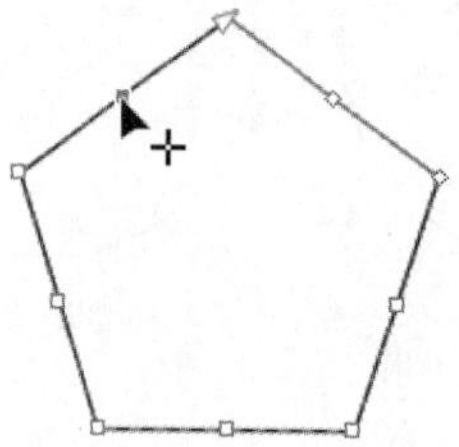

图2-96

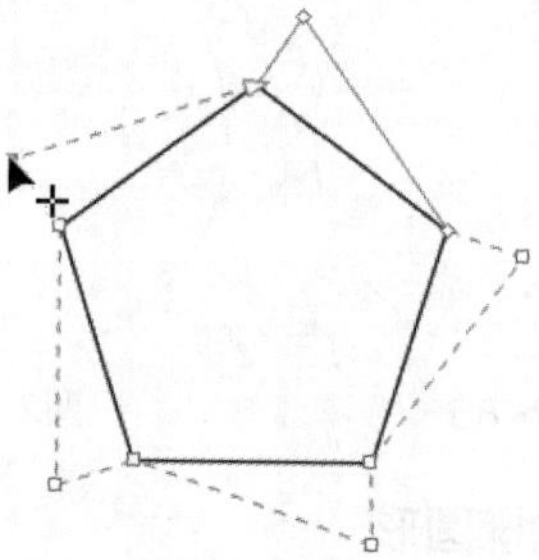

图2-97

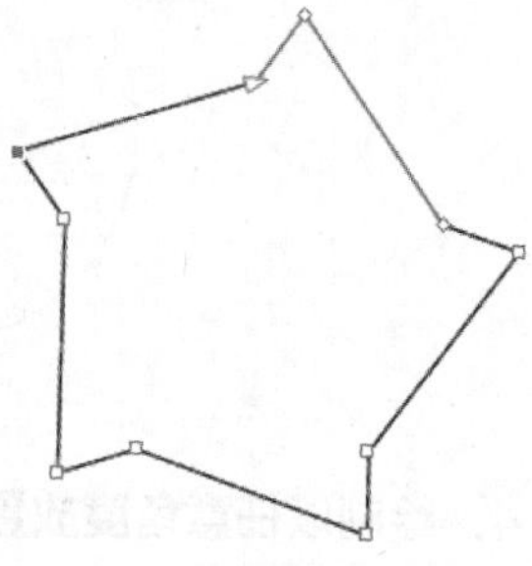

图2-98

2.1.4 绘制星形

1. 绘制简单星形

选择"星形"工具 ，在绘图页面中按住鼠标左键不放，拖曳鼠标到需要的位置，松开鼠标左键，完成星形的绘制，如图2-99所示。"星形"工具属性栏如图2-100所示。设置"星形"工具属性栏中的"点数或边数" ☆ 5 数值为8，按Enter键，星形效果如图2-101所示。

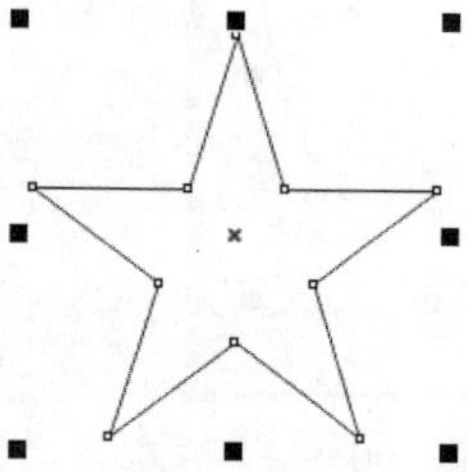

图2-99

图2-100

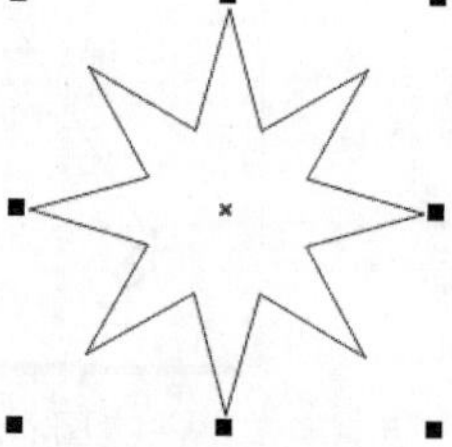

图2-101

2. 绘制复杂星形

在"星形"工具属性栏中单击"复杂星形"按钮 ，在绘图页面中按住鼠标左键不放，拖曳鼠标到需要的位置，松开鼠标左键，完成复杂星形的绘制，如图2-102所示。"星形"工具属性栏如图2-103所示。设置"星形"工具属性栏中的"点数或边数" ☆ 9 数值为12，"锐度" ▲ 2 数值为3，按Enter键，复杂星形效果如图2-104所示。

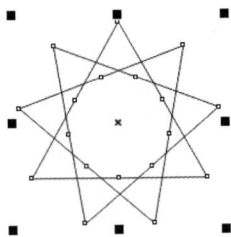

图2-102 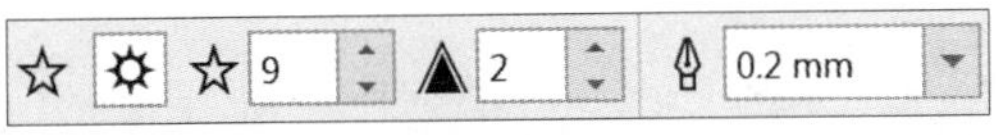　　　　　　图2-103 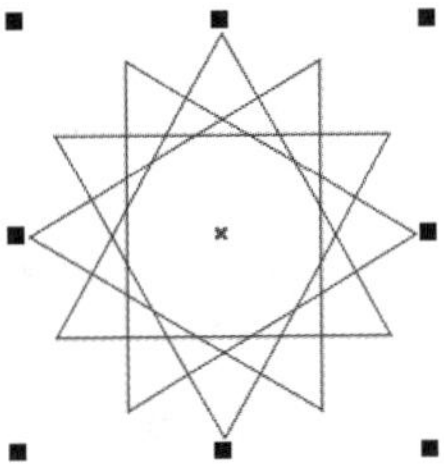　　　　　　图2-104

2.1.5　绘制螺纹

1.　绘制对称式螺旋线

　　选择"螺纹"工具 ◎ ，在绘图页面中按住鼠标左键不放，从左上角向右下角拖曳鼠标到需要的位置，松开鼠标左键，完成对称式螺旋线的绘制，如图2-105所示。"螺纹"工具属性栏如图2-106所示。

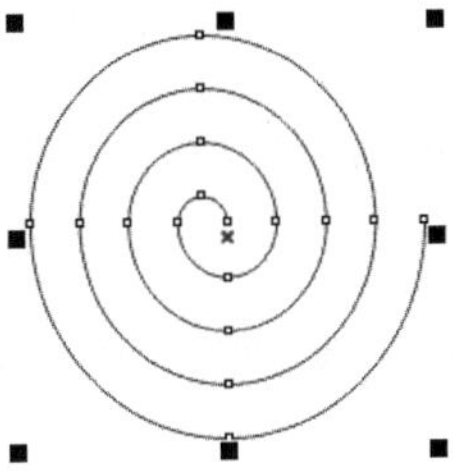

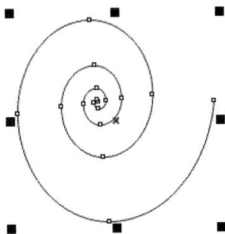

图2-105 　　　　　　　　　　图2-106

　　如果从右下角向左上角拖曳鼠标到需要的位置，则可以绘制出反向的对称式螺旋线。在"螺纹回圈"框 ◎ 4 中可以重新设定螺旋线的圈数，绘制出需要的螺旋线效果。

2.　绘制对数式螺旋线

　　选择"螺纹"工具 ◎ ，在属性栏中单击"对数螺纹"按钮 ◎ 。在绘图页面中按住鼠标左键不放，从左上角向右下角拖曳鼠标到需要的位置，松开鼠标左键，完成对数式螺旋线的绘制，如图2-107所示。"螺纹"工具属性栏如图2-108所示。

图2-107　　　　　　　　　　图2-108

　　在"螺纹扩展参数"框 ◎ 100 中可以重新设定螺旋线的扩展参数，将数值分别设定为80和20时，螺旋线向外扩展的效果如图2-109所示。当数值为1时，将绘制对称式螺旋线。

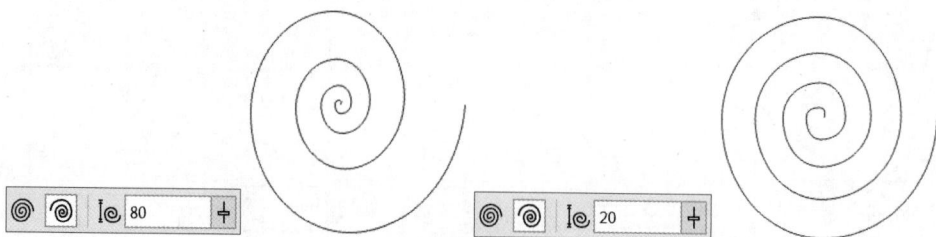

图2-109

按A键，快速选择"螺纹"工具◎，可在绘图页面适当的位置绘制螺旋线。

按住Ctrl键，可在绘图页面中绘制正圆螺旋线。

按住Shift键，可在绘图页面中以当前点为中心绘制螺旋线。

按住Shift+Ctrl组合键，可在绘图页面中以当前点为中心绘制正圆螺旋线。

2.1.6 绘制其他常见的形状

1. 绘制基本形状

选择"常见形状"工具，在属性栏中单击"常用形状"按钮，在弹出的下拉列表中选择需要的基本形状，如图2-110所示。

在绘图页面中按住鼠标左键不放，从左上角向右下角拖曳鼠标到需要的位置，松开鼠标左键，基本形状绘制完成，效果如图2-111所示。

2. 绘制箭头形状

选择"常见形状"工具，在属性栏中单击"常用形状"按钮，在弹出的下拉列表中选择需要的箭头形状，如图2-112所示。

在绘图页面中按住鼠标左键不放，从左上角向右下角拖曳鼠标到需要的位置，松开鼠标左键，箭头形状绘制完成，如图2-113所示。

图2-110　　图2-111　　图2-112　　图2-113

3. 绘制流程图形状

选择"常见形状"工具，在属性栏中单击"常用形状"按钮，在弹出的下拉列表中选择需要的流程图形状，如图2-114所示。

在绘图页面中按住鼠标左键不放，从左上角向右下角拖曳鼠标到需要的位置，松开鼠标左键，流程图形状绘制完成，如图2-115所示。

4. 绘制条幅形状

选择"常见形状"工具 ，在属性栏中单击"常用形状"按钮 囗，在弹出的下拉列表中选择需要的条幅形状，如图2-116所示。

在绘图页面中按住鼠标左键不放，从左上角向右下角拖曳鼠标到需要的位置，松开鼠标左键，条幅形状绘制完成，如图2-117所示。

图2-114　　　　　　图2-115　　　　　　图2-116　　　　　　图2-117

5. 绘制标注形状

选择"常见形状"工具 囗，在属性栏中单击"常用形状"按钮 囗，在弹出的下拉列表中选择需要的标注形状，如图2-118所示。

在绘图页面中按住鼠标左键不放，从左上角向右下角拖曳鼠标到需要的位置，松开鼠标左键，标注形状绘制完成，如图2-119所示。

图2-118　　　　　　　　图2-119

6. 调整常见的形状

绘制一个形状，如图2-120所示。选中要调整的形状的红色菱形符号，按住鼠标左键不放将其拖曳到需要的位置，如图2-121所示。得到需要的形状后，松开鼠标左键，效果如图2-122所示。

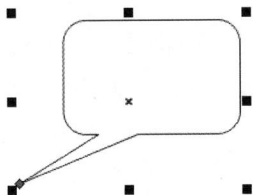
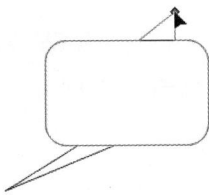
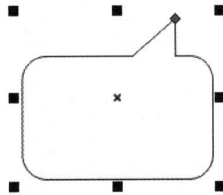

图2-120　　　　　　　　图2-121　　　　　　　　图2-122

技巧 CorelDRAW 2024内置的流程图形状没有红色菱形符号，所以不能对此形状进行类似的调整。

任务2.2 掌握对象的编辑

在CorelDRAW 2024中，可以使用强大的图形编辑功能对图形进行编辑，其中包括图形的多种选取方式和编辑方式，如图形的缩放、移动、镜像、复制和删除等。本节将讲解多种编辑图形的方法和技巧。

任务实践 **绘制风景插画**

任务目标 学习使用对象编辑方法绘制风景插画。

任务要点 使用"选择"工具移动并缩放图形，使用"水平镜像"按钮翻转图形，使用"变换"泊坞窗复制并镜像图形。最终效果参看学习资源中的"项目2\效果\绘制风景插画.cdr"文件，效果如图2-123所示。

图2-123

任务操作

01 按Ctrl+O快捷键，弹出"打开绘图"对话框，选择学习资源中的"项目2\素材\绘制风景插画\01"文件，单击"打开"按钮，打开文件，效果如图2-124所示。选择"选择"工具 ，选中云彩图形，如图2-125所示。

图2-124

图2-125

02 按数字键盘上的+键，复制云彩图形。向右下方拖曳复制的云彩图形到适当的位置，效果如图2-126所示。按Shift键的同时，拖曳右上角的控制手柄以等比例缩放云彩图形，效果如图2-127所示。

图2-126

图2-127

03 单击属性栏中的"水平镜像"按钮，水平翻转云彩图形，效果如图2-128所示。用相同的方法分别复制其他图形，并调整其大小，效果如图2-129所示。

图2-128　　　　　　　　　　　　　　　　　图2-129

04 使用"选择"工具，按住Shift键的同时，将需要的图形同时选取，如图2-130所示。按Alt+F9快捷键，弹出"变换"泊坞窗，各选项的设置如图2-131所示，再单击"应用"按钮，复制并镜像图形，效果如图2-132所示。按Shift键的同时，垂直向上拖曳镜像的图形到适当的位置，效果如图2-133所示。

图2-130 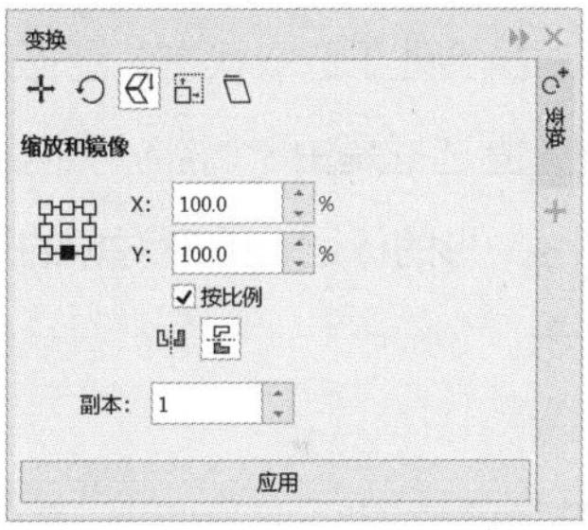　　　　　　　　　　　　　　　　　图2-131

图2-132　　　　　　　　　　　　　　　　　图2-133

05 选择"透明度"工具，在属性栏中单击"均匀透明度"按钮，其他选项的设置如图2-134所示，按Enter键，透明效果如图2-135所示。

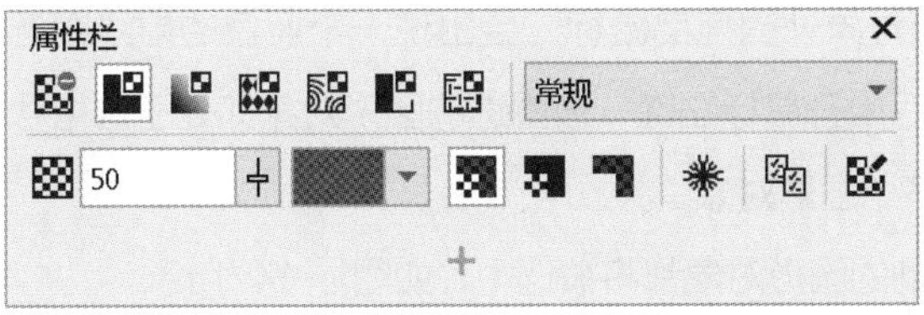

图2-134 　　　　　　　　　　　　　　　　　图2-135

06 按Esc键，退出图形的选取状态，风景插画绘制完成，效果如图2-136所示。

图2-136

任务知识

2.2.1 对象的选取

在CorelDRAW 2024中，新建一个图形对象时，该图形对象会处于选取状态，图形对象的周围出现圈选框，圈选框是由8个控制手柄组成的，中心有一个"×"形的标记，图形对象的选取状态如图2-137所示。

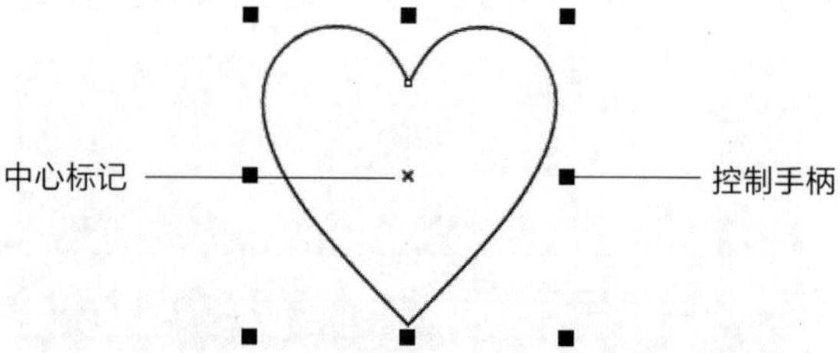

中心标记 —— 控制手柄

图2-137

> **技巧** 在CorelDRAW 2024中，如果要编辑一个图形对象，首先要选中这个图形对象。当同时选中多个图形对象时，多个图形对象共用一个圈选框。要取消图形对象的选取状态，只需要在绘图页面中的其他位置单击或按Esc键。

1. 用单击的方法选中图形对象

选择"选择"工具，在要选中的图形对象上单击即可选中该图形对象。

如果需要同时选中多个图形对象，按住Shift键，依次单击图形对象即可，同时选中多个图形对象的效果如图2-138所示。

图2-138

2. 用圈选的方法选中图形对象

选择"选择"工具，在绘图页面要选中的图形对象外围拖曳鼠标，会出现一个蓝色的虚线圈选框，如图2-139所示。在圈选框完全圈选住图形对象后松开鼠标左键，被圈选的图形对象即处于选中状态，如图2-140所示。用圈选的方法可以选中一个或多个图形对象。

在圈选的同时按住Alt键，蓝色的虚线圈选框接触到的图形对象都将被选中，如图2-141所示。

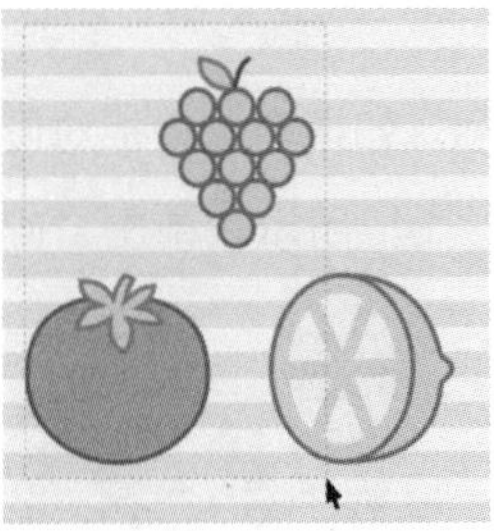

图2-139

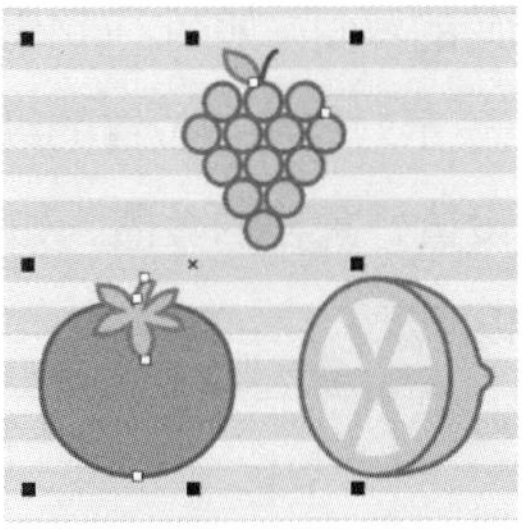

图2-140

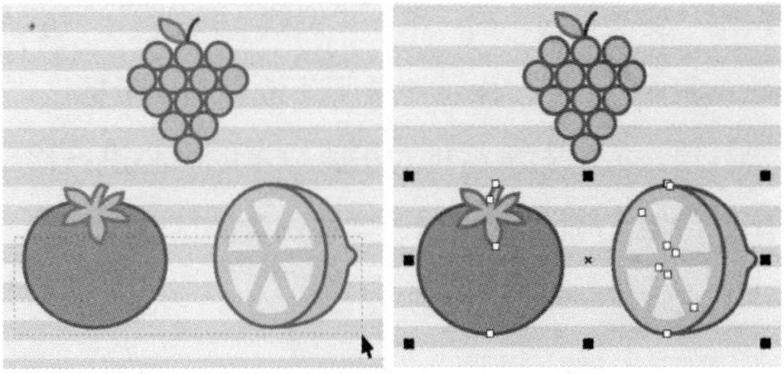

图2-141

3. 使用命令选中对象

选择“编辑 > 全选”命令子菜单中的各个命令也可以选中图形对象；按Ctrl+A快捷键，可以选中绘图页面中的全部图形对象。

技巧 当绘图页面中有多个图形对象时，按空格键，快速选择“选择”工具，连续按Tab键，可以依次选择下一个图形对象。按住Shift键，再连续按Tab键，可以依次选择上一个图形对象。通过按住Ctrl键并单击鼠标左键的方式可以选中群组中的单个对象。

2.2.2 对象的移动

1. 使用工具和键盘移动对象

使用“选择”工具选中要移动的对象，如图2-142所示。选择“选择”工具或其他绘图工具，将鼠标指针移到对象的中心标记处，鼠标指针将变为十字箭头形状✥，如图2-143所示。按住鼠标左键不放，拖曳对象到需要的位置，松开鼠标左键，完成对象的移动，效果如图2-144所示。

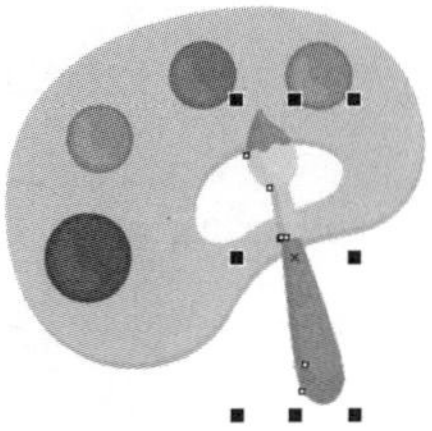

图2-142

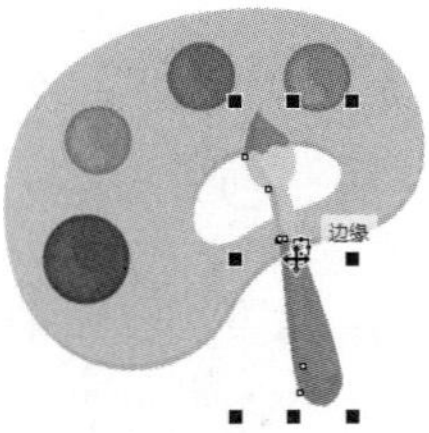

图2-143

图2-144

选中要移动的对象，用键盘上的方向键可以微调对象的位置，在使用系统默认值时，对象每次将以0.1英寸（1英寸≈2.54厘米）的距离移动。选择“选择”工具后不选中任何对象，在属性栏的“微调距离”框 0.1 mm 中可以设定每次微调对象移动的距离。

2. 使用属性栏移动对象

选中要移动的对象，在属性栏的“对象位置”框 X: 125.85 mm Y: 83.523 mm 中输入对象要移动到的新位置的横坐标和纵坐标。

3. 使用“变换”泊坞窗移动对象

选中要移动的对象，如图2-145所示。选择“窗口 > 泊坞窗 > 变换”命令，或按Alt+F7快捷键，

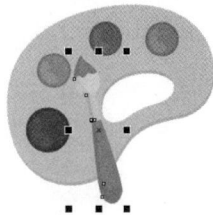

弹出"变换"泊坞窗,单击"位置"按钮➕,切换到相应的界面,如图2-146所示。

其中,"X"表示对象所在位置的横坐标,"Y"表示对象所在位置的纵坐标。如果勾选"相对位置"复选框,对象将相对于原位置的中心进行移动。设置好需要的数值,如图2-147所示,单击"应用"按钮,或按Enter键,完成对象的移动,如图2-148所示。

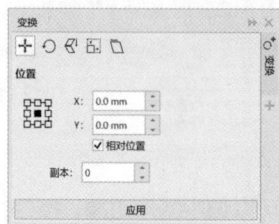

| 图2-145 | 图2-146 | 图2-147 | 图2-148 |

另外,设置好数值后,在"副本"选项中输入数值1,可以在新位置复制出一个新的对象。

2.2.3 对象的旋转

1. 使用鼠标旋转对象

使用"选择"工具▶选中要旋转的对象,对象的周围会出现控制手柄。再次单击对象,这时对象的周围会出现旋转✔和倾斜↔控制手柄,如图2-149所示。

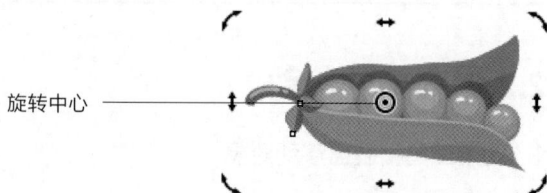

图2-149

将鼠标指针移动到旋转控制手柄上,这时的鼠标指针变为旋转符号↻,如图2-150所示。按住鼠标左键,拖曳鼠标旋转对象,旋转时会出现以蓝色的虚线显示的对象,用来指示旋转方向和角度,如图2-151所示。将对象旋转到需要的角度后,松开鼠标左键,完成对象的旋转,效果如图2-152所示。

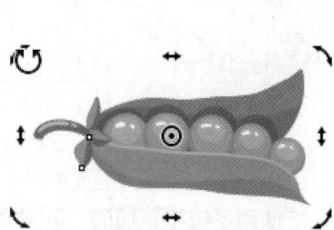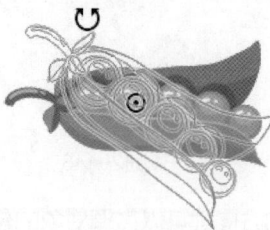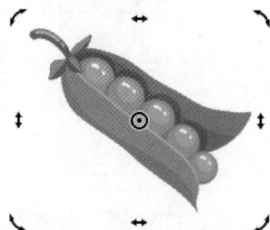

| 图2-150 | 图2-151 | 图2-152 |

对象是围绕旋转中心⊙旋转的,默认的旋转中心是对象的中心点,将鼠标指针移动到旋转中心上,按住鼠标左键拖曳旋转中心到需要的位置,松开鼠标左键,即可完成旋转中心的移动。

2. 使用属性栏旋转对象

选中要旋转的对象,如图2-153所示。在属性栏的"旋转角度"框○⟨0.0⟩°中设置旋转的角度数值为30,如图2-154所示,按Enter键,效果如图2-155所示。

图2-153　　　　　　　图2-154　　　　　　　图2-155

3. 使用"变换"泊坞窗旋转对象

选中要旋转的对象，如图2-156所示，在"变换"泊坞窗中，单击"旋转"按钮○，切换到相应的界面，如图2-157所示。

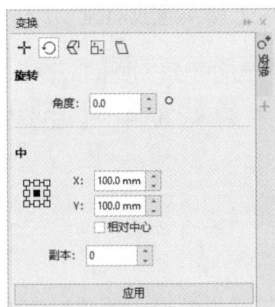

图2-156　　　　　　　图2-157

其中，在"旋转"设置区的"角度"选项中可以直接输入旋转角度数值，旋转角度数值可以是正值也可以是负值。在"中"设置区中可以设置旋转中心的坐标。勾选"相对中心"复选框，对象将以选中的点为旋转中心进行旋转。设置好需要的数值，如图2-158所示，单击"应用"按钮，完成对象的旋转，如图2-159所示。

图2-158　　　　　　　图2-159

2.2.4 对象的缩放

1. 使用鼠标缩放对象

使用"选择"工具选中要缩放的图形对象，对象的周围会出现控制手柄，用鼠标拖曳控制手柄可以缩放对象。拖曳对角线上的控制手柄可以按比例缩放对象，如图2-160所示；拖曳非对角线上的控制手柄可以不按比例缩放对象，如图2-161所示。

图2-160 　　　　　　　　　　　　　　　　图2-161

在拖曳对角线上的控制手柄时，按住Ctrl键，图形对象会以100%的比例缩放。按Shift+Ctrl组合键，对象会以100%的比例从中心缩放。

2. 使用"自由变换"工具 🔧 缩放对象

使用"选择"工具 ▸ 选中要缩放的对象，对象的周围会出现控制手柄。选择"选择"工具 ▸ 拓展工具栏中的"自由变换"工具 🔧，选中"自由缩放"按钮 ▣，属性栏如图2-162所示。

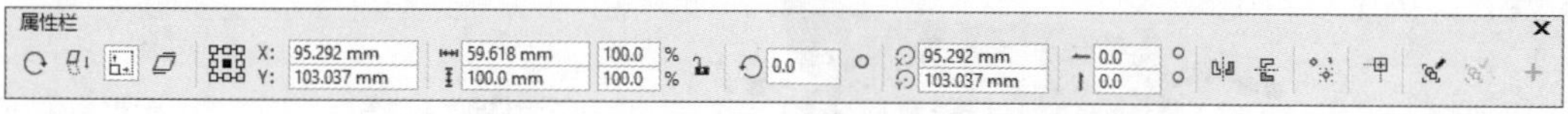

图2-162

在"自由变换"工具属性栏中的"对象大小"框 中，输入对象的宽度和高度。如果单击了"缩放因子" 右侧的"锁定比率"按钮 🔒，则对象的宽度和高度将按比例缩放，只要改变宽度和高度中任意一个值，另一个值就会自动按比例调整。

在"自由变换"工具属性栏中设置对象的宽度和高度后，按Enter键，完成对象的缩放，效果如图2-163所示。

图2-163

3. 使用"变换"泊坞窗缩放对象

使用"选择"工具 ▸ 选中要缩放的对象，如图2-164所示。在"变换"泊坞窗中，单击"大小"按钮 ▣，切换到相应的界面，如图2-165所示。其中，在"距离"单选项下，"W"表示宽度，"H"表示高度。在"比例部分"单选项下中，表示将对象的一部分调整为特定尺寸，表示交互式设置尺寸和对象原点。如果不勾选"按比例"复选框，将不按比例缩放对象。

图2-166所示的是"变换"泊坞窗中可供选择的9个控制手柄，单击其中一个控制手柄可以定义一个在缩放图形时保持固定不动的点，缩放的图形将基于这个点进行缩放，这个点可以决定缩放后的图形与原图形的相对位置。

设置好需要的数值，如图2-167所示，单击"应用"按钮，完成对象的缩放，效果如图2-168所示。利用"副本"选项可以复制出多个缩放好的对象。

 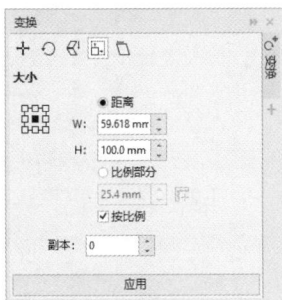 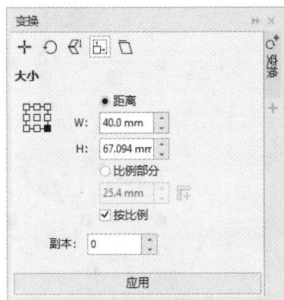

图2-164   图2-165   图2-166   图2-167   图2-168

2.2.5 对象的镜像

镜像效果经常应用于设计作品中，在CorelDRAW 2024中，可以使用多种方法使图形沿水平、垂直或对角线的方向进行镜像翻转。

1. 使用鼠标镜像对象

选取镜像对象，如图2-169所示。按住鼠标左键向相对方向直接拖曳左边或右边中间的控制手柄到适当的位置，直到看到图2-170所示的效果。松开鼠标左键就可以得到镜像对象，如图2-171所示。

按住Ctrl键，向相对方向直接拖曳左边或右边中间的控制手柄，可以得到保持原对象比例的水平镜像对象，如图2-172所示。按住Ctrl键，向相对方向直接拖曳上边或下边中间的控制手柄，可以得到保持原对象比例的垂直镜像对象，如图2-173所示。按住Ctrl键，向相对方向直接拖曳对角线上的控制手柄，可以得到保持原对象比例的沿对角线方向镜像的对象，如图2-174所示。

 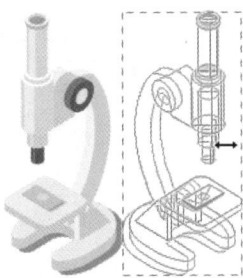  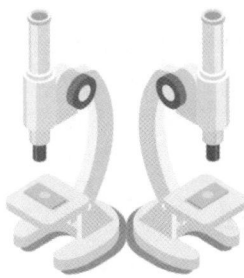 

图2-169   图2-170   图2-171   图2-172   图2-173   图2-174

> **技巧** 在镜像翻转的过程中，只能使对象本身产生镜像效果。如果想产生图2-172、图2-173和图2-174所示的效果，就要在镜像的位置生成一个复制对象。在松开鼠标左键之前单击鼠标右键，就可以在镜像的位置生成一个复制对象。

2. 使用属性栏镜像对象

使用"选择"工具 选中要镜像的对象，如图2-175所示，属性栏如图2-176所示。

图2-175 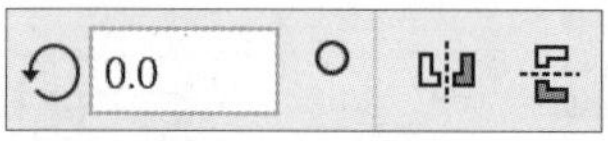　　　　　　图2-176

单击属性栏中的"水平镜像"按钮，可以使对象沿水平方向做镜像翻转。单击"垂直镜像"按钮，可以使对象沿垂直方向做镜像翻转。

3. 使用"变换"泊坞窗镜像对象

选中要镜像的对象，在"变换"泊坞窗中，单击"缩放和镜像"按钮，切换到相应的界面，如图2-177所示。单击"水平镜像"按钮，可以使对象沿水平方向做镜像翻转。单击"垂直镜像"按钮，可以使对象沿垂直方向做镜像翻转。

另外，还可以生成一个变形的镜像对象。在"变换"泊坞窗中进行设置，如图2-178所示，单击"应用"按钮，即生成一个变形的镜像对象，效果如图2-179所示。

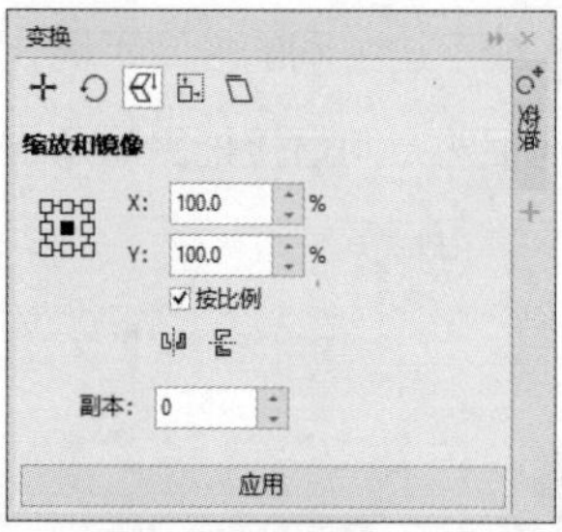

图2-177 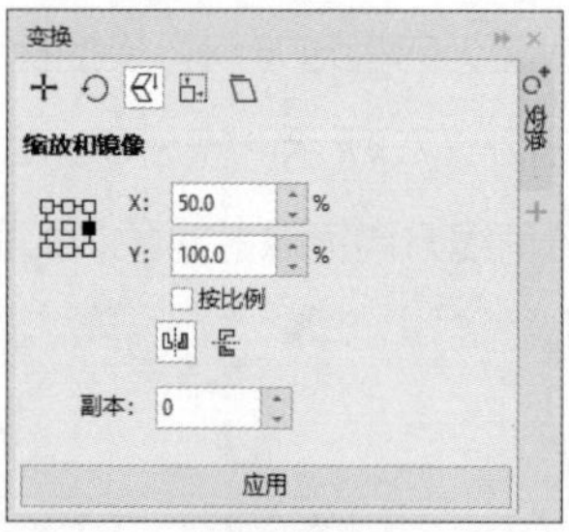　　　　　　图2-178 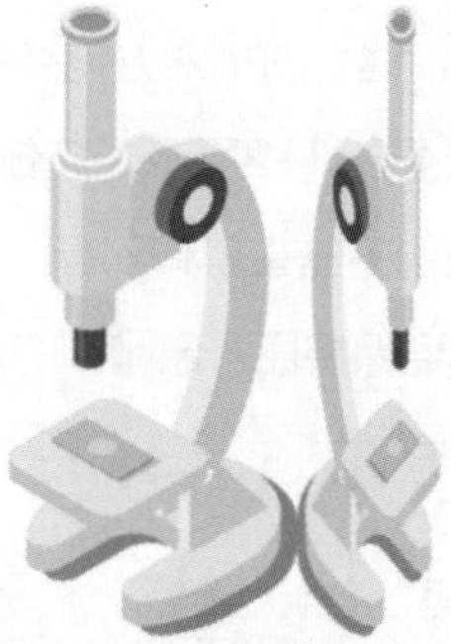　　　　　　图2-179

2.2.6　对象的倾斜

1. 使用鼠标倾斜变形对象

选中要倾斜变形的对象，对象的周围会出现控制手柄。再次单击对象，这时对象的周围出现旋转和倾斜控制手柄，如图2-180所示。

将鼠标指针移动到倾斜控制手柄上，鼠标指针变为倾斜图标，如图2-181所示。按住鼠标左键，拖曳鼠标以倾斜变形对象，倾斜变形时会出现蓝色对象以指示倾斜变形的方向和角度，如图2-182所示。倾斜到需要的角度后，松开鼠标左键，对象倾斜变形的效果如图2-183所示。

| 图2-180 | 图2-181 | 图2-182 | 图2-183 |

2.　使用"变换"泊坞窗倾斜变形对象

选中倾斜变形对象，如图2-184所示。在"变换"泊坞窗中，单击"倾斜"按钮，切换到相应的界面，如图2-185所示。

在"变换"泊坞窗中进行设置，如图2-186所示，单击"应用"按钮，完成对象的倾斜变形，效果如图2-187所示。

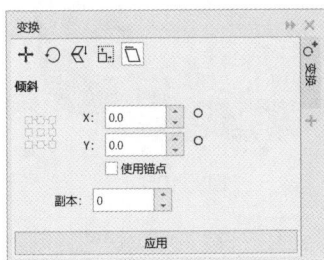

| 图2-184 | 图2-185 | 图2-186 | 图2-187 |

2.2.7　对象的复制

1.　使用命令复制对象

选中要复制的对象，如图2-188所示。选择"编辑 > 复制"命令，或按Ctrl+C快捷键，对象的副本会被放置在剪贴板中。选择"编辑 > 粘贴"命令，或按Ctrl+V快捷键，对象的副本被粘贴到原对象的下面，其位置和原对象是相同的。拖曳鼠标以移动对象，可以显示复制的对象，如图2-189所示。

| 图2-188 | 图2-189 |

技巧　选择"编辑 > 剪切"命令，或按Ctrl+X快捷键，对象将从绘图页面中删除并被放置在剪贴板中。

2.　使用拖曳的方式复制对象

选中要复制的对象，如图2-190所示。将鼠标指针移动到对象的中心标记上，鼠标指针变为十字箭头形状✛，如图2-191所示。按住鼠标左键拖曳对象到需要的位置，如图2-192所示。在合适位置单击鼠标右键，完成对象的复制，效果如图2-193所示。

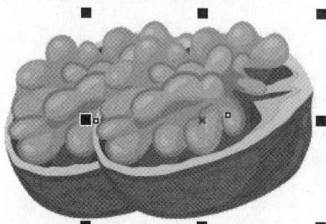

图2-190　　　　　　　图2-191　　　　　　　图2-192　　　　　　　图2-193

选中要复制的对象，按住鼠标右键并拖曳对象到需要的位置，松开鼠标右键后弹出图2-194所示的快捷菜单，选择"复制"命令，完成对象的复制，效果如图2-195所示。

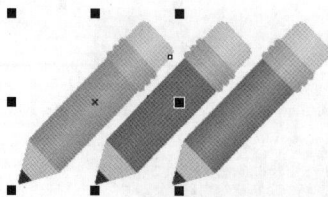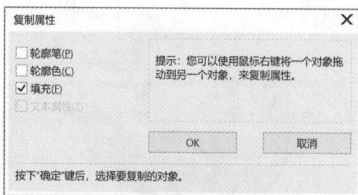

图2-194　　　　　　　　　　　　　图2-195

使用"选择"工具 选中要复制的对象，在数字键盘上按+键，可以快速复制对象。

技巧　在两个不同的绘图页面中复制对象：按住鼠标左键拖曳其中一个绘图页面中的对象到另一个绘图页面中，在松开鼠标左键前单击鼠标右键即可复制对象。

3. 使用命令复制对象属性

选中要复制属性的对象，如图2-196所示。选择"编辑 > 复制属性自"命令，弹出"复制属性"对话框，在对话框中勾选"填充"复选框，如图2-197所示。单击"OK"按钮，鼠标指针显示为黑色箭头，在要复制其属性的对象上单击，如图2-198所示，完成对象的属性复制，效果如图2-199所示。

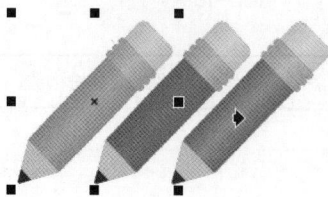

图2-196　　　　　　　　　　　　　图2-197

图2-198　　　　　　　　　　　　　图2-199

2.2.8 对象的删除

在CorelDRAW 2024中，可以方便、快捷地删除对象，下面介绍如何删除对象。

选中要删除的对象，选择"编辑 > 删除"命令，或按Delete键，即可删除选中的对象。

> **技巧** 如果想删除多个对象或全部对象，首先要选中这些对象，再选择"编辑>删除"命令或按Delete键。

项目实践 **绘制南天竹花卉插画**

项目要点 使用"导入"命令导入素材图片，使用"多边形"工具、"旋转角度"选项、"透明度"工具、"常见形状"工具、"椭圆形"工具绘制花盆，使用"2点线"工具、"椭圆形"工具、"水平镜像"按钮、"星形"按钮绘制南天竹。最终效果参看学习资源中的"项目2\效果\绘制南天竹花卉插画.cdr"文件，效果如图2-200所示。

图2-200

课后习题 **绘制卡通汽车**

习题要点 使用"矩形"工具、"椭圆形"工具、"变换"泊坞窗、PowerClip相关命令和"水平镜像"按钮绘制卡通汽车。最终效果参看学习资源中的"项目2\效果\绘制卡通汽车.cdr"文件，效果如图2-201所示。

图2-201

项目 3

绘制和编辑曲线

本项目将介绍CorelDRAW 2024中绘制和编辑曲线的相关知识，以及使用造型功能制作复杂多变的图形的方法。通过本项目的学习，读者可以掌握绘制曲线、编辑曲线和修整图形的方法，为绘制复杂、绚丽的作品打好基础。

学习目标

- 了解曲线的概念。
- 掌握绘制曲线的方法。
- 掌握编辑曲线的技巧。
- 熟练掌握造型功能里各种命令的使用方法。

技能目标

- 掌握环境保护App引导页的制作方法。
- 掌握计算器图标的绘制方法。

素养目标

- 通过绘制和编辑曲线培养耐心。
- 培养对线条精确性和细节的掌控能力。

任务3.1　掌握曲线的绘制

　　使用CorelDRAW 2024绘制的作品大多是由几何对象构成的，而几何对象的构成元素是直线和曲线。通过学习绘制曲线，可以进一步掌握CorelDRAW 2024强大的绘图功能。

任务实践　制作环境保护App引导页

任务目标　学习使用"艺术笔"工具制作环境保护App引导页。

任务要点　使用"艺术笔"工具、"水平镜像"按钮绘制狐狸和树图形，使用"椭圆形"工具绘制阴影。最终效果参看学习资源中的"项目3\效果\制作环境保护App引导页.cdr"文件，效果如图3-1所示。

任务操作

01　按Ctrl+O快捷键，弹出"打开绘图"对话框，选择学习资源中的"项目3\素材\制作环境保护App引导页\01"文件，单击"打开"按钮，打开文件，效果如图3-2所示。

图3-1

02　选择"艺术笔"工具，单击属性栏中的"喷涂"按钮，在"类别"选项的下拉列表中选择"其他"，如图3-3所示。在"喷射图样"选项的下拉列表中选择需要的图形，如图3-4所示，在页面外拖曳鼠标以绘制图形，效果如图3-5所示。

图3-2 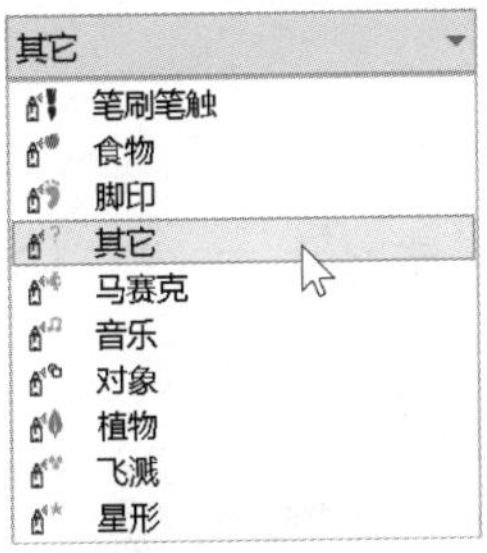　　　　　　　　　　　图3-3

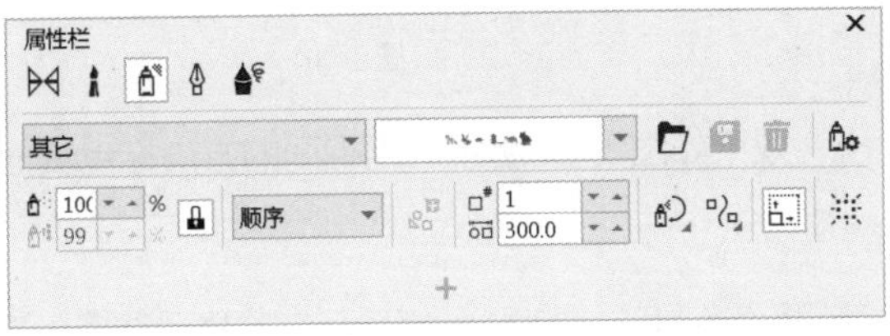

图3-4　　　　　　　　　　　图3-5

03　按Ctrl+K快捷键，拆分艺术笔群组，如图3-6所示。按Ctrl+U快捷键，取消图形群组。选择"选择"工具，用圈选的方法选取不需要的图形，如图3-7所示，按Delete键将其删除，效果如图3-8所示。

图3-6   图3-7   图3-8

04 选择"选择"工具 🔱，选中并拖曳狐狸图形到页面中适当的位置，调整其大小，效果如图3-9所示。单击属性栏中的"水平镜像"按钮 🔛，水平翻转图形，效果如图3-10所示。

图3-9   图3-10

05 选择"艺术笔"工具 🖌，在属性栏中"类别"选项的下拉列表中选择"植物"，在"喷射图样"选项的下拉列表中选择需要的图形，如图3-11所示，在页面外拖曳鼠标以绘制图形，效果如图3-12所示。

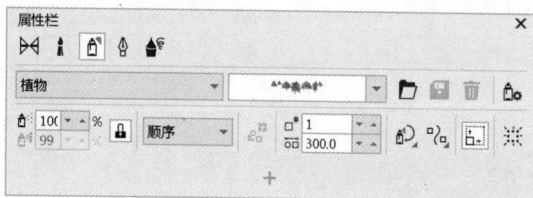

图3-11   图3-12

06 按Ctrl+K快捷键，拆分艺术笔群组，如图3-13所示。按Ctrl+U快捷键，取消图形群组。选择"选择"工具 🔱，选取需要的图形，如图3-14所示。

图3-13   图3-14

07 拖曳图形到页面中适当的位置，并调整其大小，效果如图3-15所示。用相同的方法拖曳其他图形到页面中适当的位置，并调整其大小，效果如图3-16所示。

08 选择"椭圆形"工具 ⭕，在适当的位置分别绘制两个椭圆形，如图3-17所示。选择"选择"工具 🔱，将绘制的椭圆形同时选取，设置图形颜色的RGB值为226、220、169，填充图形，并去除图形的轮廓，效果如图3-18所示。按住Shift键的同时，单击需要的图形，将其同时选取，按Ctrl+G快捷键群组图形，效果如图3-19所示。

| 图3-15 | 图3-16 | 图3-17 | 图3-18 | 图3-19 |

09 连续按Ctrl+Page Down快捷键，将图形向后移至适当的位置，效果如图3-20所示。按Esc键，退出图形的选取状态，效果如图3-21所示。环境保护App引导页制作完成，效果如图3-22所示。

| 图3-20 | 图3-21 | 图3-22 |

任务知识

3.1.1　认识曲线

在CorelDRAW 2024中，曲线是矢量图形的组成部分。可以使用绘图工具绘制曲线，也可以将多边形、椭圆形及文本对象转换成曲线。下面对曲线的节点、线段、控制线和控制点等概念进行讲解。

节点： 构成曲线的基本要素。可以通过确定节点位置、调整节点的控制点来绘制曲线和改变曲线的形状；可以通过在曲线上增加和删除节点使曲线的绘制更加准确；可以通过转换节点的性质，将直线段和曲线的节点相互转换，使直线段转换为曲线或使曲线转换为直线段。

线段： 指两个节点之间的部分。线段包括直线段和曲线，如图3-23所示。直线段在转换成曲线后，可以将其作为曲线进行操作。

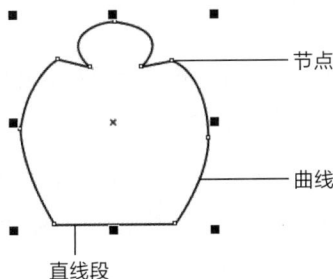

图3-23

控制线：在绘制曲线的过程中，节点的两端出现的蓝色虚线。选择"形状"工具 ，在已经绘制好的曲线的节点上单击，节点的两端会出现控制线。

技巧 直线段的节点没有控制线，直线段转换为曲线后，节点上会出现控制线。

控制点：在绘制曲线的过程中，节点上会出现控制线，控制线的两端是控制点，如图3-24所示。移动控制点可以调整曲线的弯曲程度。

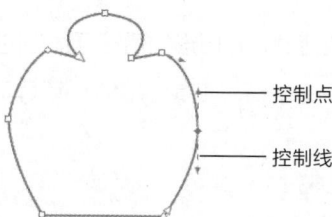

控制点

控制线

图3-24

3.1.2 使用"贝塞尔"工具

使用"贝塞尔"工具 可以绘制出平滑、精确的曲线，可以通过改变节点和控制点的位置来控制曲线的弯曲程度，同时可以通过改变节点和控制点对绘制完的直线段或曲线进行精确的调整。

1. 绘制直线段和折线

选择"贝塞尔"工具 ，在绘图页面中单击以确定直线段的起点，拖曳鼠标到需要的位置，再次单击以确定直线段的终点，绘制一条直线段。只要确定下一个节点的位置并单击，就可以绘制出折线。如果想绘制具有多个折角的折线，只需继续确定节点的位置即可，如图3-25所示。

双击折线上的节点，将删除这个节点，折线上该节点两侧的节点将自动连接，效果如图3-26所示。

图3-25　　　　　　　　　　图3-26

2. 绘制曲线

选择"贝塞尔"工具 ，在绘图页面中按住鼠标左键并拖曳鼠标以确定曲线的起点，松开鼠标左键，这时该节点的两边出现控制线，如图3-27所示。

将鼠标指针移动到需要的位置，按住鼠标左键，两个节点间出现一条曲线，拖曳鼠标，第2个节点的两边出现控制线。控制线和控制点会随着鼠标指针的移动而发生变化，曲线的形状也会随之发生变化。将曲线调整到需要的效果后松开鼠标左键，如图3-28所示。

在下一个需要的位置单击后，将出现一条连续的平滑曲线，如图3-29所示。用"形状"工具 ♪，在第2个节点处单击，会出现控制线和控制点，效果如图3-30所示。

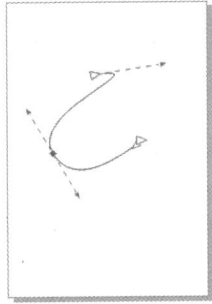

| 图3-27 | 图3-28 | 图3-29 | 图3-30 |

技巧 当确定一个节点后，在这个节点上双击，再在需要的位置单击确定下一个节点后可得到直线段。当确定一个节点后，在这个节点上双击，在要添加下一个节点的位置拖曳鼠标会得到曲线。

3.1.3 使用"艺术笔"工具

在CorelDRAW 2024中，使用"艺术笔"工具可以绘制出多种精美的线条和图形，模仿使用真实画笔绘制的效果，在画面中绘制出丰富的图形。同时，使用"艺术笔"工具还可以绘制出不同风格的设计作品。

选择"艺术笔"工具 ♪，属性栏如图3-31所示。属性栏中包含5种模式，分别是"预设"模式、"矢量画笔"模式、"喷涂"模式、"书法"模式和"表达式"模式。下面具体介绍这5种模式。

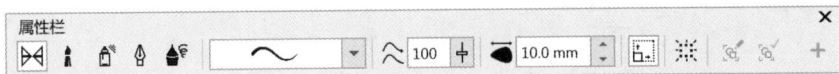

图3-31

1. "预设"模式

"预设"模式提供了多种线条类型，可以通过"预设"模式改变曲线的宽度。单击属性栏"预设笔触"右侧的下拉按钮 ▼，弹出的下拉列表如图3-32所示，可在该下拉列表中选择需要的线条类型。

在"手绘平滑"框 ⌃ 100 ✛ 中输入数值或拖曳滑块可以调节线条的平滑程度，在"笔触宽度"框 ● 10.0 mm ⌄ 中输入数值可以设置曲线的宽度。选择"预设"模式和线条类型后，鼠标指针变为 ↘ 形状，在绘图页面中按住鼠标左键并拖曳鼠标，可以绘制出封闭的线条图形。

2. "矢量画笔"模式

"矢量画笔"模式提供了多种样式的笔刷，运用这些笔刷，可以绘制出精美的线条。

在属性栏中单击"矢量画笔"模式按钮 ⅰ，单击"笔刷笔触"右侧的下拉按钮 ▼，弹出的下拉列表如图3-33所示。在该下拉列表中选择需要的笔刷类型，在页面中按住鼠标左键并拖曳鼠标，可以绘制出需要的图形。

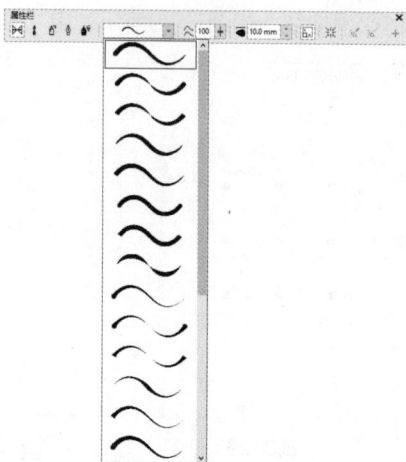

图3-32 图3-33

3. "喷涂"模式

"喷涂"模式提供了多种有趣的图形，这些图形可以应用在绘制的曲线上。

在属性栏中单击"喷涂"模式按钮，单击"喷射图样"右侧的下拉按钮，弹出的下拉列表如图3-34所示，在该下拉列表中选择需要的图样。单击属性栏中"喷涂顺序" 顺序 右侧的下拉按钮，弹出的下拉列表如图3-35所示，可以在该下拉列表中选择喷出图形的顺序。选择"随机"选项，喷出的图形会随机分布；选择"顺序"选项，喷出的图形会以方形区域分布；选择"按方向"选项，喷出的图形会随鼠标指针移动的路径分布。选择喷涂顺序后，在页面中按住鼠标左键并拖曳鼠标，可以绘制出需要的图形。

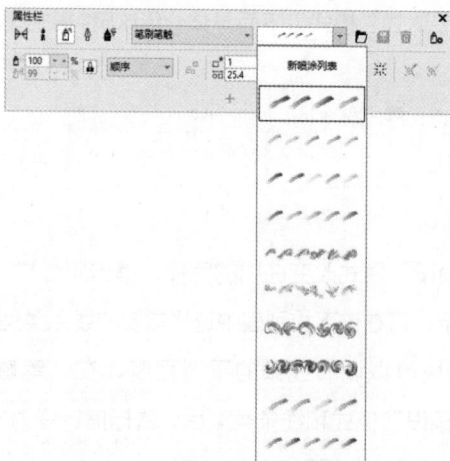

图3-34

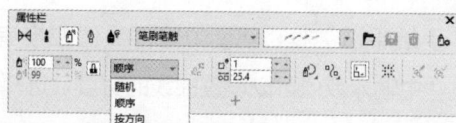

图3-35

4. "书法"模式

利用"书法"模式可以绘制出类似书法效果的线条，还可以改变曲线的宽度。

在属性栏中单击"书法"模式按钮，属性栏如图3-36所示。在属性栏的"书法角度" ∠45.0 °选项中，可以设置书法笔触的角度。如果角度值设为0°，书法笔在垂直方向画出的线条最粗，笔尖是水平的；如果角度值设为90°，书法笔在水平方向画出的线条最粗，笔尖是垂直的。设置好相关参数后，在绘图页面中按住鼠标左键并拖曳鼠标，绘制出需要的图形。

图3-36

5. "表达式"模式

在"表达式"模式下，可以用压力感应笔或键盘输入的方式改变线条的宽度，使用好这个功能可以绘制出特殊的图形效果。

单击"表达式"模式按钮，属性栏如图3-37所示。单击"笔压"按钮，可以通过笔触压力来改变笔尖大小；单击"笔倾斜"按钮，可以通过笔触倾斜来改变绘出线条的平滑度；单击"笔方位"按钮，可以通过笔触方位来改变笔尖旋转角度。设置好压力感应笔的笔触宽度、平滑度和笔尖旋转角度后，在绘图页面中按住鼠标左键并拖曳鼠标，绘制出需要的图形。

图3-37

3.1.4 使用"钢笔"工具

"钢笔"工具可以绘制出多种精美的曲线和图形，还可以对已绘制的曲线和图形进行编辑和修改。在CorelDRAW 2024中，很多复杂图形都可以通过"钢笔"工具来绘制。

1. 绘制直线段和折线

选择"钢笔"工具，在绘图页面中单击以确定直线段的起点，移动鼠标指针到需要的位置，再次单击以确定直线段的终点，绘制一条直线段，效果如图3-38所示。再继续单击确定下一个节点，就可以绘制出折线，如果想绘制有多个折角的折线，只需继续单击确定节点即可，折线的效果如图3-39所示。如果想要结束绘制，按Esc键或单击"钢笔"工具即可。

2. 绘制曲线

选择"钢笔"工具，在绘图页面中单击以确定曲线的起点，将鼠标指针移动到需要的位置再按住鼠标左键不放，此时两个节点间会出现一条直线段，如图3-40所示。拖曳鼠标，第2个节点的两边出现控制线，控制线和控制点会随着鼠标的拖曳而发生变化，直线段变为曲线，如图3-41所示。调整到需要的效果后松开鼠标左键，曲线的效果如图3-42所示。

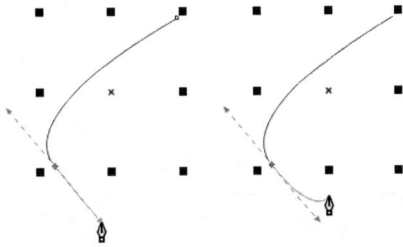
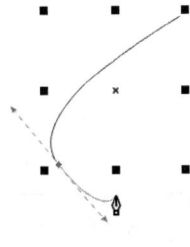

图3-38   图3-39   图3-40   图3-41   图3-42

可以使用相同的方法继续绘制曲线，效果如图3-43和图3-44所示。

如果想在绘制曲线后继续绘制直线段，按住C键，在要继续绘制直线段的节点上按住鼠标左键并拖曳鼠标，这时出现节点的控制点。松开C键，将控制点拖曳到下一个节点的位置，如图3-45所示。松开鼠标左键再单击，可以绘制出一条直线段，效果如图3-46所示。

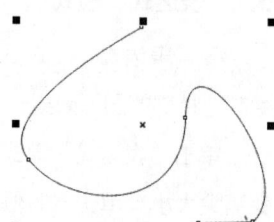

图3-43　　　　　　　图3-44　　　　　　　图3-45　　　　　　　图3-46

3. 编辑曲线

单击"钢笔"工具属性栏中的"自动添加或删除节点"按钮，在绘制曲线的过程中会自动添加或删除节点。

将鼠标指针移动到节点上，鼠标指针变为删除节点图标，如图3-47所示。单击节点可以删除该节点，效果如图3-48所示。

将鼠标指针移动到曲线上，鼠标指针变为添加节点图标，如图3-49所示。单击曲线可以在单击位置添加一个节点，效果如图3-50所示。

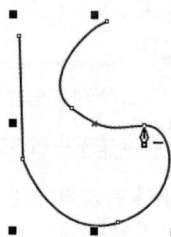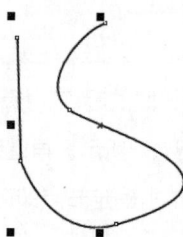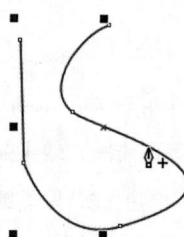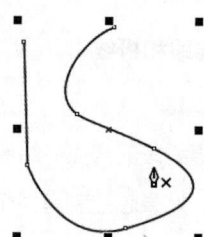

图3-47　　　　　　　图3-48　　　　　　　图3-49　　　　　　　图3-50

将鼠标指针移动到曲线的起始点，鼠标指针变为闭合曲线图标，如图3-51所示。单击曲线起点可以闭合曲线，效果如图3-52所示。

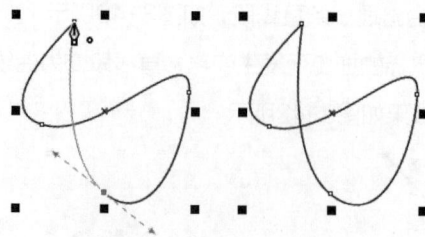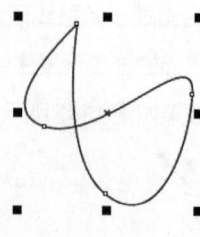

图3-51　　　　　　图3-52

技巧 在绘制曲线的过程中，按住Alt键，可以编辑曲线，进行节点的转换、移动等操作。松开Alt键，可以继续进行曲线绘制。

任务3.2　掌握曲线的编辑

在CorelDRAW 2024中，完成曲线或图形的绘制后，可能还需要进一步调整曲线或图形以达到设计要求，这时就需要用到CorelDRAW 2024的曲线编辑功能。

任务实践　绘制计算器图标

任务目标　学习使用绘图工具、"形状"泊坞窗绘制计算器图标。

任务要点　使用"矩形"工具、"圆角半径"选项、"移除前面对象"按钮、"水平镜像"按钮、"垂直镜像"按钮、"文本"工具和"透明度"工具绘制计算器机身、显示屏和按钮，使用"阴影"工具为按钮添加投影效果。最终效果参看学习资源中的"项目3\效果\绘制计算器图标.cdr"文件，效果如图3-53所示。

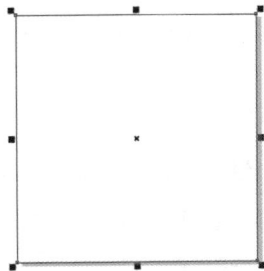

图3-53

任务操作

1. 绘制计算器机身和显示屏

01 按Ctrl+N快捷键，弹出"创建新文档"对话框，设置文档的宽度为1024px，高度为1024px，方向为纵向，原色模式为RGB，分辨率为72dpi。单击"OK"按钮，创建一个文档。

02 双击"矩形"工具，绘制一个与页面大小相等的矩形，如图3-54所示。设置图形颜色的RGB值为95、42、119，填充图形，并去除图形的轮廓，效果如图3-55所示。

图3-54　　　　　　　图3-55

03 使用"矩形"工具再绘制一个矩形，如图3-56所示。在属性栏中将"圆角半径"选项均设为50.0px，如图3-57所示。按Enter键，效果如图3-58所示。

图3-56　　　　　　　图3-57　　　　　　　图3-58

04 按F12键，弹出"轮廓笔"对话框，在"颜色"选项中设置轮廓颜色的RGB值为81、28、99，其他选项的设置如图3-59所示。单击"OK"按钮，效果如图3-60所示。

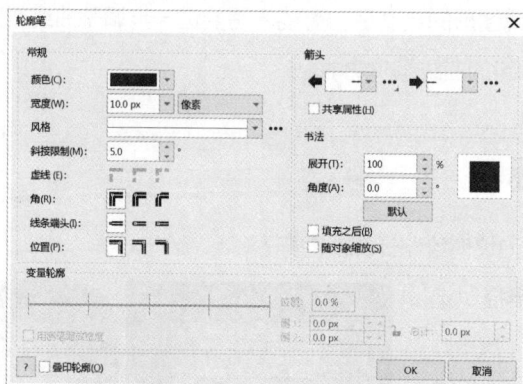

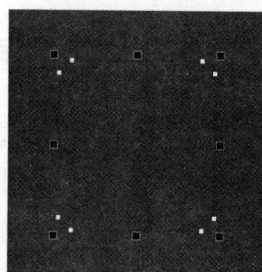

图3-59　　　　　　　　　　　　　　　　　图3-60

05 设置圆角矩形颜色的RGB值为240、82、29，填充图形，效果如图3-61所示。选择"阴影"工具，在属性栏中单击"预设列表"选项，在弹出的下拉列表中选择"平面左下"，其他选项的设置如图3-62所示。按Enter键，效果如图3-63所示。

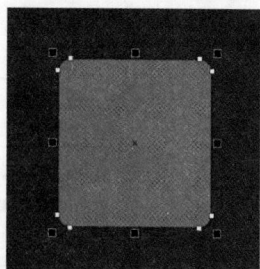

图3-61　　　　　　　　　图3-62　　　　　　　　　图3-63

06 选择"选择"工具，选择圆角矩形，按数字键盘上的+键，复制圆角矩形。按住Shift键的同时，垂直向上拖曳复制的圆角矩形到适当的位置，效果如图3-64所示。设置图形颜色的RGB值为251、161、46，填充图形，效果如图3-65所示。

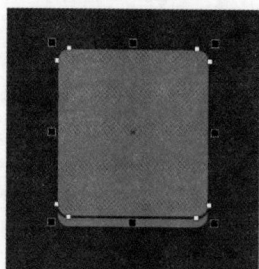
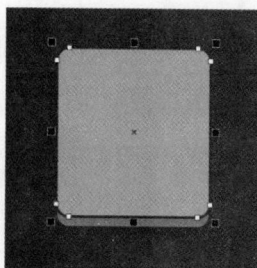

图3-64　　　　　　　　　图3-65

07 按数字键盘上的+键，复制圆角矩形。垂直向下微调复制的圆角矩形到适当的位置，效果如图3-66所示。设置图形颜色的RGB值为252、114、68，填充图形，并去除图形的轮廓，效果如图3-67所示。按Ctrl+Page Down快捷键，将图形向后移一层，效果如图3-68所示。

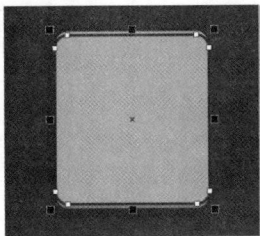

图3-66   图3-67   图3-68

08 选择"选择"工具 ，选择最上方的圆角矩形，按数字键盘上的+键，复制圆角矩形，如图3-69所示。设置图形颜色的RGB值为251、148、53，填充图形，并去除图形的轮廓，效果如图3-70所示。

图3-69   图3-70

09 按数字键盘上的+键，复制圆角矩形。水平向右微调复制的圆角矩形到适当的位置，填充图形为白色，效果如图3-71所示。按住Shift键的同时，单击左侧图形将其同时选中，如图3-72所示，单击属性栏中的"移除前面对象"按钮 ，将两个图形剪切为一个图形，效果如图3-73所示。

图3-71   图3-72   图3-73

10 按数字键盘上的+键，复制图形。单击属性栏中的"水平镜像"按钮 ，水平翻转图形，效果如图3-74所示。选择"选择"工具 ，按住Shift键的同时，水平向右拖曳翻转的图形到适当的位置，效果如图3-75所示。设置图形颜色的RGB值为255、180、48，填充图形，效果如图3-76所示。

图3-74   图3-75   图3-76

11 选择"矩形"工具▢，在适当的位置绘制一个矩形，如图3-77所示。在属性栏中将"圆角半径"选项均设为10.0px。按Enter键，效果如图3-78所示。

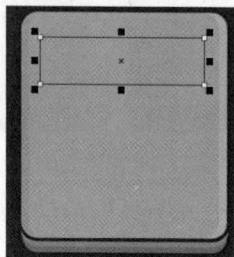

图3-77   图3-78

12 按F12键，弹出"轮廓笔"对话框，在"颜色"选项中设置轮廓颜色的RGB值为81、28、99，其他选项的设置如图3-79所示。单击"OK"按钮，效果如图3-80所示。设置图形颜色的RGB值为165、243、255，填充图形，效果如图3-81所示。

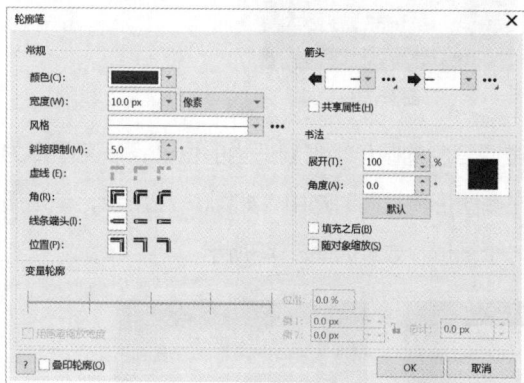

图3-79   图3-80   图3-81

13 选择"文本"工具字，在适当的位置输入需要的文字，选择"选择"工具▯，在属性栏中选取适当的字体并设置文字大小，效果如图3-82所示。设置文字颜色的RGB值为143、203、224，填充文字，效果如图3-83所示。选择"形状"工具▯，向右拖曳文字下方的⫙图标，调整文字的间距，效果如图3-84所示。

图3-82   图3-83   图3-84

14 选择"选择"工具▯，按Ctrl+Q快捷键，将文字转换为曲线，如图3-85所示。按Ctrl+K快捷键，拆分曲线。按住Shift键的同时，依次单击最后2个数字"8"上需要的笔画，将它们同时选中，如图3-86所示。设置文字颜色的RGB值为81、28、99，填充文字，效果如图3-87所示。

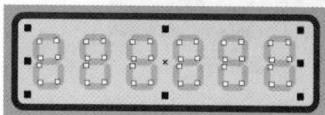

图3-85   图3-86   图3-87

15 选取下方的圆角矩形，按Ctrl+C快捷键，复制图形，按Ctrl+V快捷键，将复制的图形原位粘贴，效果如图3-88所示。填充图形为白色，并去除图形的轮廓，效果如图3-89所示。向上拖曳圆角矩形下边中间的控制手柄到适当的位置，调整圆角矩形的大小，效果如图3-90所示。

图3-88　　　　　　　　　　　图3-89　　　　　　　　　　　图3-90

16 保持图形处于选中状态，在属性栏中将"圆角半径"选项设为10.0px和0.0px，如图3-91所示。按Enter键，效果如图3-92所示。

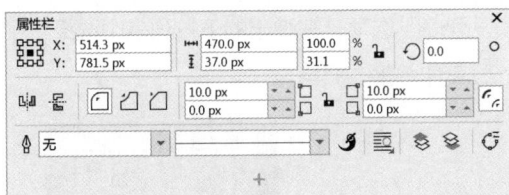
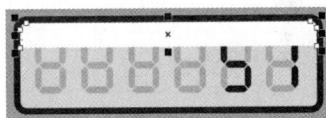

图3-91　　　　　　　　　　　　　图3-92

17 选择"透明度"工具，在属性栏中单击"均匀透明度"按钮，其他选项的设置如图3-93所示。按Enter键，效果如图3-94所示。

图3-93　　　　　　　　　　　图3-94

2. 绘制计算器按钮

01 选择"矩形"工具，在适当的位置绘制一个矩形，如图3-95所示。在属性栏中将"圆角半径"选项均设为10.0px。按Enter键，效果如图3-96所示。

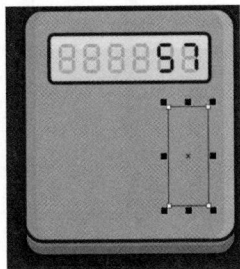

图3-95　　　　　　　　　　图3-96

02 按F12键，弹出"轮廓笔"对话框，在"颜色"选项中设置轮廓颜色的RGB值为81、28、99，其他选项的设置如图3-97所示。单击"OK"按钮，效果如图3-98所示。设置图形颜色的RGB值为141、45、237，填充图形，效果如图3-99所示。

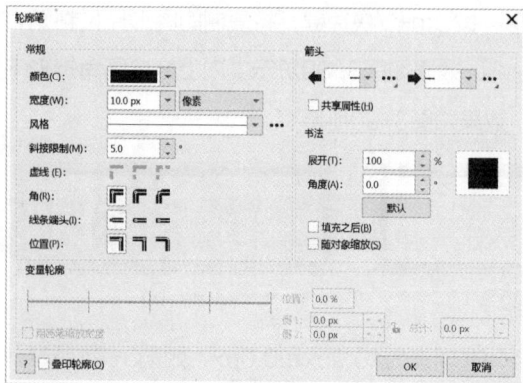

图3-97

图3-98   图3-99

03 选择"阴影"工具，在属性栏中单击"预设列表"选项，在弹出的下拉列表中选择"平面左下"，其他选项的设置如图3-100所示。按Enter键，效果如图3-101所示。

图3-100   图3-101

04 选择"选择"工具，选择圆角矩形，按数字键盘上的+键，复制圆角矩形，如图3-102所示。设置图形颜色的RGB值为122、24、219，填充图形，并去除图形的轮廓，效果如图3-103所示。

05 按数字键盘上的+键，复制圆角矩形。水平向右微调复制的圆角矩形到适当的位置，填充图形为白色，效果如图3-104所示。按住Shift键的同时，单击左侧图形将其同时选中，如图3-105所示，单击属性栏中的"移除前面对象"按钮，将两个图形剪切为一个图形，效果如图3-106所示。

  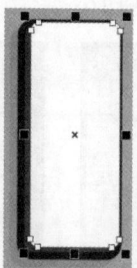 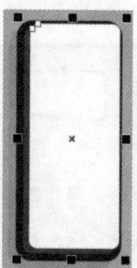 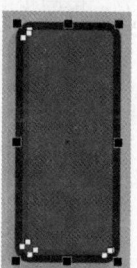

图3-102   图3-103   图3-104   图3-105   图3-106

06 按数字键盘上的+键，复制剪切后的图形。在属性栏中分别单击"水平镜像"按钮和"垂直镜像"按钮，翻转图形，效果如图3-107所示。填充图形为白色，效果如图3-108所示。

07 选择"形状"工具，编辑状态如图3-109所示，在适当的位置双击，分别添加4个节点，如图3-110所示。

图3-107　　　　图3-108　　　　图3-109　　　　图3-110

08 按住Shift键的同时，用圈选的方法将不需要的节点同时选中，如图3-111所示。按Delete键，删除选中的节点，如图3-112所示。按住Ctrl键的同时，依次单击刚刚添加的4个节点，如图3-113所示。在属性栏中单击"转换为线条"按钮 ✐ ，将曲线转换为直线段，如图3-114所示。选择"选择"工具 ▶ ，拖曳图形到适当的位置，效果如图3-115所示。

图3-111　　　　图3-112　　　　图3-113　　　　图3-114　　　　图3-115

09 选择"文本"工具 字 ，在适当的位置输入需要的文字，选择"选择"工具 ▶ ，在属性栏中选取适当的字体并设置文字大小，效果如图3-116所示。设置文字颜色的RGB值为81、28、99，填充文字，效果如图3-117所示。用相同的方法分别制作"＋""－""×""÷"按钮，效果如图3-118所示。

图3-116　　　　图3-117　　　　图3-118

10 计算器图标绘制完成，效果如图3-119所示。将图标应用在手机中，图标会自动应用圆角遮罩效果，呈现出圆角效果，如图3-120所示。

图3-119　　　　　　图3-120

任务知识

3.2.1 编辑曲线的节点

　　节点是构成对象的基本要素。用"形状"工具，选中曲线或图形后，会显示曲线或图形的全部节点。移动节点或节点的控制点、控制线可以编辑曲线或图形的形状，还可以通过增加和删除节点来进一步编辑曲线或图形。

　　绘制一条曲线，如图3-121所示。选择"形状"工具，选中曲线上的节点，如图3-122所示，属性栏如图3-123所示。

图3-121　　　　　　图3-122

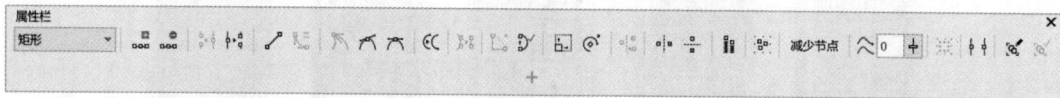

图3-123

　　属性栏中有3种节点类型：尖突节点、平滑节点和对称节点。节点类型不同，节点控制点的属性也不同，单击属性栏中的相应按钮可以转换节点的类型。

　　"尖突节点"按钮：尖突节点的两个控制点是独立的，当移动一个控制点时，另一个控制点并不会移动，所以通过尖突节点的曲线能够尖突弯曲。

　　"平滑节点"按钮：平滑节点的两个控制点是相关联的，当移动其中一个控制点时，另一个控制点也会随之移动，所以用平滑节点连接的曲线会产生平滑的过渡。

　　"对称节点"按钮：对称节点的两个控制点不仅是相关联的，而且控制线的长度是相等的，所以对称节点两边曲线的曲率是相等的。

1. 选取并移动节点

　　绘制一个图形，如图3-124所示。选择"形状"工具，单击其中一个节点，如图3-125所示，按住鼠标左键并拖曳鼠标，移动该节点，如图3-126所示。松开鼠标左键，图形调整的效果如图3-127所示。

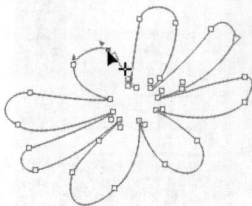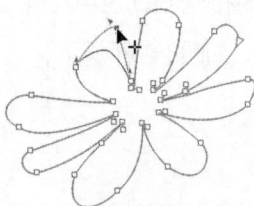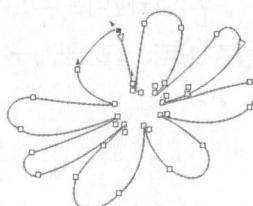

图3-124　　　　　图3-125　　　　　图3-126　　　　　图3-127

使用"形状"工具 选中并拖曳其中一个节点上的控制点，如图3-128所示。松开鼠标左键，图形调整的效果如图3-129所示。

使用"形状"工具 圈选图形上的部分节点，如图3-130所示。松开鼠标左键，图形中被选中的部分节点如图3-131所示。拖曳任意一个被选中的节点，其他被选中的节点也会随之移动。

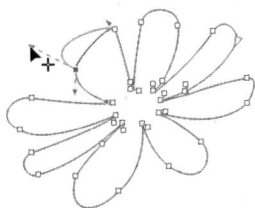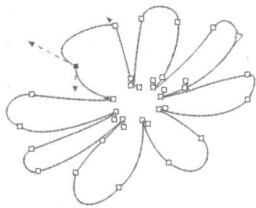

图3-128   图3-129   图3-130   图3-131

技巧 当移动不同类型节点的控制点时，图形的形状会有不同形式的变化。

2. 增加或删除节点

绘制一个图形，如图3-132所示。使用"形状"工具 选中需要增加节点的曲线，将鼠标指针移至曲线上要增加节点的位置，如图3-133所示，双击可以在这个位置增加一个节点，效果如图3-134所示。单击属性栏中的"添加节点"按钮 ，也可以在曲线上增加节点。

图3-132   图3-133   图3-134

将鼠标指针移至要删除的节点上，如图3-135所示，双击可以删除这个节点，效果如图3-136所示。选中要删除的节点，单击属性栏中的"删除节点"按钮 ，也可以在曲线上删除选中的节点。

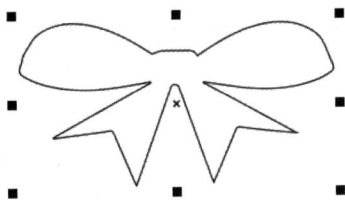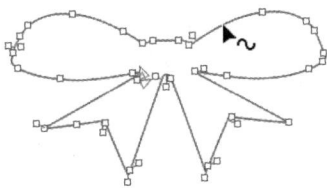

图3-135   图3-136

技巧 如果需要在曲线或图形中删除多个节点，只需在按住Shift键的同时，选中要删除的多个节点，然后按Delete键即可。也可以使用圈选的方法选中需要删除的多个节点，然后按Delete键。

3. 合并和连接节点

绘制一个图形，如图3-137所示。选择"形状"工具 🔍，按住Ctrl键，选取两个需要合并的节点，如图3-138所示。单击属性栏中的"连接两个节点"按钮 ⏵⏴，将这两个节点合并，效果如图3-139所示。

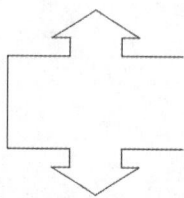
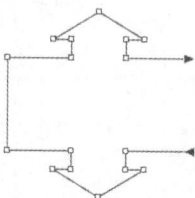

图3-137   图3-138   图3-139

使用"形状"工具 🔍 圈选两个需要连接的节点，单击属性栏中的"闭合曲线"按钮 🔼，可以将这两个节点以直线段连接。

4. 断开节点

在曲线中要断开的节点上单击，选中该节点，如图3-140所示。单击属性栏中的"断开曲线"按钮 ⚡，断开该节点，效果如图3-141所示。使用"形状"工具 🔍 选中并移动节点，效果如图3-142所示。

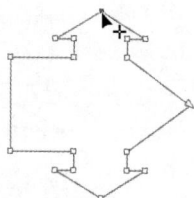

图3-140   图3-141   图3-142

3.2.2 设置曲线的样式

在属性栏中，可以设置曲线的线条样式和端点样式，从而制作出更丰富的效果。

绘制一条曲线，再用"选择"工具 ▸ 选中这条曲线，如图3-143所示，这时的属性栏如图3-144所示。在属性栏中单击"轮廓宽度" ⏷ 0.2 mm ▾ 右侧的下拉按钮 ▾，弹出"轮廓宽度"下拉列表，如图3-145所示。在该下拉列表中选择需要的选项，调整曲线的宽度，效果如图3-146所示，也可以在"轮廓宽度"框中输入数值后，按Enter键，设置曲线宽度。

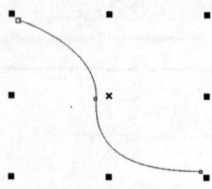
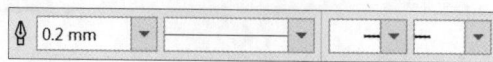
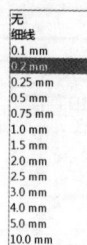
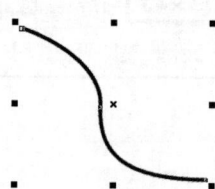

图3-143   图3-144   图3-145   图3-146

属性栏中有"线条样式" 、"起始箭头" 和"终止箭头" 3个下拉列表框。单击"起始箭头" 右侧的下拉按钮 ，弹出"起始箭头"下拉列表，如图3-147所示。在该下拉列表中选择需要的箭头样式，曲线的起点会出现选择的箭头样式，效果如图3-148所示。单击"线条样式" 右侧的下拉按钮 ，弹出"线条样式"下拉列表，如图3-149所示。在该下拉列表中选择需要的线条样式，即可改变曲线的样式，效果如图3-150所示。单击"终止箭头" 右侧的下拉按钮 ，弹出"终止箭头"下拉列表，如图3-151所示。在该下拉列表中选择需要的箭头样式，曲线的终点会出现选择的箭头样式，如图3-152所示。

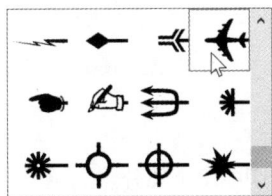

| 图3-147 | 图3-148 | 图3-149 |

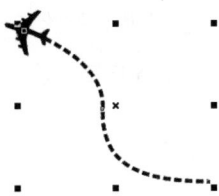

| 图3-150 | 图3-151 | 图3-152 |

3.2.3 曲线的转换与裁切

使用"矩形"工具、"椭圆形"工具、"多边形"工具绘制的图形是简单的几何图形，这类图形的节点比较少，只能对其进行简单的编辑。如果想进行更复杂的编辑，就需要将简单的几何图形转换为曲线。

1. 使用"转换为曲线"按钮

使用"椭圆形"工具 绘制一个椭圆形，效果如图3-153所示。在属性栏中单击"转换为曲线"按钮 ，将椭圆形转换为曲线，曲线上出现了多个节点，如图3-154所示。使用"形状"工具 拖曳曲线上的节点，如图3-155所示。松开鼠标左键，调整后的图形效果如图3-156所示。

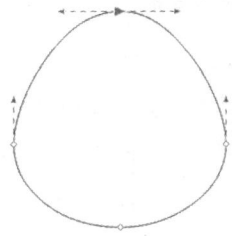

| 图3-153 | 图3-154 | 图3-155 | 图3-156 |

2. 使用"转换为曲线"按钮

使用"多边形"工具◯绘制一个多边形，如图3-157所示。选择"形状"工具，单击需要选中的节点，如图3-158所示。单击属性栏中的"转换为曲线"按钮，将多边形转换为曲线，图形的对称性被保留，如图3-159所示。使用"形状"工具拖曳节点以调整图形，如图3-160所示。松开鼠标左键，图形效果如图3-161所示。

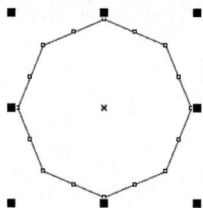
图3-157

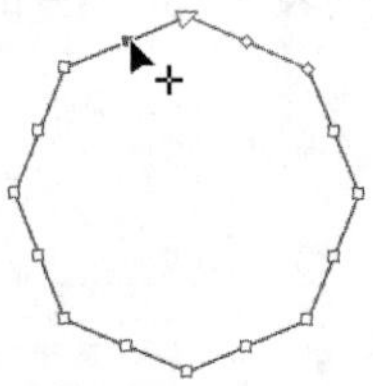

图3-158

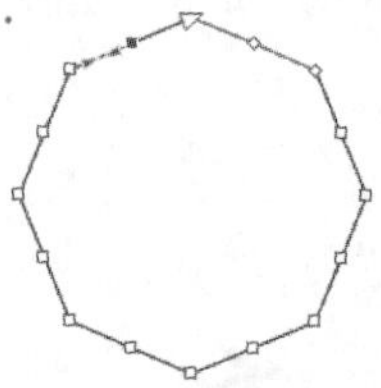

图3-159

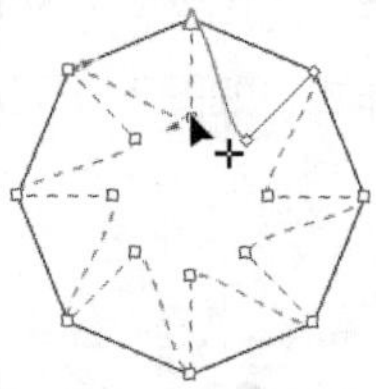

图3-160

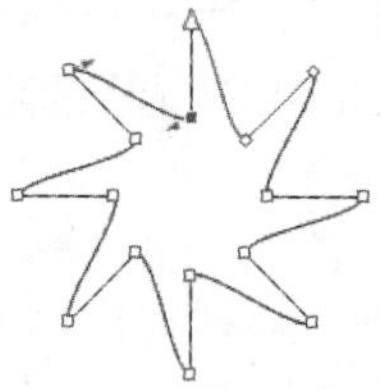

图3-161

3. 裁切图形

"刻刀"工具可以对单一的图形进行裁切，将一个图形裁切成两个部分。

选择"刻刀"工具，将鼠标指针移至图形上要裁切的起点位置，鼠标指针变为形状后单击，如图3-162所示。移动鼠标指针会出现一条裁切线，将鼠标指针移至要裁切的终点位置后单击，如图3-163所示，图形裁切完成的效果如图3-164所示。使用"选择"工具拖曳裁切后的图形，图形被分成了两部分，如图3-165所示。

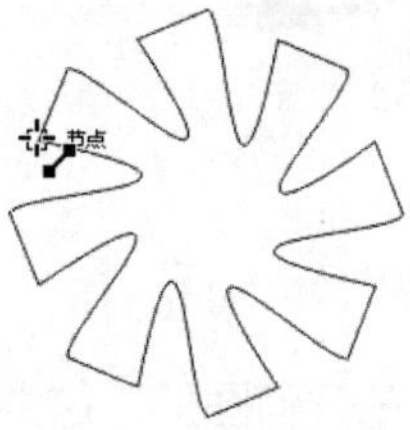

图3-162

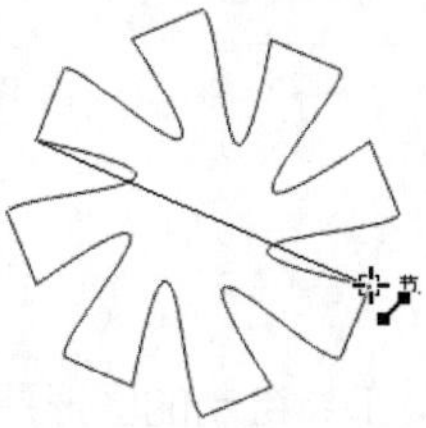

图3-163

图3-164

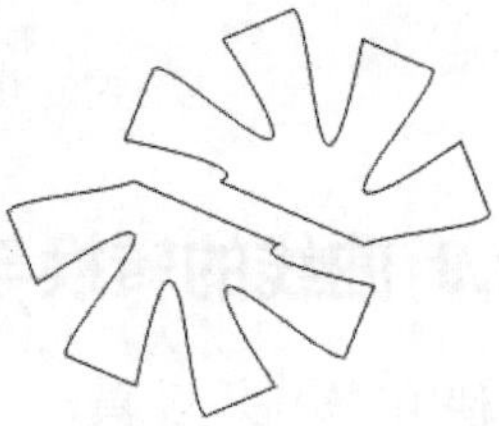

图3-165

单击"剪切时自动闭合"按钮，图形被裁切后，分割出的两部分会自动闭合，并保留其填充属性。若不单击此按钮，图形被裁切后，分割出的两部分不会自动闭合，同时图形会失去其填充属性。

技巧 按住Shift键，"刻刀"工具将以贝塞尔曲线的方式裁切图形。需要注意的是，已经经过渐变、群组及特殊效果处理的图形和位图不能使用"刻刀"工具来裁切。

4. 擦除图形

使用"橡皮擦"工具可以擦除部分或全部图形，同时擦除后图形的剩余部分会自动闭合。"橡皮擦"工具只能对单一的图形进行擦除。

选中一个图形，如图3-166所示。选择"橡皮擦"工具，鼠标指针变为擦除工具图标，按住鼠标左键并拖曳鼠标可以擦除图形，如图3-167所示。松开鼠标左键，擦除后的图形效果如图3-168所示。

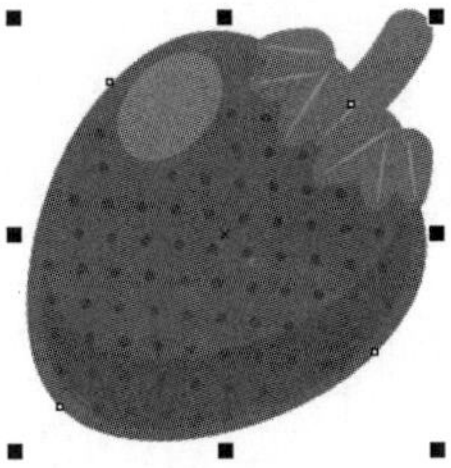

图3-166 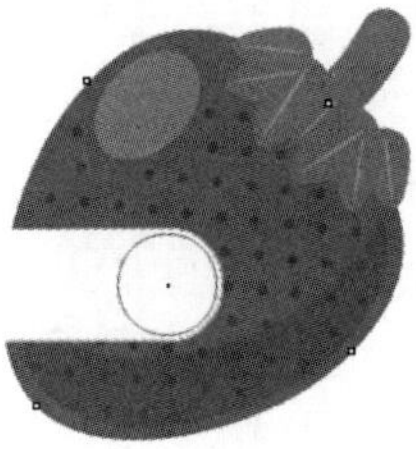   图3-167 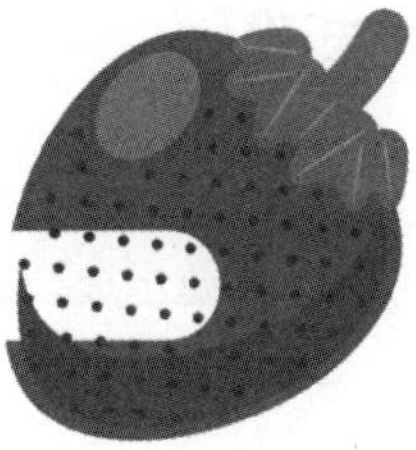   图3-168

"橡皮擦"工具属性栏如图3-169所示，"橡皮擦厚度" ⊖ 15.0 mm ⬚用于设置擦除的宽度。单击"减少节点"按钮🔳，可以在擦除图形时自动平滑图形边缘；单击"橡皮擦形状"按钮⭕/⬜，可以转换橡皮擦的形状为方形或圆形。

图3-169

5. 修饰图形

"弄脏"工具 和"粗糙"工具 用于修饰绘制的矢量图形。

绘制一个图形，如图3-170所示。选择"弄脏"工具 ，其属性栏如图3-171所示。在图形上拖曳鼠标，制作出弄脏效果，如图3-172所示。

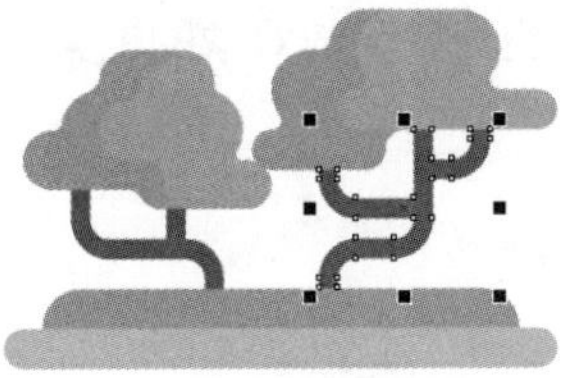

图3-170    图3-171    图3-172

绘制一个图形，如图3-173所示。选择"粗糙"工具 ，其属性栏如图3-174所示。在图形边缘拖曳鼠标，制作出锯齿效果，如图3-175所示。

图3-173 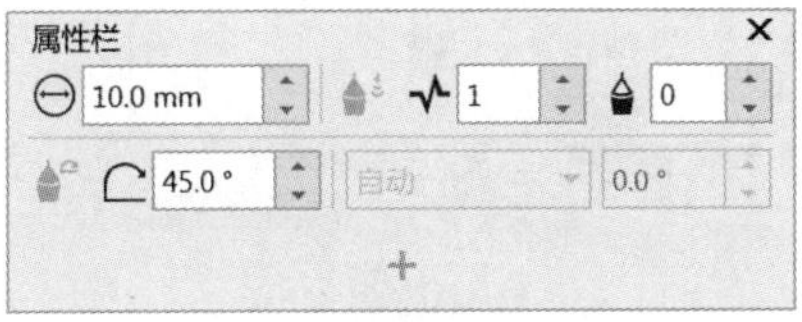   图3-174    图3-175

> **技巧** "弄脏"工具 和"粗糙"工具 可以应用的矢量对象有开放路径和闭合路径，以及具有纯色填充、交互式渐变填充、交互式透明效果和交互式阴影效果的对象，不可以应用的对象是具有交互式调和、立体化效果的矢量图形和位图。

3.2.4 对象的造型

在CorelDRAW 2024中，"形状"泊坞窗是编辑对象的重要工具，使用"形状"泊坞窗中的"相交""简化"等选项可以创建出复杂的对象。

1. 相交

相交是将两个或两个以上对象的相交部分保留，使相交的部分成为一个新的对象的操作，新对象的填充和轮廓属性与原对象相同。

使用"选择"工具 选中原始对象，如图3-176所示。在"形状"泊坞窗中选择"相交"选项，如图3-177所示。单击"相交对象"按钮，将鼠标指针移至原目标对象上，如图3-178所示，单击完成对象的相交，效果如图3-179所示。

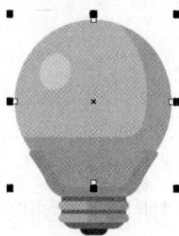

图3-176　　　　　图3-177　　　　　图3-178　　　　　图3-179

选择"对象 > 造型 > 相交"命令，或单击属性栏中的"相交"按钮 ，也可以完成对象的相交操作。原始对象、原目标对象，以及相交后的新对象可以同时存在于绘图页面中。

2. 简化

简化是减去后面图形中和前面图形重叠的部分，并保留前面图形和后面图形状态的操作。

使用"选择"工具 选中两个相交的对象，如图3-180所示。在"形状"泊坞窗中选择"简化"选项，如图3-181所示。单击"应用"按钮，完成对象的简化，效果如图3-182所示。

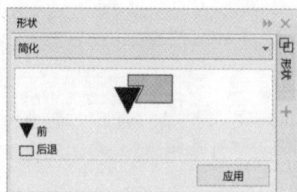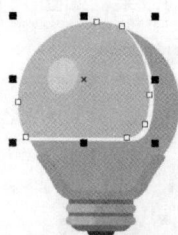

图3-180　　　　　　　　图3-181　　　　　　　　图3-182

选择"对象 > 造型 > 简化"命令，或单击属性栏中的"简化"按钮 ，也可以完成对象的简化操作。

3. 移除后面对象

移除后面对象会减去后面图形以及前后图形的重叠部分，只保留前面图形的剩余部分。

使用"选择"工具 选中两个相交的对象，如图3-183所示。在"形状"泊坞窗中选择"移除后面对象"选项，如图3-184所示。单击"应用"按钮，移除后面对象，效果如图3-185所示。

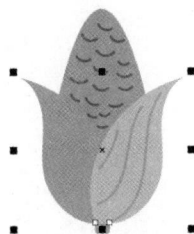

图3-183

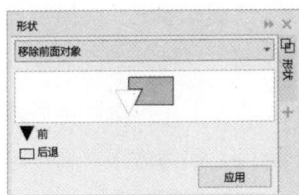

图3-184

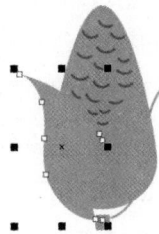

图3-185

选择"对象 > 造型 > 移除后面对象"命令，或单击属性栏中的"移除后面对象"按钮🔲，也可以完成对象的移除操作。

4. 移除前面对象

移除前面对象会减去前面对象以及前后对象的重叠部分，只保留后面对象的剩余部分。

使用"选择"工具 ▶ 选中两个相交的对象，如图3-186所示。在"形状"泊坞窗中选择"移除前面对象"选项，如图3-187所示。单击"应用"按钮，移除前面对象，效果如图3-188所示。

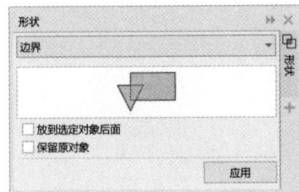

图3-186　　　　　　　　　图3-187　　　　　　　　　图3-188

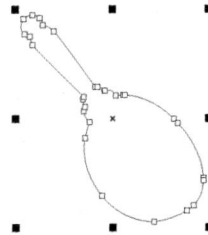

选择"对象 > 造型 > 移除前面对象"命令，或单击属性栏中的"移除前面对象"按钮🔲，也可以完成对象的移除操作。

5. 边界

使用"选择"工具 ▶ 选中要创建边界的对象，如图3-189所示。在"形状"泊坞窗中选择"边界"选项，如图3-190所示。单击"应用"按钮，效果如图3-191所示。

图3-189　　　　　　　　　图3-190　　　　　　　　　图3-191

选择"对象 > 造型 > 边界"命令，或单击属性栏中的"创建边界"按钮🔲，也可以完成图形边界的创建。

项目实践 绘制卡通猫咪

项目要点 使用"椭圆形"工具、"矩形"工具、"3点矩形"工具、"移除前面对象"按钮、"合并"按钮和"贝塞尔"工具绘制猫咪头部，使用"3点椭圆形"工具、"移除前面对象"按钮和"形状"工具等绘制猫咪五官、腿和尾巴。最终效果参看学习资源中的"项目3\效果\绘制卡通猫咪.cdr"文件，效果如图3-192所示。

图3-192

课后习题 绘制鲸鱼插画

习题要点 使用"矩形"工具、"手绘"工具和填充工具绘制插画背景，使用"矩形"工具、"椭圆形"工具、"移除前面对象"按钮、"贝塞尔"工具绘制鲸鱼，使用"艺术笔"工具绘制水花，使用"手绘"工具和"轮廓笔"工具绘制海鸥。最终效果参看学习资源中的"项目3\效果\绘制鲸鱼插画.cdr"文件，效果如图3-193所示。

图3-193

项目 4

编辑轮廓与填充颜色

本项目将介绍CorelDRAW 2024中各类填充工具和命令的使用方法，以及轮廓的编辑技巧。通过本项目的学习，读者可以利用各类填充和编辑轮廓功能，绘制出漂亮的图形效果，还可以使用色彩对图形进行渲染，以快速、准确地设计和制作出精美的平面作品。

学习目标

- 熟练掌握编辑轮廓和均匀填充的方法。
- 掌握渐变填充和图样填充的操作方法。
- 了解其他填充方式的操作技巧。

技能目标

- 掌握送餐车图标的绘制方法。
- 掌握卡通小狐狸的绘制方法。
- 掌握水果图标的绘制方法。

素养目标

- 通过调整轮廓和填充颜色培养实现作品视觉平衡和使作品更具吸引力的能力。
- 提高对色彩搭配的敏感性。

任务4.1 掌握轮廓编辑和均匀填充

　　CorelDRAW 2024提供了丰富的轮廓编辑和颜色填充功能，使用这些功能可以制作出精美的轮廓效果和填充效果。下面具体介绍编辑轮廓和均匀填充的方法和技巧。

任务实践 **绘制送餐车图标**

任务目标 学习使用绘图工具、"轮廓笔"对话框和"均匀填充"按钮等绘制送餐车图标。

任务要点 使用"焊接"按钮、"形状"工具、"移除前面对象"按钮和"轮廓笔"对话框等绘制车身和车轮，使用"手绘"工具、"矩形"工具等绘制车头和大灯。最终效果参看学习资源中的"项目4\效果\绘制送餐车图标.cdr"文件，效果如图4-1所示。

图4-1

任务操作

01 按Ctrl+N快捷键，弹出"创建新文档"对话框，设置文档的宽度为1024px，高度为1024px，方向为纵向，原色模式为RGB，分辨率为72dpi。单击"OK"按钮，创建一个文档。

02 选择"矩形"工具▢，在页面中分别绘制两个矩形，如图4-2所示。选择"选择"工具▶，用圈选的方法将所绘制的矩形同时选取，单击属性栏中的"焊接"按钮⬛，合并图形，如图4-3所示。

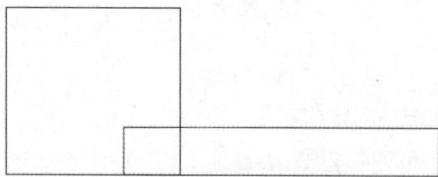

图4-2

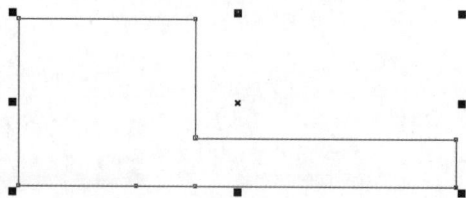

图4-3

03 选择"形状"工具⬛，选中并向左拖曳图形左下角的节点到适当的位置，效果如图4-4所示。选择"选择"工具▶，设置图形颜色的RGB值为230、34、41，填充图形，效果如图4-5所示。

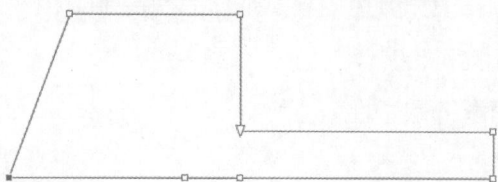

图4-4

图4-5

04 按F12键，弹出"轮廓笔"对话框，在"颜色"选项中设置轮廓颜色为黑色，其他选项的设置如图4-6所示。单击"OK"按钮，效果如图4-7所示。

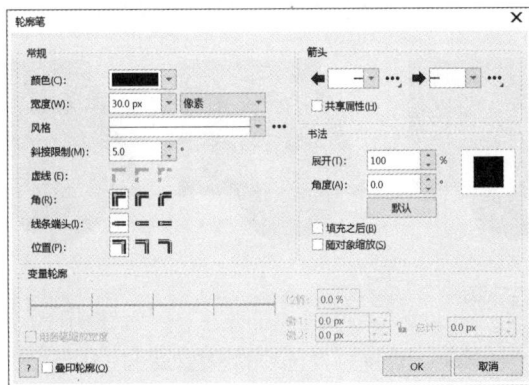

图4-6

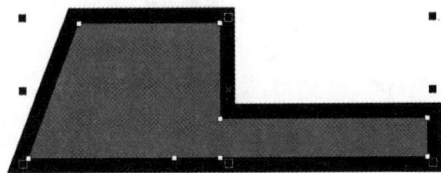

图4-7

05 选择"椭圆形"工具 ⬭，按住Ctrl键的同时，在适当的位置绘制一个圆形，如图4-8所示。选择"属性滴管"工具 🖊，将鼠标指针放置在红色图形上，鼠标指针变为 🖊 形状，如图4-9所示。在红色图形上单击以提取属性，鼠标指针变为 ◇ 形状，在需要的图形上单击，填充图形，效果如图4-10所示。

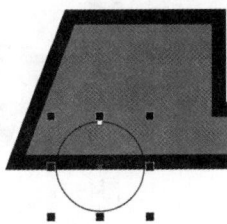
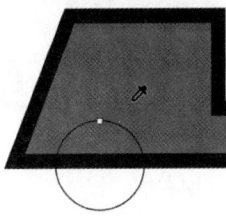

图4-8　　　　　　　　图4-9　　　　　　　　图4-10

06 选择"选择"工具 ▶，在"RGB调色板"中的"70%黑"色块上单击，填充图形，效果如图4-11所示。按Ctrl+Page Down快捷键，将图形向后移一层，效果如图4-12所示。

07 按数字键盘上的+键，复制圆形。按住Shift键的同时，水平向右拖曳复制的圆形到适当的位置，效果如图4-13所示。

图4-11　　　　　　　　图4-12　　　　　　　　图4-13

08 分别选择"椭圆形"工具 ⬭ 和"矩形"工具 ▭，在适当的位置分别绘制一个椭圆形和矩形，如图4-14所示。选择"选择"工具 ▶，按住Shift键的同时，单击矩形和椭圆形将其同时选取，如图4-15所示，单击属性栏中的"移除前面对象"按钮 ⬕，将两个图形剪切为一个图形，效果如图4-16所示（为了方便读者查看，这里以黄色显示）。

09 选择"属性滴管"工具 📌，将鼠标指针放置在红色图形上，鼠标指针变为 📌 形状，如图4-17所示。在红色图形上单击以提取属性，鼠标指针变为 ◇ 形状，在需要的图形上单击，填充图形，效果如图4-18所示。

 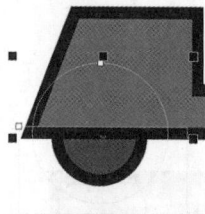 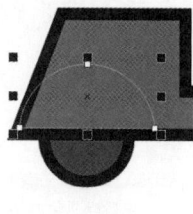 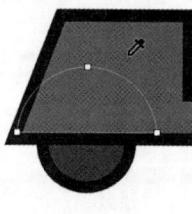 

图4-14　　　　　　图4-15　　　　　　图4-16　　　　　　图4-17　　　　　　图4-18

10 选择"选择"工具 ▶，按Alt+F9快捷键，弹出"变换"泊坞窗，各选项的设置如图4-19所示，单击"应用"按钮，效果如图4-20所示。按住Shift键的同时，水平向右拖曳复制的图形到适当的位置，效果如图4-21所示。

图4-19　　　　　　　　图4-20　　　　　　　　　　图4-21

11 选择"手绘"工具 ﾄｰ，按住Ctrl键的同时，在适当的位置绘制一条直线段，并在属性栏的"轮廓宽度"框 ◊ 1.0 px 中设置宽度为30.0px。按Enter键，效果如图4-22所示。

12 选择"选择"工具 ▶，按数字键盘上的+键，复制直线段。按住Shift键的同时，垂直向下拖曳复制的直线段到适当的位置，效果如图4-23所示。不松开Shift键，向右拖曳直线段右边中间的控制手柄到适当的位置，调整直线段长度，效果如图4-24所示。

图4-22　　　　　　　　图4-23　　　　　　　　图4-24

13 选取需要的直线段，如图4-25所示，按数字键盘上的+键，复制直线段。向右拖曳复制的直线段到适当的位置，效果如图4-26所示。

图4-25	图4-26

14 选择"矩形"工具□，在适当的位置绘制一个矩形，如图4-27所示。单击属性栏中的"转换为曲线"按钮⟳，将图形转换为曲线，如图4-28所示。选择"形状"工具⬚，选中并向左拖曳图形右上角的节点到适当的位置，效果如图4-29所示。

15 选择"选择"工具▶，设置图形颜色的RGB值为230、34、41，填充图形，并去除图形的轮廓，效果如图4-30所示。按Shift+Page Down快捷键，将图形移至最后面，效果如图4-31所示。

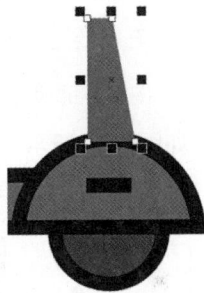

图4-27	图4-28	图4-29	图4-30	图4-31

16 选择"手绘"工具🖉，在适当的位置绘制一条斜线，如图4-32所示。在属性栏的"轮廓宽度"框✏ 1.0 px中设置宽度为30.0px。按Enter键，效果如图4-33所示。使用"手绘"工具🖉，按住Ctrl键的同时，在适当的位置再绘制一条竖线，如图4-34所示。

图4-32	图4-33	图4-34

17 按F12键，弹出"轮廓笔"对话框，单击"风格"选项右侧的"设置"按钮⋯，弹出"编辑线条样式"对话框，各选项的设置如图4-35所示。单击"添加"按钮，返回到"轮廓笔"对话框，其他选项的设置如图4-36所示。单击"OK"按钮，效果如图4-37所示。

图4-35

图4-36

图4-37

18 选择"矩形"工具□，在适当的位置绘制一个矩形，如图4-38所示。选择"属性滴管"工具 🖋，将鼠标指针放置在下方红色图形上，鼠标指针变为 🖋 形状，如图4-39所示。在红色图形上单击以提取属性，鼠标指针变为 ◆ 形状，在需要的图形上单击，填充图形，效果如图4-40所示。

19 选择"选择"工具 ▶，按数字键盘上的+键，复制矩形。按住Shift键的同时，水平向右拖曳复制的矩形到适当的位置，效果如图4-41所示。向左拖曳矩形右侧中间的控制手柄到适当的位置，调整矩形大小，效果如图4-42所示。填充图形为白色，效果如图4-43所示。

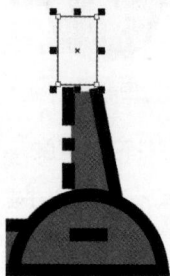

图4-38

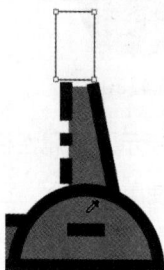

图4-39

图4-40

图4-41

图4-42

图4-43

20 选取左侧的红色矩形，在属性栏中将"圆角半径"选项设为50.0px和0.0px，如图4-44所示。按Enter键，效果如图4-45所示。

图4-44

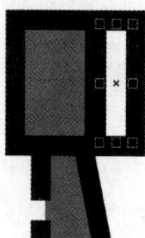

图4-45

21 选择"手绘"工具 🖍，按住Ctrl键的同时，在适当的位置绘制一条直线段，如图4-46所示。按F12键，弹出"轮廓笔"对话框，在"线条端头"选项中单击"圆形端头"按钮 ═，其他选项的设置如图4-47所示。单击"OK"按钮，效果如图4-48所示。

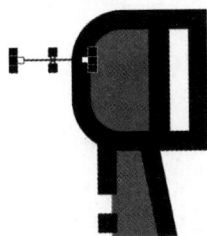
图4-46

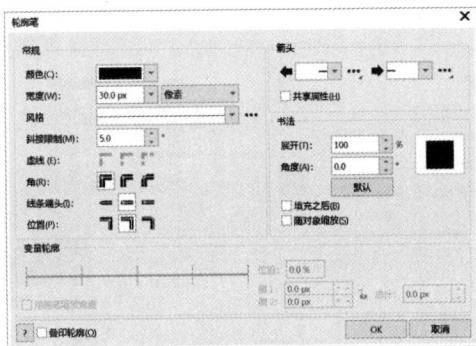
图4-47

图4-48

22 用类似的方法分别绘制坐垫和餐箱，效果如图4-49所示。送餐车图标绘制完成，效果如图4-50所示。将图标应用在手机中，图标会自动应用圆角遮罩效果，呈现出圆角效果，如图4-51所示。

图4-49

图4-50

图4-51

任务知识

4.1.1 使用"轮廓笔"工具

选择"轮廓笔"工具 ，展开"轮廓笔"工具的拓展工具栏，如图4-52所示。

使用"轮廓笔"工具可以编辑图形的轮廓，使用"轮廓颜色"工具可以编辑图形的轮廓颜色；中间的11个选项用于设置图形的轮廓宽度，分别是"无轮廓""细线轮廓""0.1mm""0.2mm""0.25mm""0.5mm""0.75mm""1mm""1.5mm""2mm""2.5mm"；选择"颜色"工具，打开"颜色"泊坞窗，在其中可以对图形的轮廓颜色进行编辑。

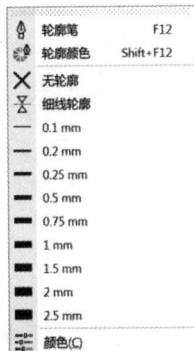
图4-52

4.1.2 设置轮廓的颜色

绘制一个图形，并使其处于选取状态，选择"轮廓笔"工具 ，弹出"轮廓笔"对话框，如图4-53所示。

在"轮廓笔"对话框中，"颜色"选项用于设置轮廓的颜色，默认为黑色。单击"颜色"选项右侧的下拉按钮 ，打开"颜色"下拉列表，如图4-54所示，在"颜色"下拉列表中可以选择需要的颜色。

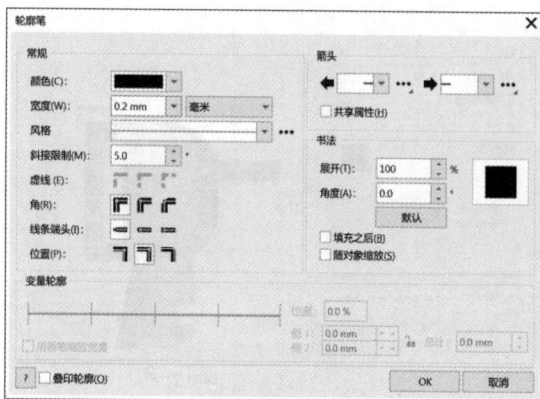

图4-53   图4-54

设置好需要的颜色后，单击"OK"按钮，可以改变轮廓的颜色。

技巧 使图形对象处于选取状态，直接在调色板中需要的颜色上单击鼠标右键，可以快速填充轮廓颜色。

4.1.3 设置轮廓的粗细及样式

在"轮廓笔"对话框中，"宽度"选项用于设置轮廓的宽度和宽度的度量单位。在"宽度"选项右侧的第一个下拉按钮上单击，弹出下拉列表，在该下拉列表中可以选择宽度数值，如图4-55所示，也可以在数值框中直接输入宽度数值。在"宽度"选项右侧的第二个下拉按钮上单击，弹出下拉列表，在该下拉列表中可以选择宽度的度量单位，如图4-56所示。在"风格"选项右侧的下拉按钮上单击，弹出下拉列表，在该下拉列表中可以选择轮廓样式，如图4-57所示。

图4-55

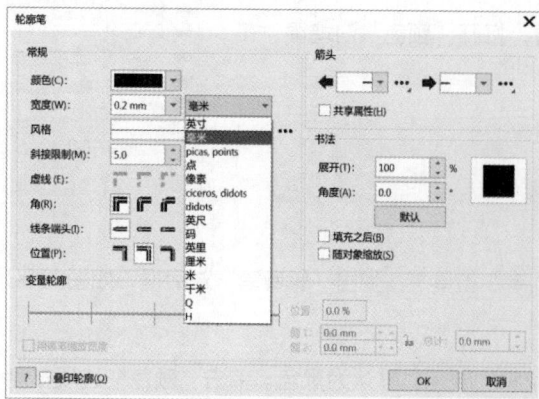

图4-56

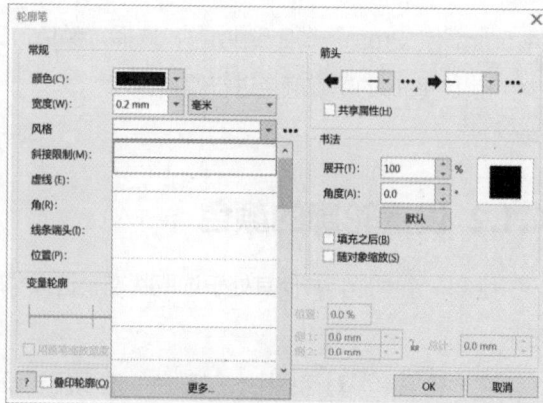

图4-57

4.1.4 设置轮廓角的样式及端头样式

在"轮廓笔"对话框中，"角"选项用于设置轮廓角的样式，如图4-58所示。"角"选项提供了3种轮廓角样式，它们分别是斜接角、圆角和斜切角。

可以适当增加轮廓宽度，因为较细的轮廓在设置拐角样式后效果不明显，3种拐角样式的效果如图4-59所示。

图4-58　　　　　　图4-59

在"轮廓笔"对话框中，"线条端头"选项用于设置线条端头的样式，如图4-60所示。"线条端头"选项提供了3种线条端头样式，它们分别是方形端头、圆形端头、延伸方形端头，3种端头样式的效果如图4-61所示。

图4-60　　　　　　图4-61

在"轮廓笔"对话框中，"位置"选项用于设置轮廓的位置，如图4-62所示。"位置"选项提供了3种位置样式，它们分别是外部轮廓、居中的轮廓、内部轮廓。3种位置的效果如图4-63所示。

图4-62　　　　　　图4-63

在"轮廓笔"对话框中，"箭头"设置区用于设置线条两端的箭头样式，如图4-64所示。"箭头"设置区提供了两个样式框，左侧的"起始箭头"样式框用来设置起始箭头样式，单击样式框右侧的下拉按钮，弹出的下拉列表如图4-65所示。右侧的"终止箭头"样式框用来设置终止箭头样式，单击样式框右侧的下拉按钮，弹出的下拉列表如图4-66所示。

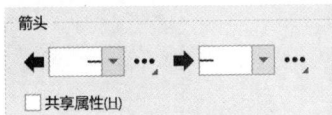

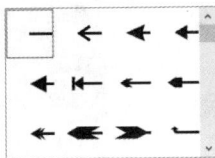

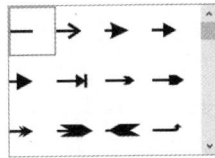

图4-64　　　　　　图4-65　　　　　　图4-66

在"书法"设置区中勾选"填充之后"复选框，可以将图形的轮廓置于图形的填充之后，图形的填充会遮挡图形的轮廓，只能观察到一定宽度的轮廓。

勾选"随对象缩放"复选框，在缩放图形时，图形的轮廓会随着图形大小的改变而改变，使图形的整体效果保持不变。如果不勾选此复选框，在缩放图形时，图形的轮廓不会随着图形大小的改变而改变，轮廓不会保持原来的效果，缩放后图形的整体效果会被破坏。

4.1.5　使用调色板填充颜色

调色板是为图形填充颜色的最佳工具。单击调色板中的颜色，该颜色会快速填充到选中的图形中。CorelDRAW 2024提供了多种调色板，选择"窗口 > 调色板 > 调色板"命令，便可看到多种调色板。CorelDRAW 2024在默认状态下使用的是CMYK调色板。

调色板一般在操作界面的右侧，使用"选择"工具 选中操作界面右侧的条形调色板，如图4-67所示，按住鼠标左键拖曳条形调色板到操作界面中间，拖曳条形调色板的边框，调整后的调色板如图4-68所示。

选中要填充的图形，如图4-69所示。在调色板中单击需要的颜色，如图4-70所示，图形的内部立即被该颜色填充，如图4-71所示。单击调色板中的"无填充"按钮 ，可取消对图形内部的颜色填充。

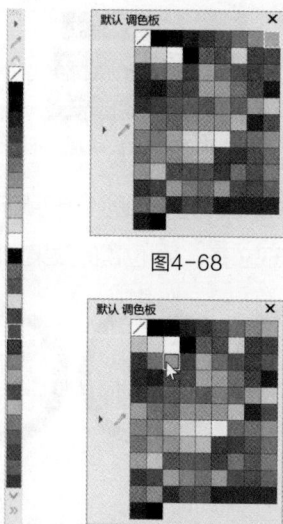
图4-68

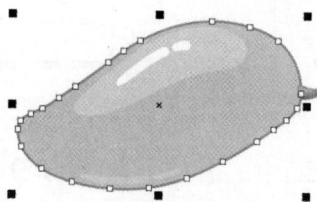
图4-69

图4-67　　图4-70

图4-71

选中要填充的图形，如图4-72所示。在调色板中需要的颜色上单击鼠标右键，如图4-73所示，图形的轮廓立即被该颜色填充。设置适当的轮廓宽度，效果如图4-74所示。

图4-72

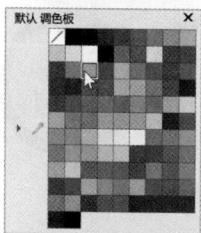
图4-73

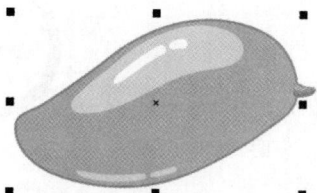
图4-74

技巧　按住鼠标左键不放，将调色板中的色块拖曳到图形上，松开鼠标左键，也可以填充图形。

4.1.6 使用均匀填充

按Shift+F11快捷键，弹出"编辑填充"对话框，可以在该对话框中设置需要的颜色，其中两种设置颜色的工具分别为颜色查看器和调色板。

1. 颜色查看器

颜色查看器设置框如图4-75所示，其中包含完整的色谱。操作颜色关联控件可以更改颜色，也可以通过在颜色模式的各数值框中设置数值以获取需要的颜色。在颜色查看器设置框中，还可以选择不同的颜色模式，"色彩模型"默认是CMYK模式，如图4-76所示。

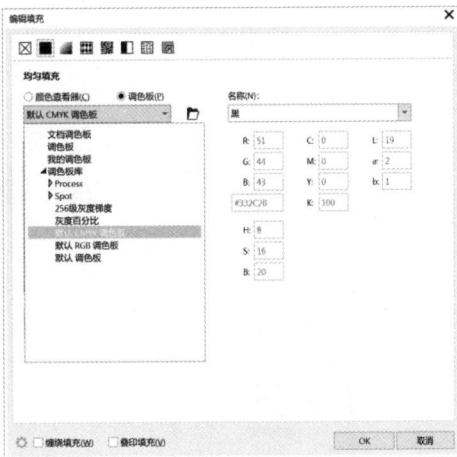

图4-75　　　　　　　　　　　　　　　图4-76

设置好需要的颜色后，单击"OK"按钮，即可将其填充到图形中。

2. 调色板

调色板设置框如图4-77所示，调色板设置框是使用CorelDRAW 2024颜色库中已有的颜色来填充图形的，在"调色板"选项的下拉列表中可以选择需要的颜色库，如图4-78所示。

图4-77　　　　　　　　　　　　　　　图4-78

在调色板中的颜色上单击就可以选中需要的颜色，勾选"显示颜色名"复选框，可以显示颜色库中的颜色名称。设置好需要的颜色后，单击"OK"按钮，即可将其填充到图形中。

4.1.7 使用"颜色"泊坞窗填充颜色

"颜色"泊坞窗是为图形填充颜色的辅助工具，特别适合应用于实际工作中。

单击工具箱下方的"快速自定"按钮➕，添加"颜色"工具。随后在工具箱中选择"颜色"工具🔠，弹出"颜色"泊坞窗，如图4-79所示。绘制一个气球图形，如图4-80所示。在"颜色"泊坞窗中设置颜色，如图4-81所示。

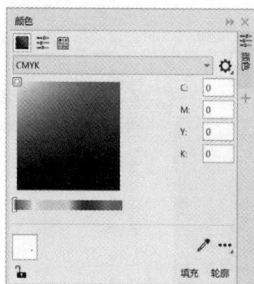
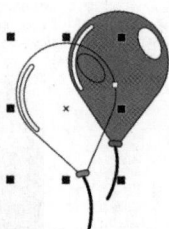
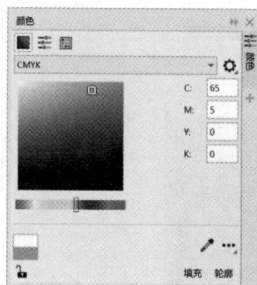

图4-79   图4-80   图4-81

设置好颜色后，单击"填充"按钮，如图4-82所示，颜色会填充到气球图形的内部，效果如图4-83所示。也可以在设置好颜色后，单击"轮廓"按钮，如图4-84所示，填充颜色到气球图形的轮廓，效果如图4-85所示。

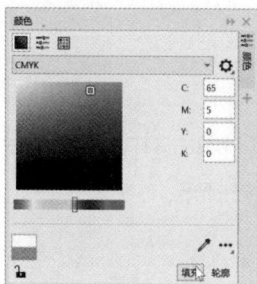
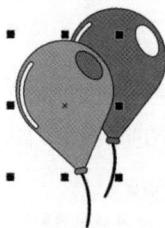

图4-82   图4-83   图4-84   图4-85

"颜色"泊坞窗左上角的3个按钮分别是"显示颜色查看器"■、"显示颜色滑块"🎚和"显示调色板"▦，分别单击这3个按钮，可以选择不同的设置颜色的方式，如图4-86所示。

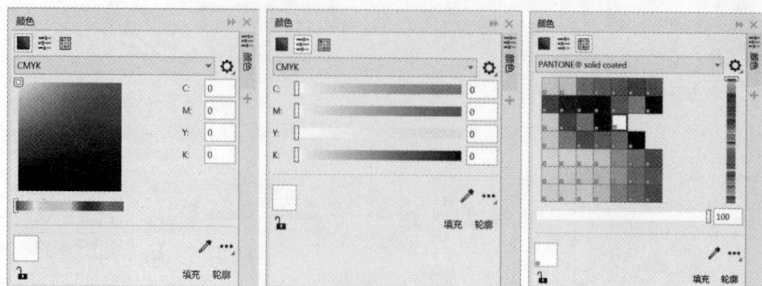

图4-86

任务4.2 掌握渐变填充和图样填充

　　渐变填充和图样填充是非常实用的功能，在设计制作时经常使用。在CorelDRAW 2024中，渐变填充提供了线性、椭圆形、圆锥形和矩形4种渐变形式，使用这些渐变形式可以绘制出多种颜色渐变效果，而图样填充是将预设图案以平铺的方式填充到图形中。下面具体介绍渐变填充和图样填充的方法和技巧。

任务实践 **绘制卡通小狐狸**

任务目标 学习使用绘制工具、"渐变填充"按钮和"形状"泊坞窗绘制卡通小狐狸。

任务要点 使用"椭圆形"工具、"贝塞尔"工具、"焊接"按钮绘制耳朵，使用"椭圆形"工具、"矩形"工具、"星形"工具和"移除前面对象"按钮绘制嘴唇及脸部，使用"矩形"工具、"圆角半径"选项、"形状"泊坞窗和"渐变填充"按钮绘制尾巴。最终效果参看学习资源中的"项目4\效果\绘制卡通小狐狸.cdr"文件，效果如图4-87所示。

图4-87

任务操作

01 按Ctrl+N快捷键，新建一个A4页面。双击"矩形"工具▢，绘制一个与页面大小相同的矩形，如图4-88所示。设置图形颜色的CMYK值为70、71、75、37，填充图形，并去除图形的轮廓，效果如图4-89所示。

02 选择"椭圆形"工具◯，在页面外绘制一个椭圆形，如图4-90所示。选择"贝塞尔"工具✐，在适当的位置绘制一个不规则图形，如图4-91所示。

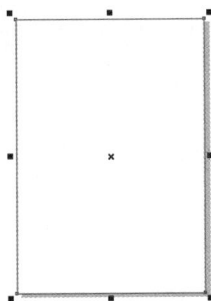

图4-88

图4-89

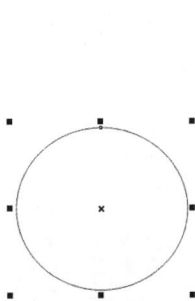

图4-90

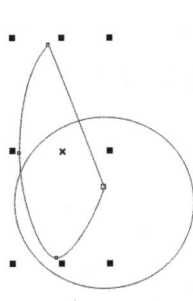

图4-91

03 选择"选择"工具▸，按数字键盘上的+键，复制图形。单击属性栏中的"水平镜像"按钮◫，水平镜像图形，如图4-92所示。按住Shift键的同时，水平向右拖曳镜像图形到适当的位置，效果如图4-93所示。

04 选择"选择"工具▶，用圈选的方法将绘制的所有图形同时选取，如图4-94所示，单击属性栏中的"焊接"按钮🔄，合并图形，效果如图4-95所示。

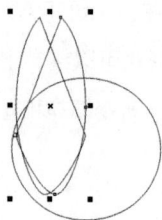 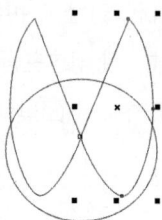 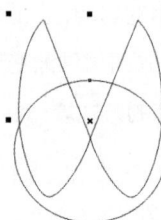 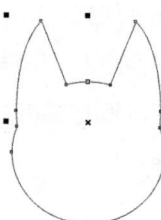

图4-92 图4-93 图4-94 图4-95

05 按F11键，弹出"编辑填充"对话框，单击"渐变填充"按钮◧，将起点颜色的CMYK值设为0、61、99、0，终点颜色的CMYK值设为13、69、100、0，其他选项的设置如图4-96所示。单击"OK"按钮，填充图形，并去除图形的轮廓，效果如图4-97所示。

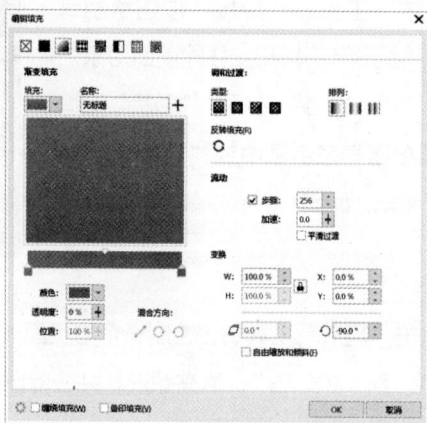 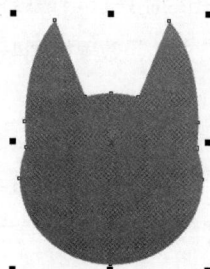

图4-96 图4-97

06 选择"贝塞尔"工具✎，在适当的位置绘制一个不规则图形，如图4-98所示。按F11键，弹出"编辑填充"对话框，单击"渐变填充"按钮◧，将起点颜色的CMYK值设为12、82、100、0，终点颜色的CMYK值设为0、61、100、0，其他选项的设置如图4-99所示。单击"OK"按钮，填充图形，并去除图形的轮廓，效果如图4-100所示。

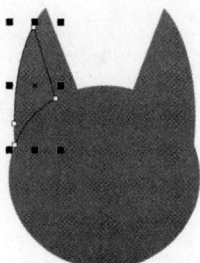 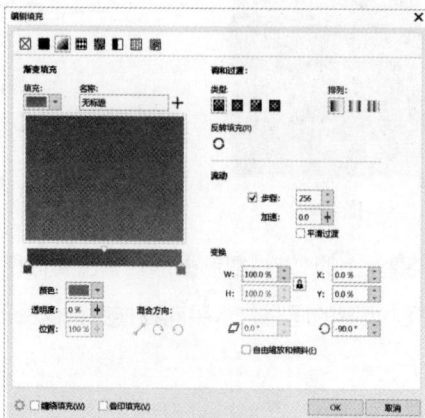 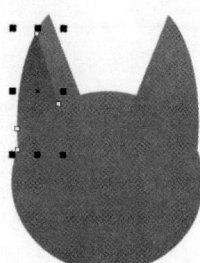

图4-98 图4-99 图4-100

07 选择"选择"工具 ，按数字键盘上的+键，复制图形。单击属性栏中的"水平镜像"按钮 ，水平镜像图形，如图4-101所示。按住Shift键的同时，水平向右拖曳镜像图形到适当的位置，效果如图4-102所示。

图4-101　　　　图4-102

08 选择"椭圆形"工具 ，在适当的位置绘制一个椭圆形，如图4-103所示。按F11键，弹出"编辑填充"对话框，单击"渐变填充"按钮 ，将起点颜色的CMYK值设为12、82、100、0，终点颜色的CMYK值设为11、62、93、0，其他选项的设置如图4-104所示。单击"OK"按钮，填充图形，并去除图形的轮廓，效果如图4-105所示。

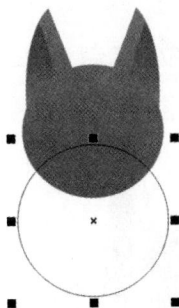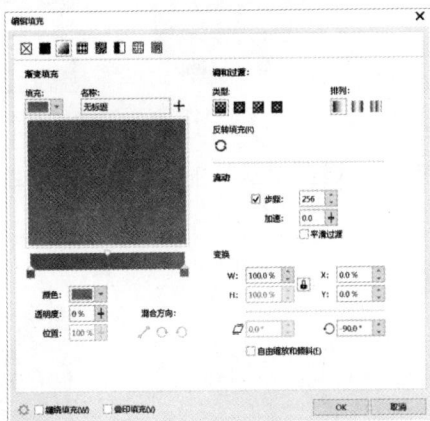

图4-103　　　　　　　　图4-104　　　　　　　　图4-105

09 选择"椭圆形"工具 ，在适当的位置绘制一个椭圆形，如图4-106所示。选择"矩形"工具 ，在适当的位置绘制一个矩形，如图4-107所示。

10 选择"选择"工具 ，按住Shift键的同时，单击椭圆形将其同时选取，如图4-108所示，单击属性栏中的"移除前面对象"按钮 ，将两个图形剪切为一个图形，效果如图4-109所示。

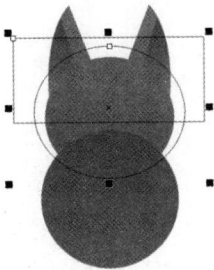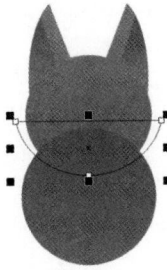

图4-106　　　　图4-107　　　　图4-108　　　　图4-109

11 按F11键，弹出"编辑填充"对话框，单击"渐变填充"按钮 ，将起点颜色的CMYK值设为0、0、0、20，终点颜色的CMYK值设为0、0、0、0，其他选项的设置如图4-110所示。单击"OK"按钮，填充图形，并去除图形的轮廓，效果如图4-111所示。

12 选择"椭圆形"工具 ⬭，按住Ctrl键的同时，在适当的位置绘制一个圆形，填充图形为黑色，并去除图形的轮廓，效果如图4-112所示。按数字键盘上的+键，复制圆形。选择"选择"工具 ▣，按住Shift键的同时，水平向右拖曳复制的圆形到适当的位置，效果如图4-113所示。

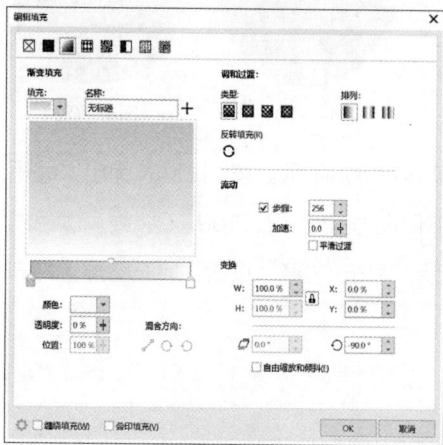

图4-110

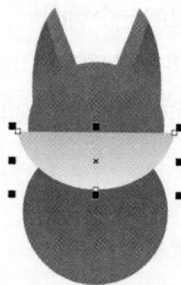

图4-111   图4-112   图4-113

13 选择"星形"工具 ☆，属性栏中的设置如图4-114所示。在适当的位置绘制一个三角形，如图4-115所示。

图4-114   图4-115

14 选择"星形"工具 ☆，属性栏中的设置如图4-116所示。在适当的位置绘制一个多角星形，如图4-117所示。

图4-116   图4-117

15 按F12键，弹出"轮廓笔"对话框，在"颜色"选项中设置轮廓颜色为黑色，其他选项的设置如图4-118所示。单击"OK"按钮，效果如图4-119所示。

图4-118

图4-119

16 选择"矩形"工具 ▢，在适当的位置绘制一个矩形，如图4-120所示。在属性栏中将"圆角半径"选项设为50.0mm和0.0mm，如图4-121所示，按Enter键，效果如图4-122所示。按Ctrl+C快捷键，复制图形（此图形作为备用）。

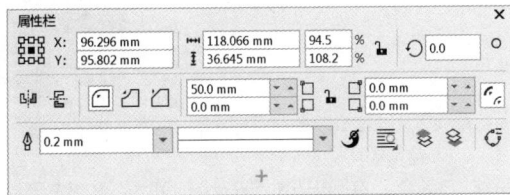

图4-120 图4-121 图4-122

17 单击属性栏中的"转换为曲线"按钮 ⟳，将图形转换为曲线，如图4-123所示。选择"形状"工具 ⬙，用圈选的方法选取图形右侧的节点，如图4-124所示，向左拖曳选中的节点到适当的位置，效果如图4-125所示。

图4-123 图4-124 图4-125

18 按F11键，弹出"编辑填充"对话框，单击"渐变填充"按钮 ▦，将起点颜色的CMYK值设为0、0、0、20，终点颜色的CMYK值设为0、0、0、0，其他选项的设置如图4-126所示。单击"OK"按钮，填充图形，并去除图形的轮廓，效果如图4-127所示。

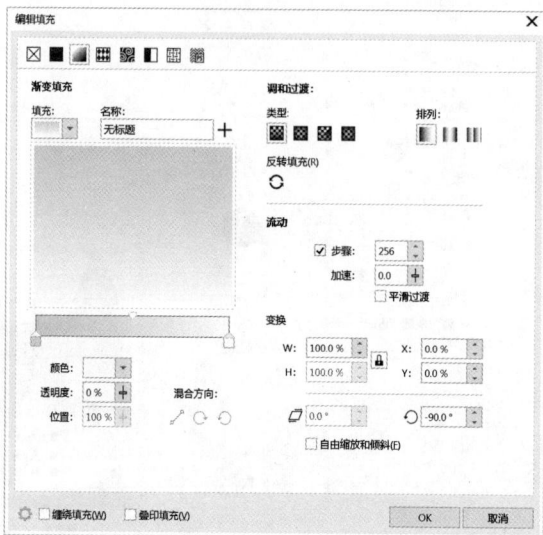

图4-126

图4-127

19 按Ctrl+V快捷键，粘贴（备用）图形，如图4-128所示。选择"选择"工具▶，选取下方的渐变椭圆形，按数字键盘上的+键，复制图形，如图4-129所示。

图4-128　　　　图4-129

20 选择"窗口 > 泊坞窗 > 形状"命令，在弹出的"形状"泊坞窗中选择"相交"选项，如图4-130所示。单击"相交对象"按钮，将鼠标指针放置到需要相交的图形上，如图4-131所示，单击，效果如图4-132所示。

图4-130　　　　图4-131　　　　图4-132

21 按F11键，弹出"编辑填充"对话框，单击"渐变填充"按钮■，将起点颜色的CMYK值设为0、61、100、0，终点颜色的CMYK值设为16、71、100、0，其他选项的设置如图4-133所示。单击"OK"按钮，填充图形，并去除图形的轮廓，效果如图4-134所示。

图4-133

图4-134

22 选择"选择"工具 ，用圈选的方法将所绘制的图形全部选取，按Ctrl+G快捷键群组图形，拖曳群组图形到页面中适当的位置，效果如图4-135所示。

23 选择"文本"工具 ，在适当的位置输入需要的文字，选择"选择"工具 ，在属性栏中选取适当的字体并设置文字大小，填充文字为白色，效果如图4-136所示。卡通小狐狸绘制完成。

图4-135　　　　　　　　图4-136

任务知识

4.2.1 使用属性栏进行填充

绘制一个图形，如图4-137所示。选择"交互式填充"工具 ，在属性栏中单击"渐变填充"按钮 ，属性栏如图4-138所示，效果如图4-139所示。

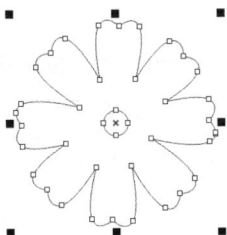

图4-137

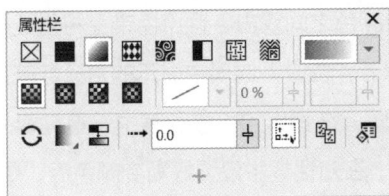

图4-138

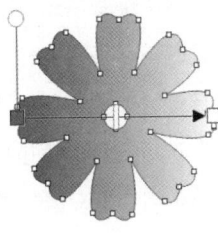

图4-139

单击属性栏中的其他按钮██ ██ ██ ██，可以选择不同的渐变填充类型，椭圆形渐变填充、圆锥形渐变填充、矩形渐变填充的效果如图4-140所示。

属性栏中的"节点颜色"框 ╱ · 用于设置选中的渐变节点的颜色，"节点透明度"框 ███ + 用于设置选中的渐变节点的透明度，"加速"框 → 0.0 + 用于设置从一个颜色到另外一个颜色的渐变速度。

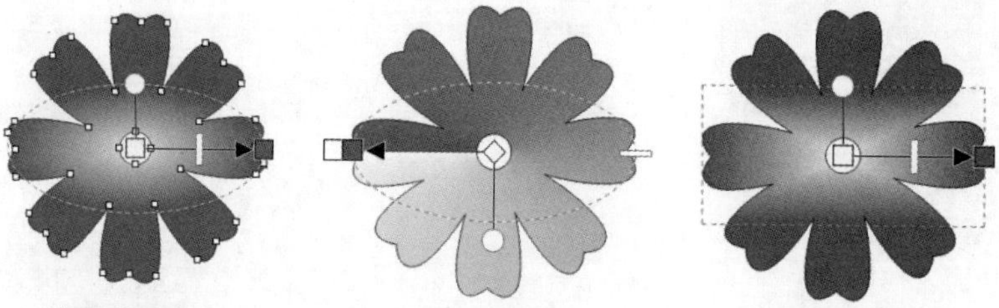

椭圆形渐变填充　　　　　圆锥形渐变填充　　　　　矩形渐变填充

图4-140

4.2.2　使用工具进行填充

绘制一个图形，如图4-141所示。选择"交互式填充"工具 ◈，在起点按住鼠标左键并拖曳鼠标到适当的位置，松开鼠标左键，图形被填充预设的颜色，效果如图4-142所示。在拖曳鼠标的过程中可以控制渐变的角度、渐变的边缘宽度等渐变属性。

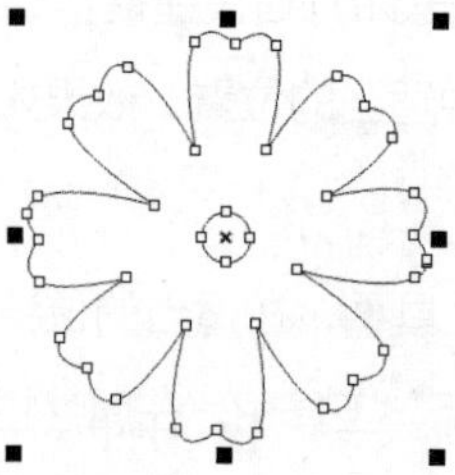

拖曳起点颜色和终点颜色可以改变渐变的角度和边缘宽度，拖曳中间点颜色可以调整渐变颜色的分布，拖曳渐变线可以控制渐变颜色与图形之间的相对位置，拖曳上方的圆圈图标可以调整渐变的倾斜角度。

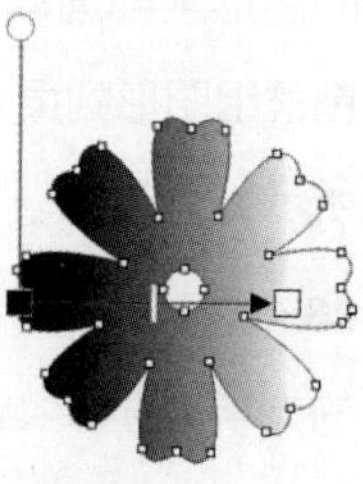

图4-141　　　　　　　图4-142

4.2.3　使用渐变填充

在"编辑填充"对话框中，"调和过渡"设置区提供了3种渐变填充的类型："默认"渐变填充、"重复和镜像"渐变填充和"重复"渐变填充。

1.　"默认"渐变填充

单击"默认"渐变填充按钮 ██，"编辑填充"对话框如图4-143所示。

在预览色带的起点颜色和终点颜色之间双击，预览色带上将生成一个三角形色标，也就是会新增一个渐变颜色标记，如图4-144所示。"位置"选项中显示的百分数就是当前新增渐变颜色标记的位置。单击"颜色"选项右侧的下拉按钮 ·，在弹出的下拉列表中设置需要的渐变颜色，预览色带上当前渐变颜色标记的颜色将变为设置的颜色。在对话框中设置好渐变颜色后，单击"OK"按钮，完成图形的渐变填充。

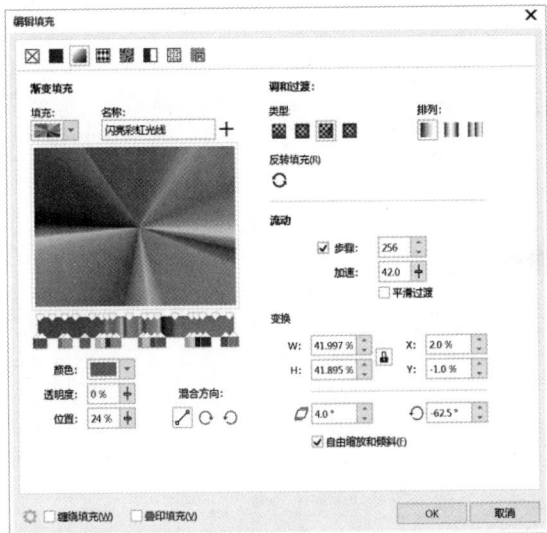

图4-143

图4-144

2. "重复和镜像"渐变填充

单击"重复和镜像"渐变填充按钮，"编辑填充"对话框如图4-145所示。单击调色板中的颜色，可以改变渐变填充的效果。

3. "重复"渐变填充

单击"重复"渐变填充按钮，"编辑填充"对话框如图4-146所示。单击调色板中的颜色，同样可以改变渐变填充的效果。

图4-145

图4-146

4.2.4　渐变填充的样式

绘制一个图形，如图4-147所示。在"编辑填充"对话框中单击"填充"选项右侧的下拉按钮，弹出的面板中包含CorelDRAW 2024预设的一些渐变效果，如图4-148所示。

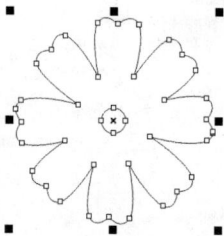

图4-147

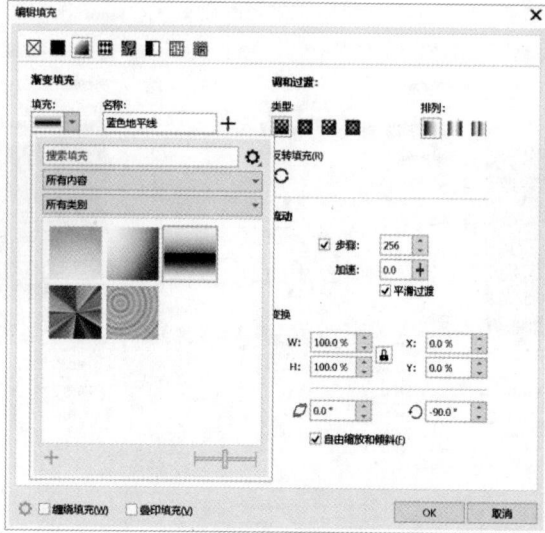

图4-148

　　选择一个预设的渐变效果，单击"OK"按钮，完成渐变填充。使用预设的渐变效果填充图形，效果如图4-149所示。

图4-149

4.2.5 使用图样填充

　　向量图样填充是用矢量图像进行填充。按F11键，在弹出的"编辑填充"对话框中单击"向量图样填充"按钮▦，如图4-150所示。

　　位图图样填充是用位图进行填充。按F11键，在弹出的"编辑填充"对话框中单击"位图图样填充"按钮▨，如图4-151所示。

　　双色图样填充是用由两种颜色构成的图案进行填充，也就是通过设置前景色和背景色进行填充。按F11键，在弹出的"编辑填充"对话框中单击"双色图样填充"按钮▤，如图4-152所示。

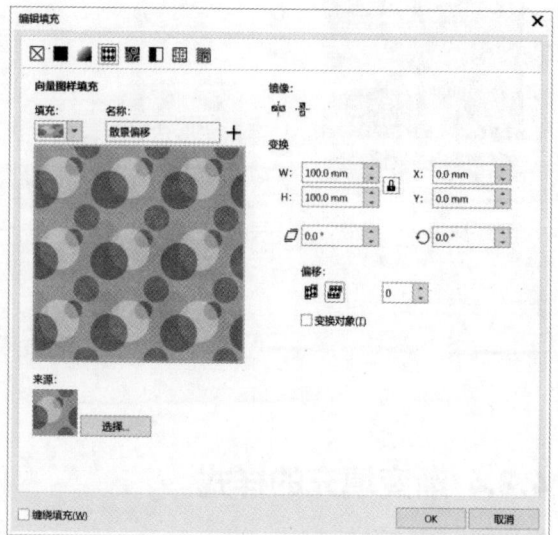

图4-150

图4-151

图4-152

任务4.3　掌握其他填充方式

除均匀填充、渐变填充和图样填充外，常用的填充方式还包括底纹填充、网状填充等，使用不同的填充方式可以使图形更加自然、多变。下面具体介绍这些填充方式。

任务实践　绘制水果图标

任务目标　学习使用图样填充相关按钮和"网状填充"工具绘制水果图标。

任务要点　使用"矩形"工具和"双色图样填充"
按钮绘制背景，使用"椭圆形"工具、"多边形"
工具、"常见形状"工具、"水平镜像"按钮、
"焊接"按钮和"轮廓笔"对话框绘制水果形状，使
用"3点椭圆形"工具、"网状填充"工具绘制高
光。最终效果参看学习资源中的"项目4\效果\绘制
水果图标.cdr"文件，效果如图4-153所示。

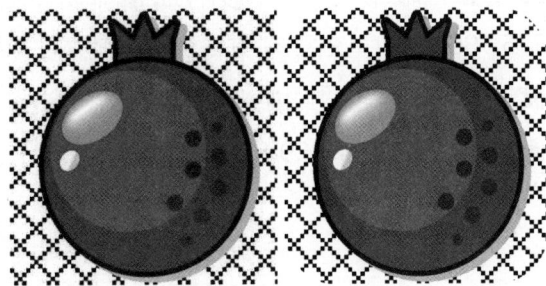

图4-153

任务操作

01 按Ctrl+N快捷键，弹出"创建新文档"对话框，设置文档的宽度为1024px，高度为1024px，方向为纵向，原色模式为RGB，分辨率为72dpi。单击"OK"按钮，创建一个文档。

02 双击"矩形"工具□，绘制一个与页面大小相同的矩形，如图4-154所示。按Shift+F11快捷键，弹出"编辑填充"对话框，单击"双色图样填充"按钮█，切换到相应的界面，单击"填充"选项右侧的下拉按钮▾，在弹出的下拉列表中选择需要的图样效果，如图4-155所示。返回到"编辑填充"对话框，

其他选项的设置如图4-156所示，单击"OK"按钮，填充图形，并去除图形的轮廓，效果如图4-157所示。

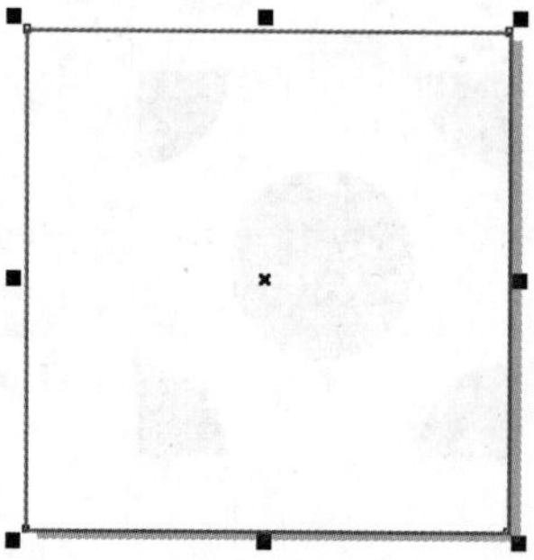

图4-154

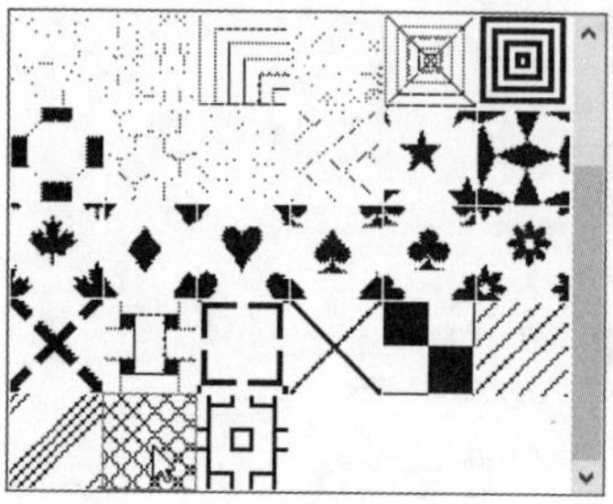

图4-155

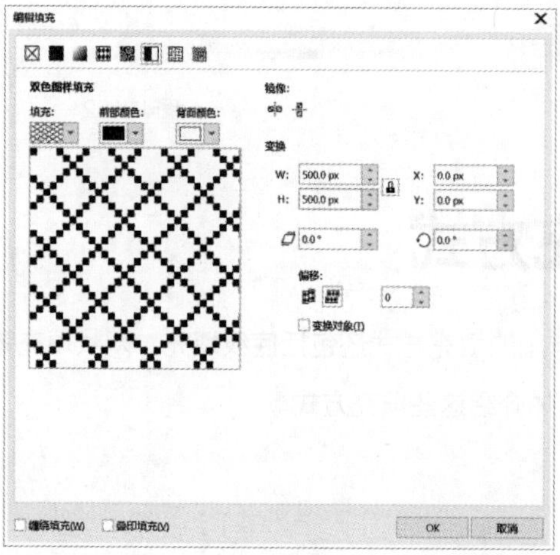

图4-156

图4-157

03 选择"椭圆形"工具○，按住Ctrl键的同时，在适当的位置绘制一个圆形，设置图形颜色的RGB值为215、36、36，填充图形，并去除图形的轮廓，效果如图4-158所示。

04 按F12键，弹出"轮廓笔"对话框，在"颜色"选项中设置轮廓颜色的RGB值为115、37、51，其他选项的设置如图4-159所示。单击"OK"按钮，效果如图4-160所示。

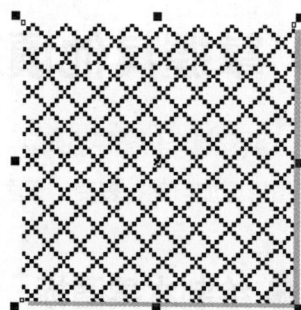

图4-158

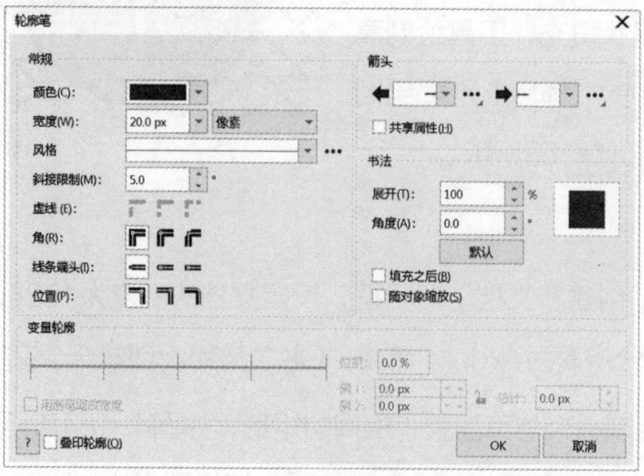

图4-159

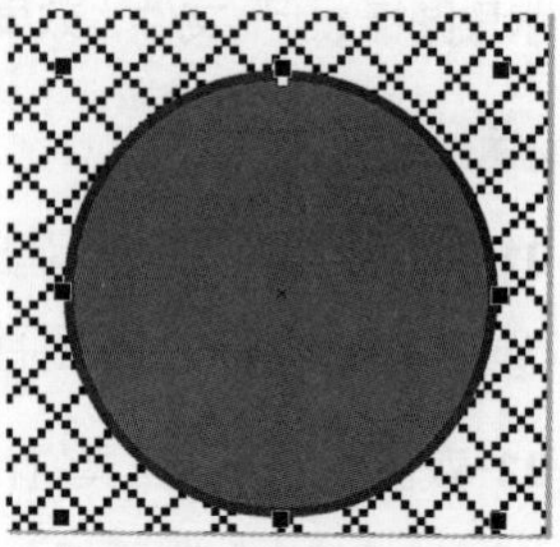

图4-160

05 选择"多边形"工具 ⬡，属性栏中的设置如图4-161所示。在页面外绘制一个三角形，效果如图4-162所示。

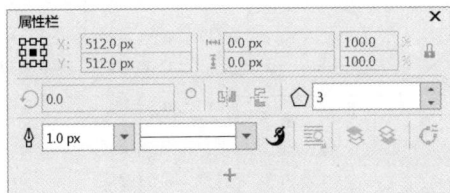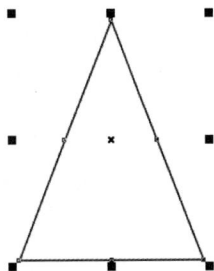

图4-161　　　　　　　　　　图4-162

06 选择"常见形状"工具，单击属性栏中的"常用形状"按钮 ▱，在弹出的下拉列表中选择需要的形状，如图4-163所示。在适当的位置拖曳鼠标以绘制三角形，如图4-164所示。

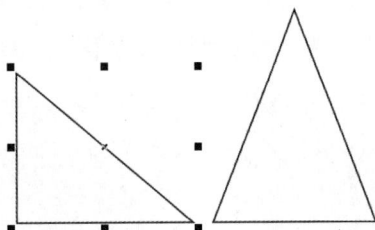

图4-163　　　　　　　　　　图4-164

07 单击属性栏中的"转换为曲线"按钮 ⟳，将图形转换为曲线，如图4-165所示。选择"形状"工具，选中并向右拖曳图形左下角的节点到适当的位置，效果如图4-166所示。

图4-165　　　　　　　　　　图4-166

08 选择"选择"工具 ，按数字键盘上的+键，复制图形。按住Shift键的同时，水平向右拖曳复制的图形到适当的位置，效果如图4-167所示。单击属性栏中的"水平镜像"按钮，水平翻转图形，效果如图4-168所示。

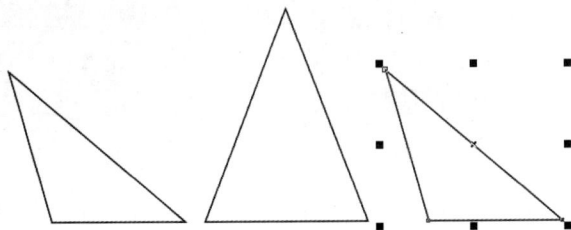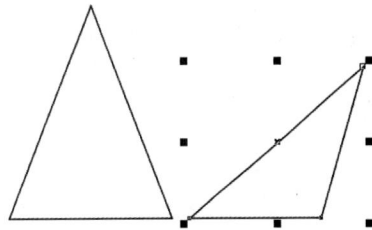

图4-167　　　　　　　　　　图4-168

09 选择"矩形"工具▢，在适当的位置绘制一个矩形，如图4-169所示。选择"选择"工具▶，用圈选的方法将所绘制的图形同时选取，如图4-170所示，单击属性栏中的"焊接"按钮⬚，合并图形，如图4-171所示。

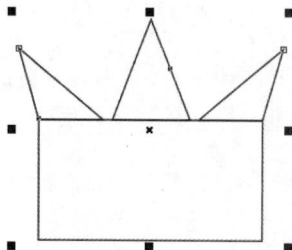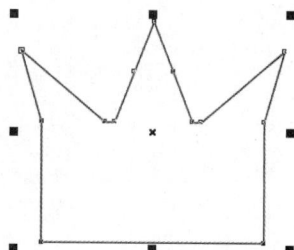

图4-169   图4-170   图4-171

10 选择"选择"工具▶，拖曳合并后的图形到页面中适当的位置，如图4-172所示。选择"属性滴管"工具✐，将鼠标指针放置在下方圆形上，鼠标指针变为✐形状，如图4-173所示。在圆形上单击以提取属性，鼠标指针变为◆形状，在需要的图形上单击，填充图形，效果如图4-174所示。

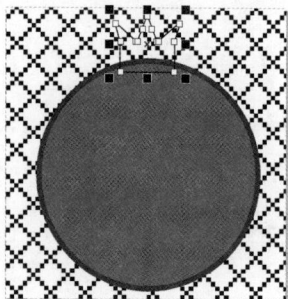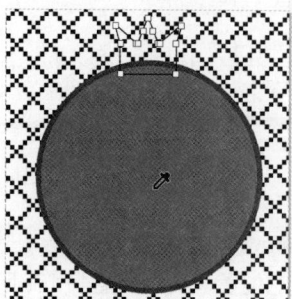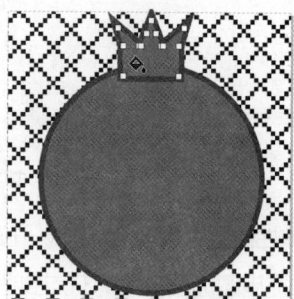

图4-172   图4-173   图4-174

11 按F12键，弹出"轮廓笔"对话框，在"角"选项中单击"圆角"按钮▣，其他选项的设置如图4-175所示。单击"OK"按钮，效果如图4-176所示。按Ctrl+Page Down快捷键，将图形向后移一层，效果如图4-177所示。

图4-175   图4-176   图4-177

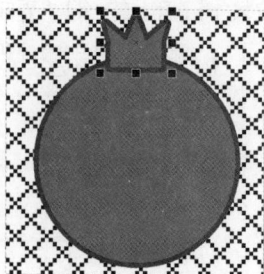

12 选择"选择"工具▶，按住Shift键的同时，单击下方圆形将其同时选取，如图4-178所示，按数字键盘上的+键，复制图形。分别按→和↓方向键，微调复制的图形到适当的位置，如图4-179所示。

13 保持图形处于选取状态，分别设置图形填充颜色和轮廓颜色的RGB值为204、208、213，填充图形，效果如图4-180所示。按Ctrl+Page Down快捷键，将选中的图形向后移一层，效果如图4-181所示。

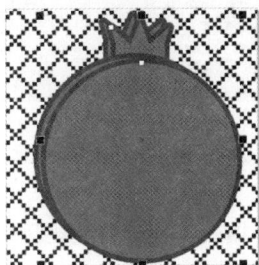
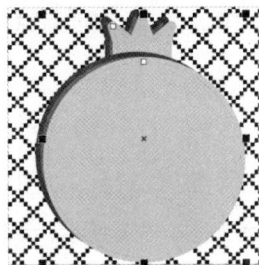

图4-178　　　　　　　图4-179　　　　　　　图4-180　　　　　　　图4-181

14 选择"椭圆形"工具◯，按住Ctrl键的同时，在适当的位置绘制一个圆形，如图4-182所示。设置图形颜色的RGB值为254、52、52，填充图形，并去除图形的轮廓，效果如图4-183所示。用相同的方法分别绘制其他圆形，并填充相应的颜色，效果如图4-184所示。

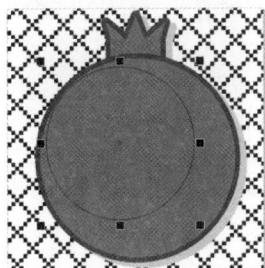

图4-182　　　　　　　图4-183　　　　　　　图4-184

15 选择"3点椭圆形"工具，在适当的位置拖曳鼠标绘制一个倾斜的椭圆形，如图4-185所示。设置图形颜色的RGB值为255、153、153，填充图形，并去除图形的轮廓，效果如图4-186所示。

图4-185　　　　　　　图4-186

16 选择"网状填充"工具，在属性栏中进行设置，如图4-187所示。按Enter键，在椭圆形中添加网格，效果如图4-188所示。

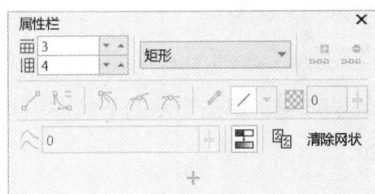
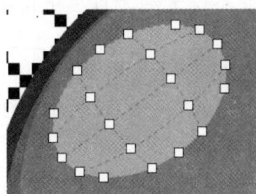

图4-187　　　　　　　图4-188

17 选择"网状填充"工具 ⊞，按住Shift键的同时，单击网格中的节点，如图4-189所示。在"RGB调色板"中的"白"色块上单击，填充节点颜色，效果如图4-190所示。

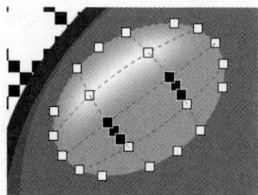
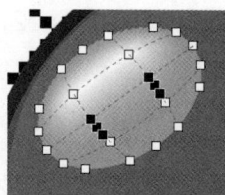

图4-189　　　　　　　　　　图4-190

18 按住Shift键的同时，单击网格中的节点，如图4-191所示。选择"窗口 > 泊坞窗 > 颜色"命令，弹出"颜色"泊坞窗，具体设置如图4-192所示，单击"填充"按钮，效果如图4-193所示。

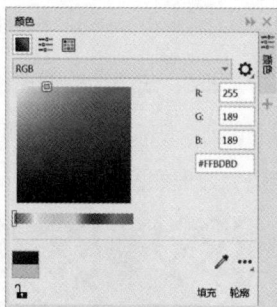

图4-191　　　　　　　图4-192　　　　　　　图4-193

19 用相同的方法再绘制一个倾斜的椭圆形，效果如图4-194所示。水果图标绘制完成，效果如图4-195所示。将图标应用在手机中，图标会自动应用圆角遮罩效果，呈现出圆角效果，如图4-196所示。

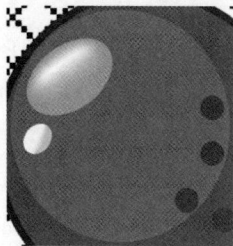

图4-194　　　　　　　图4-195　　　　　　　图4-196

任务知识

4.3.1 使用底纹填充

按F11键，弹出"编辑填充"对话框，单击"底纹填充"按钮 ▦，如图4-197所示。CorelDRAW 2024的底纹库提供了多个样本组和几百种预设的底纹填充图案。

在"底纹库"下拉列表中，可以选择不同的样本组，CorelDRAW 2024底纹库提供了7个样本组。选择样本组后，"填充"选项中会显示出当前底纹的效果，单击右侧的下拉按钮 ▾，在弹出的下拉列表中可以选择需要的底纹图案。

绘制一个图形，在"底纹库"中选择需要的样本组后，单击"填充"选项右侧的下拉按钮 ▾，在弹

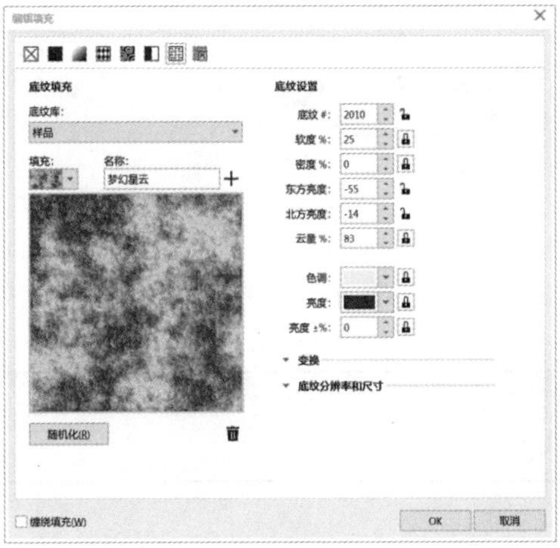

图4-197

图4-198

出的下拉列表中选择需要的底纹图案,单击"OK"按钮,将底纹图案填充到图形中。填充不同底纹图案的效果如图4-198所示。

选择"交互式填充"工具 ◈,在属性栏中单击"底纹填充"按钮 ▦,单击"填充"选项右侧的下拉按钮 ▾,在弹出的下拉列表中可以选择底纹填充的样式。

> **技巧** 填充底纹会增加文件的大小,并使处理时间变长,在对大型的图形使用底纹填充时要慎重。

4.3.2 使用PostScript填充

PostScript填充是利用PostScript语言设计的一种特殊的图案填充。PostScript图案是一种特殊的图案,只有在"增强"视图模式下,PostScript填充的底纹才能显示出来。下面介绍PostScript填充的使用方法和技巧。

按F11键,弹出"编辑填充"对话框,单击"Post-Script填充"按钮 ▨,切换到相应的界面,如图4-199所示。CorelDRAW 2024提供了多个PostScript底纹图案。

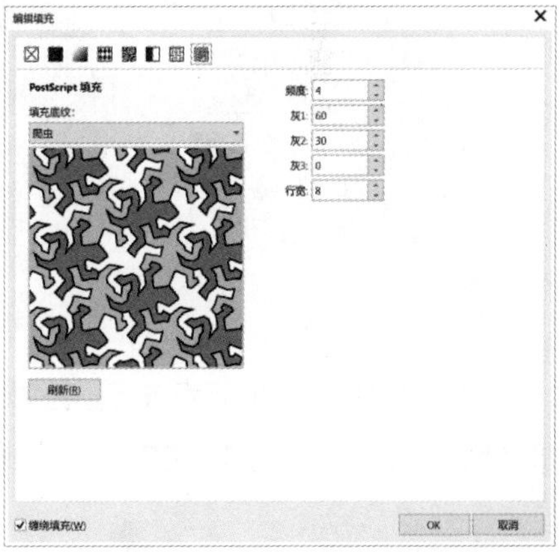

在对话框左侧的预览框中可以看到当前PostScript底纹的效果,"填充底纹"下拉列表中包含多个PostScript底纹图案,选择一个PostScript底纹图案,右侧的参数设置区中会出现所选PostScript底纹图案的参数。

图4-199

在参数设置区的各个选项中输入需要的数值,可以改变选择的PostScript底纹图案,产生新的PostScript底纹图案,如图4-200所示。

选择"交互式填充"工具 ◈,在属性栏中单击"PostScript填充"按钮 ▨,单击"PostScript填充底纹"选项 ▭,可以在弹出的下拉列表中选择PostScript填充底纹,如图4-201所示。

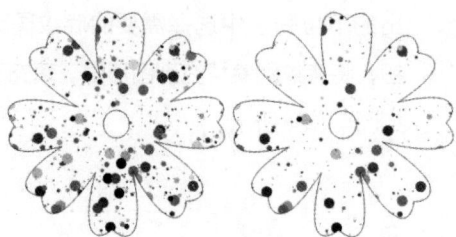 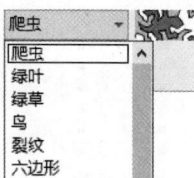

图4-200　　　　　　　　　　　　　　图4-201

技巧　PostScript填充的使用限制非常多，且PostScript填充非常复杂，所以在打印和更新屏幕显示时会使处理时间变长，非常占用系统资源，因此使用PostScript填充一定要慎重。

4.3.3 使用网状填充

绘制一个要进行网状填充的图形，如图4-202所示。选择"网状填充"工具囲，在属性栏中将"网格大小"选项的行数和列数均设置为3，按Enter键，图形的网状填充效果如图4-203所示。

选中网格中需要填充的节点，如图4-204所示。在调色板中需要的颜色上单击，可以为选中的节点填充颜色，效果如图4-205所示。

图4-202　　　　　　　图4-203　　　　　　　图4-204　　　　　　　图4-205

再选中其他需要的节点进行颜色填充，如图4-206所示。选中节点后，拖曳节点的控制点可以改变颜色填充的方向，如图4-207所示，网状填充效果如图4-208所示。

 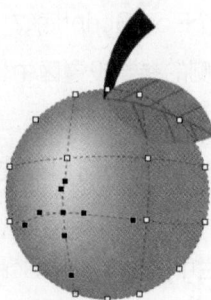 

图4-206　　　　　　　　　图4-207　　　　　　　　　图4-208

4.3.4 使用滴管工具

使用"颜色滴管"工具只能将从图形上提取的颜色填充到其他图形中。使用"属性滴管"工具可以提取并复制图形的属性，进而将属性填充到其他图形中。

1. "颜色滴管"工具

绘制两个图形，如图4-209所示。选择"颜色滴管"工具<u>📝</u>，属性栏如图4-210所示。将鼠标指针放置在图形上，单击以提取图形的颜色，如图4-211所示。鼠标指针变为◆形状，将鼠标指针移动到另一个图形上，如图4-212所示，单击即可填充提取的颜色，效果如图4-213所示。

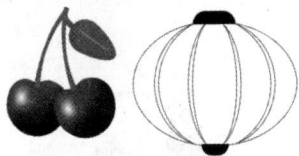

图4-209

图4-210

图4-211

图4-212

图4-213

2. "属性滴管"工具

选择"属性滴管"工具<u>📝</u>，属性栏如图4-214所示。将鼠标指针放置在图形上，单击以提取图形的属性，如图4-215所示。鼠标指针变为◆形状，将鼠标指针移动到另一个图形上，如图4-216所示，单击即可填充提取的所有属性，效果如图4-217所示。

图4-214

图4-215

图4-216

图4-217

在"属性滴管"工具属性栏中，在"属性"下拉列表中，可以设置提取对象的轮廓属性、填充属性或文本属性。在"变换"下拉列表中，可以设置提取对象的大小、旋转或位置等属性。在"效果"下拉列表中，可以设置提取对象的透视点、封套、混合、立体化、轮廓图、透镜、PowerClip、阴影、变形或位图效果等属性。

项目实践　绘制折纸标志

项目要点 使用"贝塞尔"工具、"椭圆形"工具和"渐变填充"按钮绘制折纸标志。最终效果参看学习资源中的"项目4\效果\绘制折纸标志.cdr"文件，效果如图4-218所示。

图4-218

课后习题　绘制饺子插画

习题要点 使用"矩形"工具和"双色图样填充"按钮绘制背景，使用"贝塞尔"工具、"3点椭圆形"工具、"渐变填充"按钮绘制瓷碗，使用"导入"命令导入素材，使用"贝塞尔"工具、"矩形"工具、"置于图文框内部"命令绘制筷子。最终效果参看学习资源中的"项目4\效果\绘制饺子插画.cdr"文件，效果如图4-219所示。

图4-219

项目 5

排列和组合对象

本项目将介绍对象的对齐与分布、网格和辅助线的设置、对象的排序，以及对象的组合和合并等操作。通过对本项目的学习，读者可以高效、快速地对齐、分布和排列多个对象，从而提高工作效率，轻松完成制作任务。

学习目标

- 熟练掌握对齐和分布对象的方法。
- 了解网格和辅助线的设置及使用方法。
- 掌握对象的排序方法。
- 掌握组合和合并对象的技巧。

技能目标

- 掌握民间剪纸海报的制作方法。
- 掌握风筝插画的绘制方法。

素养目标

- 培养合理组织和整合不同对象的能力。
- 培养对信息进行加工处理，以及合理使用信息的能力。

任务5.1 掌握对齐与分布对象

CorelDRAW 2024提供了对齐与分布功能来使对象排列得更整齐、分布得更合理，下面介绍对齐与分布功能的使用方法和技巧。

任务实践 制作剪纸海报

任务目标 学习使用"导入"命令、"对齐与分布"命令制作民间剪纸海报。

任务要点 使用"导入"命令导入素材图片，使用"文本"工具添加标题文字，使用"对齐与分布"泊坞窗对齐所选对象，使用"椭圆形"工具、"轮廓笔"对话框和"变换"泊坞窗绘制装饰图形。最终效果参看学习资源中的"项目5\效果\制作民间剪纸海报.cdr"文件，效果如图5-1所示。

图5-1

任务操作

01 按Ctrl+N快捷键，弹出"创建新文档"对话框，设置文档的宽度为500mm，高度为700mm，方向为纵向，原色模式为CMYK，分辨率为300dpi。单击"OK"按钮，创建一个文档。

02 按Ctrl+I快捷键，弹出"导入"对话框，选择学习资源中的"项目5\素材\制作民间剪纸海报\01"文件，单击"导入"按钮，在页面中单击以导入图片，如图5-2所示。按P键，使图片在页面中居中对齐，效果如图5-3所示。

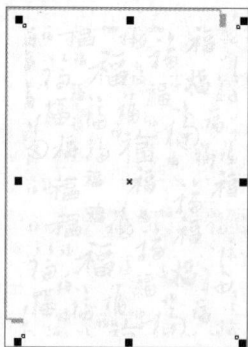

图5-2

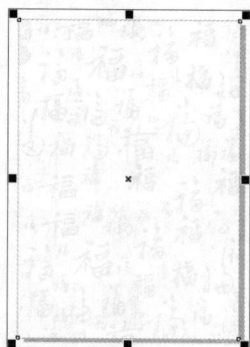

图5-3

03 按Ctrl+I快捷键，弹出"导入"对话框，选择学习资源中的"项目5\素材\制作民间剪纸海报\02"文件，单击"导入"按钮，在页面中单击以导入图片，如图5-4所示。选择"选择"工具 ⬚，按住Shift键的同时，单击下方图片将其同时选取，如图5-5所示。

04 选择"窗口 > 泊坞窗 > 对齐与分布"命令，弹出"对齐与分布"泊坞窗，分别单击"水平居中对齐"按钮 ⬚ 和"垂直居中对齐"按钮 ⬚，如图5-6所示，图片对齐效果如图5-7所示。

图5-4

图5-5

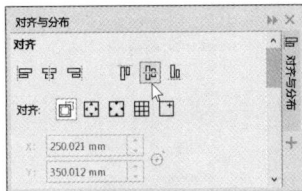
图5-6

图5-7

05 选择"文本"工具，在适当的位置分别输入需要的文字，选择"选择"工具，在属性栏中选取适当的字体并设置文字大小，效果如图5-8所示。将输入的文字同时选取，设置文字颜色的CMYK值为0、99、100、1，填充文字，效果如图5-9所示。

图5-8　　　　　图5-9

06 选择"选择"工具，按住Shift键的同时，单击下方背景图片将其同时选取，如图5-10所示。在"对齐与分布"泊坞窗中单击"水平居中对齐"按钮，如图5-11所示，对齐效果如图5-12所示。

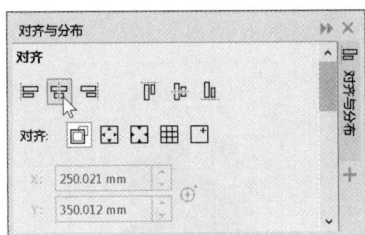
图5-10　　　　　图5-11　　　　　图5-12

07 选择"椭圆形"工具，按住Ctrl键的同时，在适当的位置绘制一个圆形，如图5-13所示。按F12键，弹出"轮廓笔"对话框，在"颜色"选项中设置轮廓颜色的CMYK值为0、99、100、1，其他选项的设置如图5-14所示。单击"OK"按钮，效果如图5-15所示。

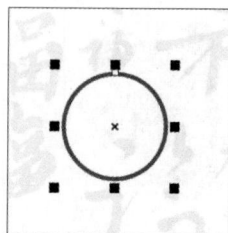

图5-13　　　　　　　　　　图5-14　　　　　　　　　　图5-15

08 选择"窗口 > 泊坞窗 > 变换"命令，弹出"变换"泊坞窗，单击"大小"按钮，切换到相应的界面，各选项的设置如图5-16所示，单击"应用"按钮，效果如图5-17所示。在属性栏中将"轮廓宽度" 0.2 mm 的数值设为1.0mm，按Enter键，效果如图5-18所示。

09 选择"选择"工具，用圈选的方法将所绘制的圆形同时选取，按Ctrl+G快捷键群组图形，效果如图5-19所示。

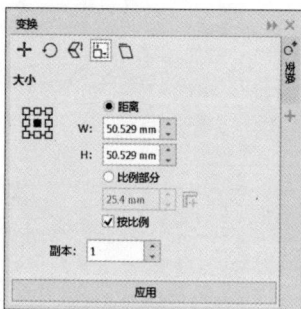

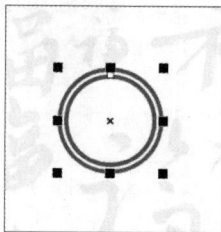

图5-16　　　　　　　　图5-17　　　　　　　　图5-18　　　　　　　　图5-19

10 按数字键盘上的+键，复制圆形。按住Shift键的同时，垂直向下拖曳复制的群组图形到适当的位置，效果如图5-20所示。按住Shift键的同时，单击原群组图形，将其同时选取，如图5-21所示。按数字键盘上的+键，复制群组图形。按住Shift键的同时，水平向右拖曳复制的群组图形到适当的位置，效果如图5-22所示。

图5-20　　　　　　　　图5-21　　　　　　　　图5-22

11 选择"文本"工具字，在适当的位置分别输入需要的文字，选择"选择"工具，按住Shift键的同时，将输入的文字同时选取，在属性栏中选取适当的字体并设置文字大小，效果如图5-23所示。设置文字颜色的CMYK值为0、99、100、1，填充文字，效果如图5-24所示。

12 用圈选的方法将需要的文字和圆形同时选取，如图5-25所示。在"对齐与分布"泊坞窗中，分别单击"水平居中对齐"按钮和"垂直居中对齐"按钮，对齐效果如图5-26所示。

图5-23　　　　图5-24　　　　图5-25　　　　图5-26

13 用相同的方法分别对齐其他圆形和文字，效果如图5-27所示。按Ctrl+I快捷键，弹出"导入"对话框，选择学习资源中的"项目5\素材\制作民间剪纸海报\03"文件，单击"导入"按钮，在页面中单击以导入图片。按P键，使图片在页面中居中对齐，效果如图5-28所示。民间剪纸海报制作完成，效果如图5-29所示。

图5-27　　　　图5-28　　　　图5-29

任务知识

5.1.1 对象的对齐

　　使用"选择"工具选中多个要对齐的对象，选择"对象 > 对齐与分布 > 对齐与分布"命令，或按Ctrl+Shift+A快捷键，或单击属性栏中的"对齐与分布"按钮，弹出图5-30所示的"对齐与分布"泊坞窗。

　　在"对齐与分布"泊坞窗的"对齐"设置区中，有两组对齐方式按钮：第一组为"左对齐"按钮、"水平居中对齐"按钮、"右对齐"按钮，第二组为"顶端对齐"按钮、"垂直居中对齐"按钮、"底端对齐"按钮。两组对齐方式按钮可以单独使用，也可以配合使用，如对齐右底端、左顶端等设置就需要将两组对齐方式按钮配合使用。

在"对齐"设置区中可以选择对齐基准，其中包括"选定对象"按钮、"页面边缘"按钮、"页面中心"按钮、"网格"按钮和"指定点"按钮。对齐基准按钮必须与对齐方式按钮同时使用，以指定对象的某个部分与相应的基准线对齐。

选择"选择"工具，按住Shift键，单击要对齐的对象，将它们同时选中，如图5-31所示。注意目标对象要最后选中，因为其他对象将以目标对象为基准进行对齐，本例中以右下角的相机图形为目标对象，所以最后选中相机图形。

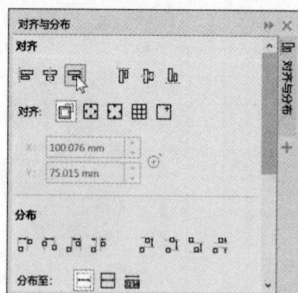

图5-30

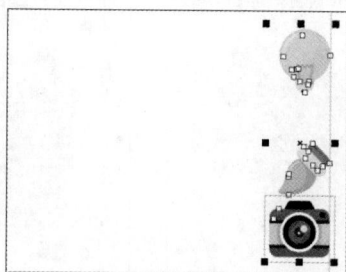

图5-31

在"对齐与分布"泊坞窗中单击"右对齐"按钮，如图5-32所示，所选对象以最后选中的相机图形的右边缘为基准进行对齐，效果如图5-33所示。

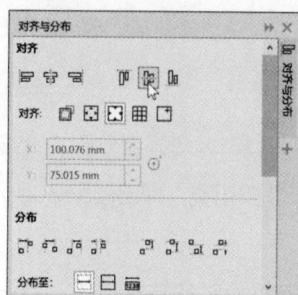

图5-32

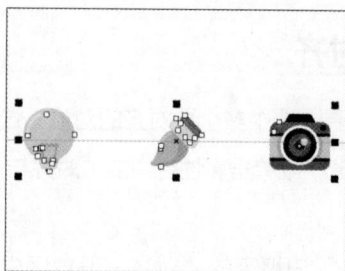

图5-33

在"对齐与分布"泊坞窗中，单击"页面中心"按钮，再单击"垂直居中对齐"按钮，如图5-34所示，所选对象以页面中心为基准进行垂直居中对齐，效果如图5-35所示。

图5-34

图5-35

> **技巧** 在"对齐与分布"泊坞窗中，可以进行多种图形对齐方式的设置，多练习尝试，可以很快掌握图形对齐方式的设置方法。

5.1.2 对象的分布

使用"选择"工具 选中要分布排列的对象，如图5-36所示。再选择"对象 > 对齐与分布 > 对齐与分布"命令，弹出"对齐与分布"泊坞窗，如图5-37所示，"分布"设置区中包含多个分布排列按钮。

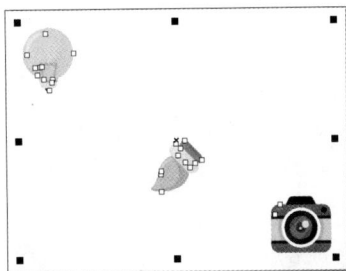

图5-36   图5-37

在"分布"设置区中有两组分布排列按钮：第一组为"左分散排列"按钮 、"水平分散排列中心"按钮 、"右分散排列"按钮 、"水平分散排列间距"按钮 ，第二组为"顶部分散排列"按钮 、"垂直分散排列中心"按钮 、"底部分散排列"按钮 、"垂直分散排列间距"按钮 。可以选择不同的方式来分布对象。

在"分布至"选项中可以选择分布基准，包括"选定对象"按钮 、"页面边缘"按钮 和"对象间距"按钮 。

在"对齐与分布"泊坞窗中单击"垂直分散排列间距"按钮 ，如图5-38所示，3个图形对象的分布效果如图5-39所示。

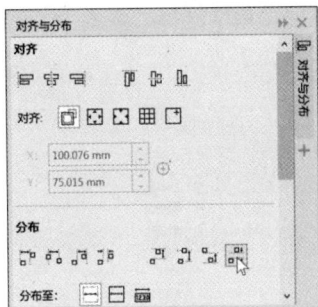   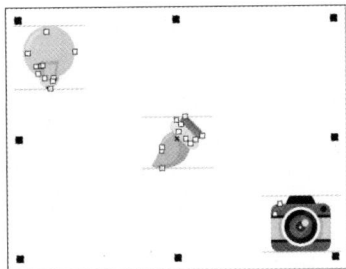

图5-38   图5-39

任务5.2 掌握标尺、辅助线和网格的使用

CorelDRAW 2024提供了使用标尺、辅助线和网格等的命令，用户利用这些命令可以对所绘制和编辑的对象进行精确定位，还可以测量对象的准确尺寸。

任务知识

5.2.1 使用标尺

标尺可以帮助用户了解对象的当前位置，以便在设计作品时确定作品的精确尺寸。下面介绍标尺的设置和使用方法。

选择"查看 > 标尺"命令，可以显示或隐藏标尺，显示标尺的效果如图5-40所示。

将鼠标指针放在标尺左上角的图标上，按住鼠标左键并拖曳鼠标，出现以十字虚线显示的标尺定位线，如图5-41所示。在需要的位置松开鼠标左键，可以设定新的标尺坐标原点。双击图标，可以将标尺还原到开始的位置。

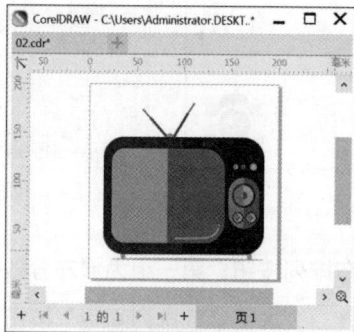
图5-40

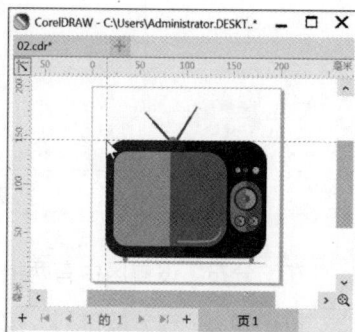
图5-41

5.2.2 设置网格和辅助线

1. 设置网格

选择"查看 > 网格 > 文档网格"命令，在页面中生成网格，如图5-42所示。如果想取消网格，只需要再次选择"查看 > 网格 > 文档网格"命令即可。

在绘图页面中单击鼠标右键，弹出快捷菜单，在快捷菜单中选择"查看 > 文档网格"命令，如图5-43所示，也可以在页面中生成网格。

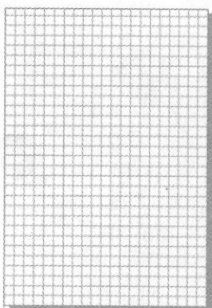
图5-42

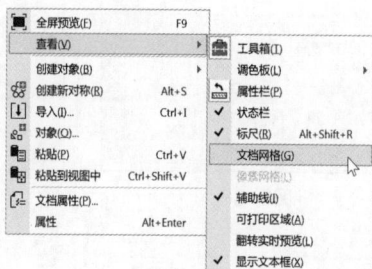
图5-43

在绘图页面的标尺上单击鼠标右键，弹出快捷菜单，在快捷菜单中选择"网格设置"命令，如图5-44所示，弹出"选项"对话框，如图5-45所示。在"文档网格"设置区中可以设置网格的密度和网格点的间距，在"基线网格"设置区中可以设置网格与顶部的距离和网格线的间距。若要查看像素网格设置的效果，必须切换到"像素"视图。

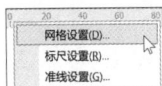

图5-44

图5-45

2. 设置辅助线

将鼠标指针移动到水平或垂直标尺上，按住鼠标左键不放，向下或向右拖曳鼠标，在适当的位置松开鼠标左键，可以绘制出一条辅助线，辅助线效果如图5-46所示。

要想移动辅助线，必须先选中辅助线。将鼠标指针放在辅助线上并单击，辅助线被选中并显示为红色，按住鼠标左键将辅助线拖曳到适当的位置，松开鼠标左键即可移动辅助线，如图5-47所示。在拖曳的过程中单击鼠标右键，松开鼠标左键后可以在当前位置复制出一条辅助线。选中辅助线后，按Delete键，可以将辅助线删除。

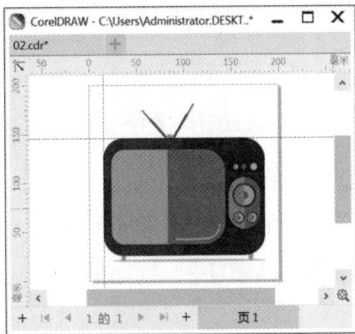

图5-46

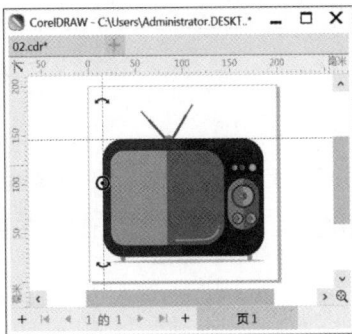

图5-47

辅助线被选中后，再次单击辅助线，将切换为旋转模式，如图5-48所示。此时可以通过拖曳辅助线两端的旋转控制点来旋转辅助线，如图5-49所示。

图5-48

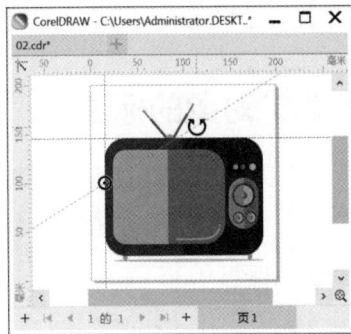

图5-49

> **技巧**　选择"窗口 > 泊坞窗 > 辅助线"命令，或在标尺上单击鼠标右键，弹出快捷菜单，在其中选择"准线设置"命令，弹出"辅助线"泊坞窗，可在其中设置辅助线。

在辅助线上单击鼠标右键，在弹出的快捷菜单中选择"锁定"命令，可以将辅助线锁定；在快捷菜单中选择"解锁"命令，可以解锁辅助线。

3. 对齐网格、辅助线和对象

选择"查看 > 贴齐 > 文档网格"命令，或按Alt+Y快捷键，或单击"贴齐"下拉按钮 贴齐(I) ▾ ，在弹出的下拉列表中勾选"文档网格"复选框，如图5-50所示。选择"查看 > 网格 > 文档网格"命令，在绘图页面中设置好网格，在移动对象的过程中，对象会自动对齐网格、辅助线或其他对象，如图5-51所示。

在"对齐与分布"泊坞窗中选取需要的对齐或分布方式，单击"对齐"设置区中的"网格"按钮 田，如图5-52所示，对象会对齐最近的网格点。在移动对象时，对象也会对齐最近的网格点。

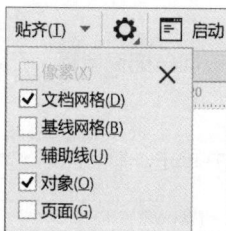

图5-50   图5-51   图5-52

选择"查看 > 贴齐 > 辅助线"命令，或单击"贴齐"下拉按钮 贴齐(I) ▾ ，在弹出的下拉列表中勾选"辅助线"复选框，可使对象自动对齐辅助线。

选择"查看 > 贴齐 > 对象"命令，或单击"贴齐"下拉按钮 贴齐(I) ▾ ，在弹出的下拉列表中勾选"对象"复选框，或按Alt+Z快捷键，可使两个对象的中心标记重合。

> **技巧** 在用"选择"工具 ▶ 或"形状"工具 ▶ 选择并移动图形对象上的节点时，选择"查看 > 贴齐 > 对象"命令，可以更方便、准确地实现节点间的捕捉与对齐。

5.2.3 对象的标注

工具箱中共有5种标注工具，它们从上到下依次是"平行度量"工具 ╱ 、"水平或垂直度量"工具 ⌐ 、"角度尺度"工具 ◠ 、"线段度量"工具 ⊥ 和"2边标注"工具 ⌐ 。选择"平行度量"工具 ╱ ，其属性栏如图5-53所示。

图5-53

打开一个图形，如图5-54所示。选择"平行度量"工具 ╱ ，将鼠标指针移动到图形的左侧顶部，单击，向右拖曳鼠标到图形的右侧顶部，再次单击，将鼠标指针拖曳到线段的中间，如图5-55所示。

单击完成标注，效果如图5-56所示。使用类似的方法，用其他标注工具对图形对象进行标注，标注完成后的图形效果如图5-57所示。

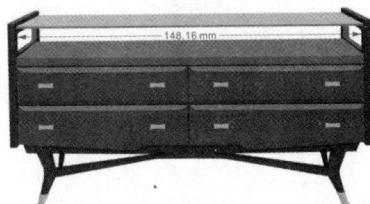

图5-54

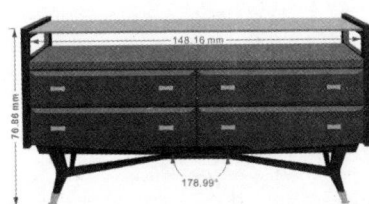

图5-55

图5-56

图5-57

任务5.3 掌握对象的排序

在CorelDRAW 2024中，绘制的对象可能存在重叠关系。如果在绘图页面中的同一位置先后绘制了两个不同的对象，后绘制的对象将位于先绘制对象的上层。

使用CorelDRAW 2024的排序功能可以控制多个对象的排列顺序，也可以使用图层来管理对象。

任务知识

5.3.1 到图层前面或后面

使用"选择"工具 ▶ 选择要进行排序的对象，如图5-58所示。选择"对象 > 顺序"下的各个命令，如图5-59所示，可对选中的图形对象进行排序。

选择"到图层前面"命令，可以将选中图形从当前层移动到绘图页面中其他对象的最前面，效果如图5-60所示。按Shift+Page Up快捷键也可以完成这个操作。

选择"到图层后面"命令，可以将选中图形从当前层移动到绘图页面中其他对象的最后面，效果如图5-61所示。按Shift+Page Down快捷键也可以完成这个操作。

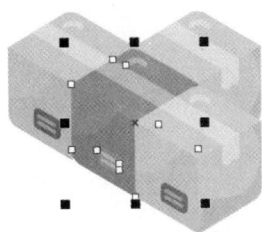

图5-58

图5-59

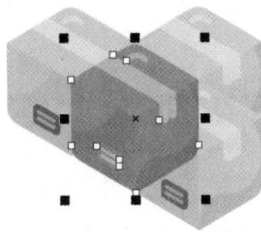

图5-60

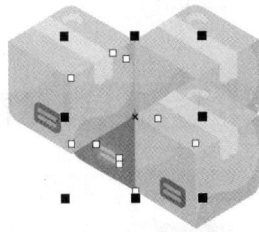

图5-61

5.3.2 向前或向后一层

选择"向前一层"命令，可以将选中的对象从当前位置向前移一层，效果如图5-62所示。按Ctrl+Page Up快捷键也可以完成这个操作。

选择"向后一层"命令，可以将选中的对象从当前位置向后移一层，如图5-63所示。按Ctrl+Page Down快捷键也可以完成这个操作。

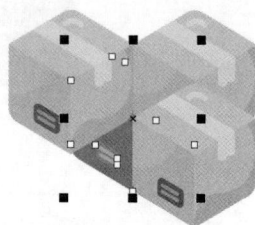

图5-62　　　　图5-63

5.3.3 置于此对象前或后

选择"置于此对象前"命令，可以将选中的对象放置到指定对象的前面。选择"置于此对象前"命令后，鼠标指针变为黑色箭头，单击指定的对象，如图5-64所示，所选对象将被放置到指定对象的前面，效果如图5-65所示。

选择"置于此对象后"命令，可以将选中的对象放置到指定对象的后面。选择"置于此对象后"命令后，鼠标指针变为黑色箭头，单击指定的对象，如图5-66所示，所选对象将被放置到指定对象的后面，效果如图5-67所示。

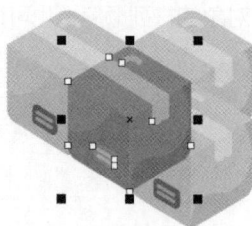 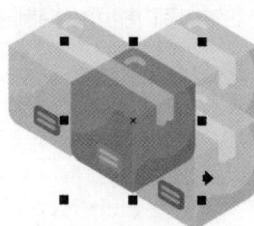 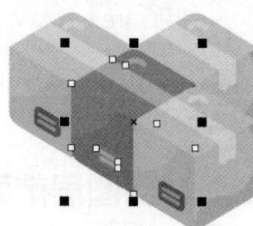

图5-64　　　　图5-65　　　　图5-66　　　　图5-67

任务5.4 掌握组合和合并对象

CorelDRAW 2024提供了组合和合并功能，组合功能可以将多个不同的图形对象组合在一起，方便整体操作；合并功能可以将多个图形对象合并在一起，创建出一个新的对象。下面介绍组合和合并的方法和技巧。

任务实践 绘制风筝插画

任务目标 学习使用绘图工具和"焊接"按钮等绘制风筝插画。

任务要点 使用"多边形"工具、"旋转角度"选项、"椭圆形"工具、"变换"泊坞窗、"形状"工具、"尖突节点"按钮、"焊接"按钮等绘制风筝插画。最终效果参看学习资源中的"项目5\效果\绘制风筝插画.cdr"文件,效果如图5-68所示。

图5-68

任务操作

01 按Ctrl+N快捷键,弹出"创建新文档"对话框,设置文档的宽度为200mm,高度为200mm,方向为横向,原色模式为CMYK,分辨率为300dpi。单击"OK"按钮,创建一个文档。

02 双击"矩形"工具□,绘制一个与页面大小相同的矩形,如图5-69所示。在"CMYK调色板"中的"朦胧绿"色块上单击,填充图形,并去除图形的轮廓,效果如图5-70所示。

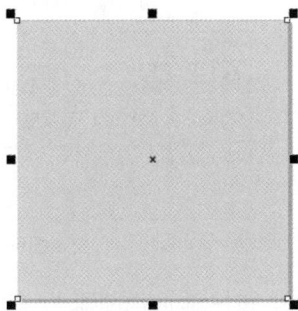

图5-69　　　　　　　　图5-70

03 选择"多边形"工具◎,属性栏中的设置如图5-71所示。按住Ctrl键的同时,在适当的位置绘制一个多边形,效果如图5-72所示。设置图形颜色的CMYK值为0、40、60、0,填充图形,效果如图5-73所示。

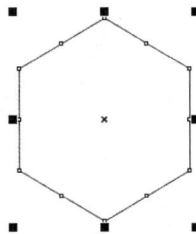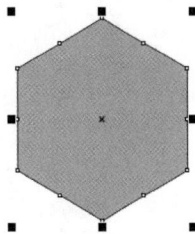

图5-71　　　　　　图5-72　　　　　图5-73

04 按数字键盘上的+键,复制多边形。在属性栏中将"旋转角度"○ 0.0 ○数值设置为90,如图5-74所示。按Enter键,效果如图5-75所示。按Ctrl+Page Down快捷键,将图形向后移一层,效果如图5-76所示。

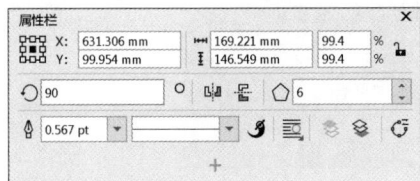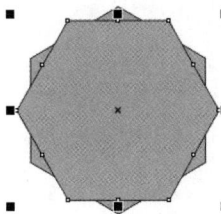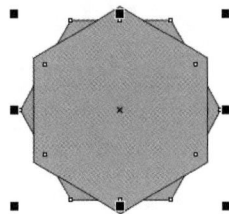

图5-74　　　　　　图5-75　　　　　图5-76

05 选择"椭圆形"工具◯，按住Ctrl键的同时，在适当的位置绘制一个圆形，设置图形颜色的CMYK值为0、40、60、0，填充图形，效果如图5-77所示。选择"选择"工具▶，按数字键盘上的+键，复制圆形，按住Shift键的同时，垂直向下拖曳复制的圆形到适当的位置，效果如图5-78所示。

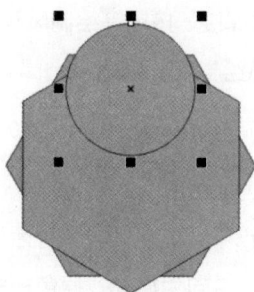
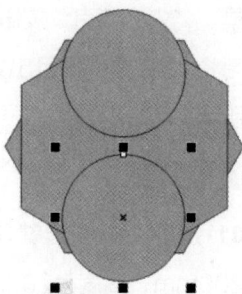

图5-77   图5-78

06 用圈选的方法将所绘制的圆形同时选取，如图5-79所示。按数字键盘上的+键，复制圆形。在属性栏中将"旋转角度"数值设置为90，如图5-80所示。按Enter键，效果如图5-81所示。

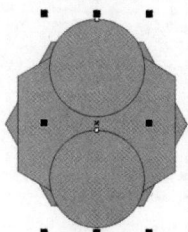
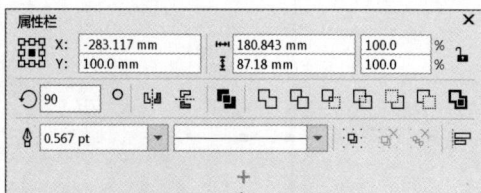
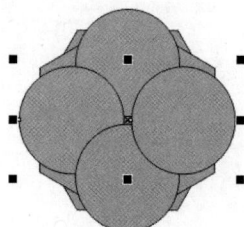

图5-79   图5-80   图5-81

07 选择"选择"工具▶，按住Shift键的同时，单击4个圆形将其同时选取，如图5-82所示。选择"窗口 > 泊坞窗 > 变换"命令，弹出"变换"泊坞窗，单击"大小"按钮▦，各选项的设置如图5-83所示，单击"应用"按钮，效果如图5-84所示。

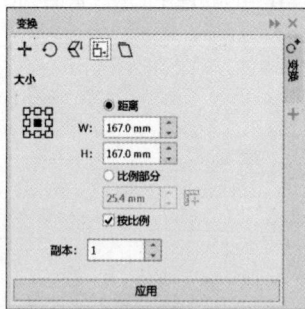
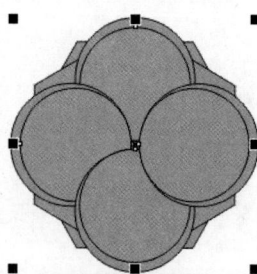

图5-82   图5-83   图5-84

08 选取上方需要的圆形，如图5-85所示，单击属性栏中的"转换为曲线"按钮⟳，将圆形转换为曲线，如图5-86所示。

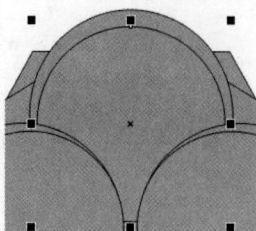
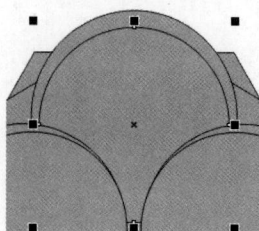

图5-85   图5-86

09 选择"形状"工具，在适当的位置双击以添加节点，效果如图5-87所示。选中并拖曳中间的节点到适当的位置，如图5-88所示。单击属性栏中的"尖突节点"按钮，拖曳节点的控制手柄到适当的位置，调整其尖突程度，效果如图5-89所示。

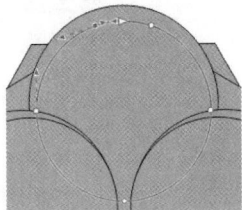 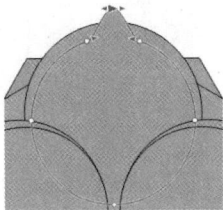 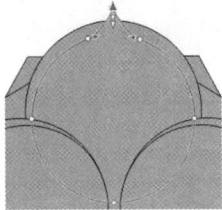

图5-87　　　　　　　图5-88　　　　　　　图5-89

10 用相同的方法分别调整其他圆形的节点，效果如图5-90所示。选择"选择"工具，按住Shift键的同时，依次单击调整节点后的图形，将其同时选取，如图5-91所示。在属性栏中将"旋转角度"数值设置为45，按Enter键，效果如图5-92所示。

11 用圈选的方法将所绘制的图形同时选取，如图5-93所示，单击属性栏中的"焊接"按钮，合并图形，如图5-94所示。

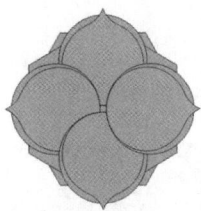 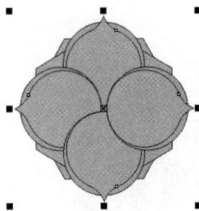 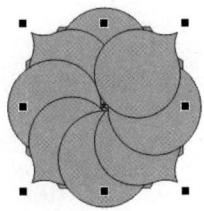

图5-90　　　　　　图5-91　　　　　　图5-92　　　　　　图5-93　　　　　　图5-94

12 拖曳合并图形到绘图页面中适当的位置，按F12键，弹出"轮廓笔"对话框，在"颜色"选项中设置轮廓颜色为白色，其他选项的设置如图5-95所示。单击"OK"按钮，效果如图5-96所示。

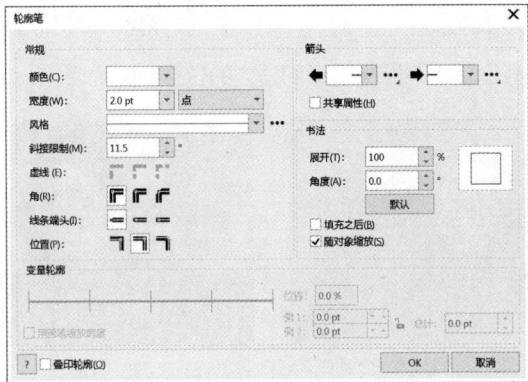 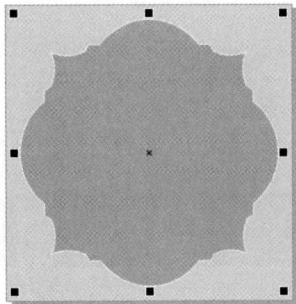

图5-95　　　　　　　　　　　　　　　　图5-96

13 选择"贝塞尔"工具，在适当的位置绘制一个不规则图形，如图5-97所示。设置图形颜色的CMYK值为11、13、11、0，填充图形，并去除图形的轮廓，效果如图5-98所示。用类似的方法绘制其他不规则图形，并填充相应的颜色，效果如图5-99所示。

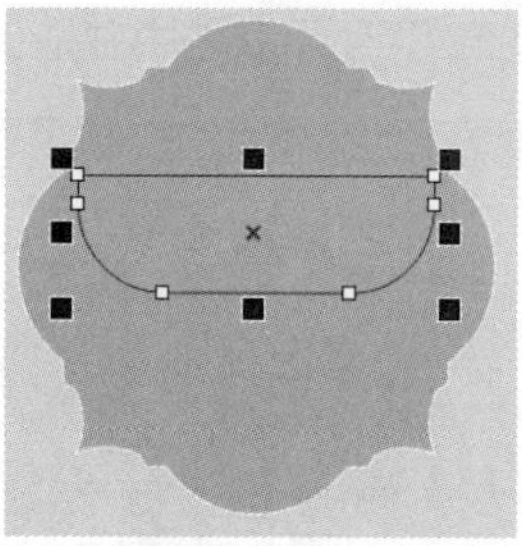

图5-97 　　　　　　　图5-98 　　　　　　　图5-99

14 选择"椭圆形"工具◯，按住Ctrl键的同时，在适当的位置绘制一个圆形，设置图形颜色的CMYK值为9、75、67、0，填充图形，效果如图5-100所示。按F12键，弹出"轮廓笔"对话框，在"颜色"选项中设置轮廓颜色为黑色，其他选项的设置如图5-101所示。单击"OK"按钮，效果如图5-102所示。用相同的方法绘制其他圆形，并填充相应的颜色，效果如图5-103所示。

图5-100

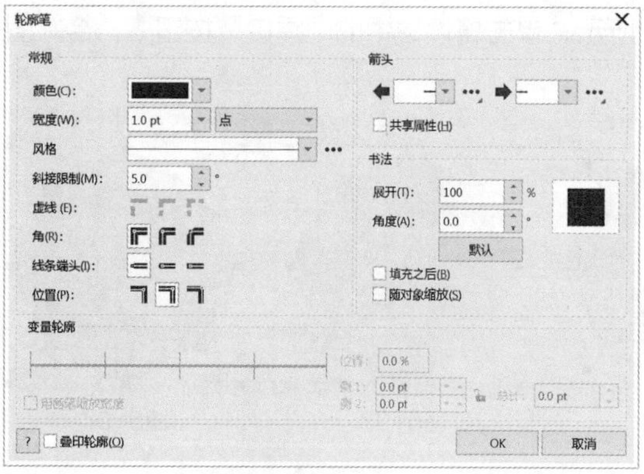

图5-101　　　　　　　图5-102　　　　　　　图5-103

15 选择"选择"工具▶，用圈选的方法将眼睛部位的图形同时选取，按Ctrl+G快捷键群组图形，如图5-104所示。按数字键盘上的+键，复制图形。单击属性栏中的"水平镜像"按钮，水平镜像图形，效果如图5-105所示。按住Shift键的同时，水平向右拖曳复制的群组图形到适当的位置，效果如图5-106所示。

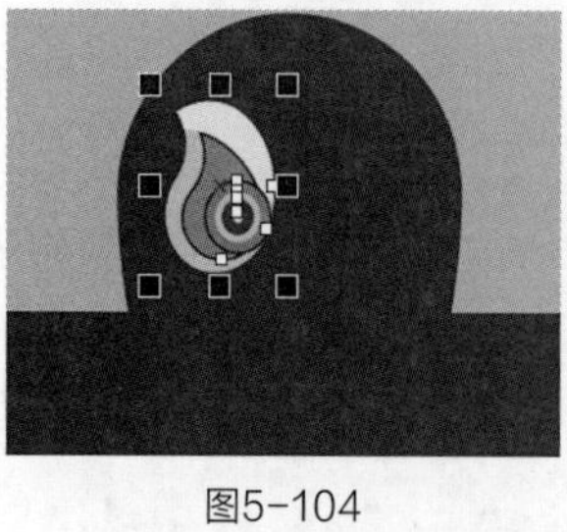

图5-104 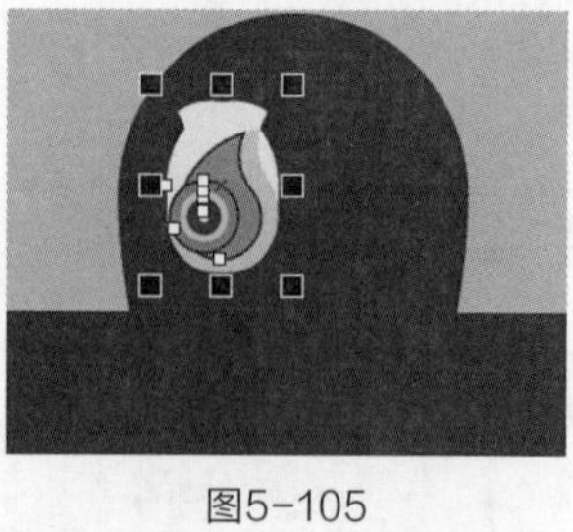　　　　　　　图5-105 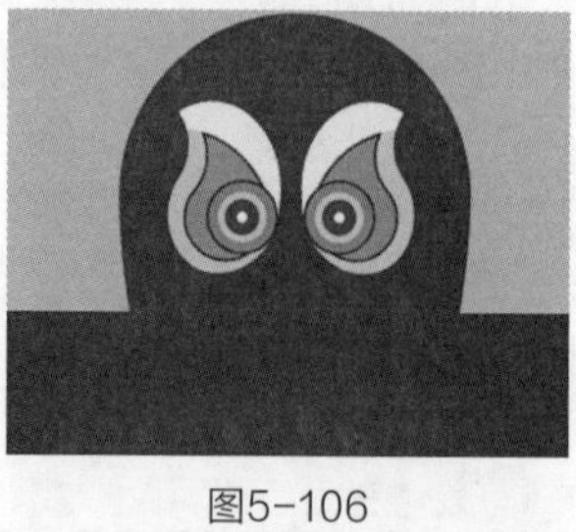　　　　　　　图5-106

16 选择"椭圆形"工具◯，在适当的位置分别绘制一个椭圆形和一个圆形，如图5-107所示。选择"选择"工具▶，用圈选的方法将所绘制的图形同时选取，单击属性栏中的"焊接"按钮，将两个图形合并为一个图形，效果如图5-108所示。按住Shift键的同时，单击下方的黑色不规则图形将其同时选取，如图5-109所示（为了方便读者观看，这里以白色轮廓显示）。

图5-107　　　　　　图5-108　　　　　　图5-109

17 选择"窗口 > 泊坞窗 > 形状"命令，弹出"形状"泊坞窗，选择"相交"选项，其他设置如图 5-110所示。单击"相交对象"按钮，鼠标指针变为形状时，如图5-111所示，在图形上单击，效果 如图5-112所示。

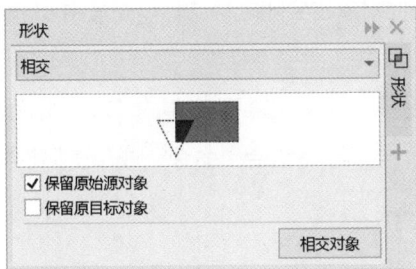
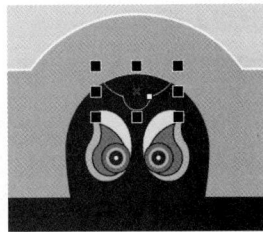

图5-110　　　　　　图5-111　　　　　　图5-112

18 保持图形处于选取状态，设置相交图形颜色的CMYK值为80、10、45、0，填充图形，并去除图形的 轮廓，效果如图5-113所示。用相同的方法绘制其他图形，并填充相应的颜色，效果如图5-114所示。

19 按Ctrl+I快捷键，弹出"导入"对话框，选择学习资源中的"项目5\素材\绘制风筝插画\01"文件， 单击"导入"按钮，在页面中单击以导入图形，拖曳图形到适当的位置，效果如图5-115所示。风筝插 画绘制完成。

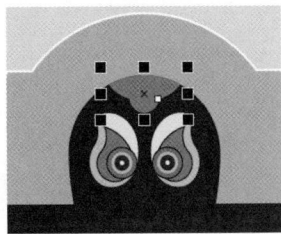

图5-113　　　　　　图5-114　　　　　　图5-115

任务知识

5.4.1 组合对象

　　绘制多个对象，使用"选择"工具选中要进行组合的对象，如图5-116所示。选择"对象 > 组 合 > 组合"命令，或按Ctrl+G快捷键，或单击属性栏中的"组合对象"按钮，可以将多个对象进行群组，效果如图5-117所示。选择"选择"工具，按住Ctrl键，单击需要选中的子对象，松开Ctrl键，子对象被选中，效果如图5-118所示。

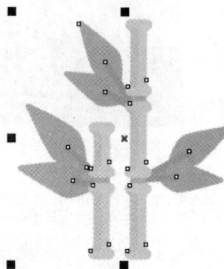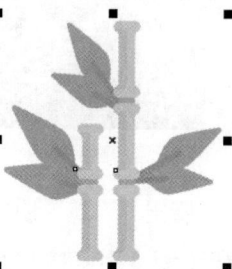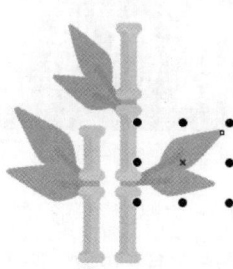

图5-116   图5-117   图5-118

群组后的图形会变成一个整体，移动其中一个对象，其他对象也会随之移动；填充其中一个对象，其他对象也会被填充。

选择"对象 > 组合 > 取消群组"命令，或按Ctrl+U快捷键，或单击属性栏中的"取消组合对象"按钮，可以取消对象的群组状态。选择"对象 > 组合 > 全部取消组合"命令，或单击属性栏中的"取消组合所有对象"按钮，可以取消所有对象的群组状态。

技巧 进行群组时，子对象可以是单个对象，也可以是由多个对象组成的群组，这称为群组的嵌套。利用群组的嵌套，可以管理多个对象之间的关系。

5.4.2 合并对象

使用"选择"工具选中要进行合并的对象，如图5-119所示。选择"对象 > 合并"命令，或按Ctrl+L快捷键，或单击属性栏中的"合并"按钮，可以将多个对象合并，效果如图5-120所示。

使用"形状"工具选中合并后的对象，可以对对象的节点进行调整，如图5-121所示，拖动节点可以改变对象的形状，效果如图5-122所示。

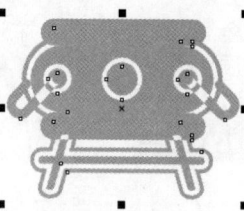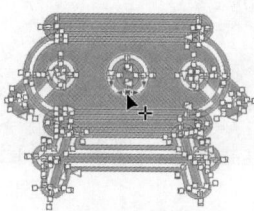

图5-119   图5-120   图5-121   图5-122

选择"对象 > 拆分曲线"命令，或按Ctrl+K快捷键，可以取消对象的合并状态，原来合并的对象将变为多个单独的对象。

技巧 如果对象合并前有颜色填充效果，那么合并后的对象将显示最后选取对象的颜色。如果使用圈选的方法选取对象，那么合并后的对象将显示圈选框最下方对象的颜色。

项目实践　制作中秋节海报

项目要点　使用"导入"命令导入素材图片，使用"对齐与分布"命令对齐对象，使用"文本"工具、"形状"工具添加并编辑主题文字。最终效果参看学习资源中的"项目5\效果\制作中秋节海报.cdr"文件，效果如图5-123所示。

图5-123

课后习题　绘制醒狮贴纸

习题要点　使用"椭圆形"工具、"贝塞尔"工具、"水平镜像"按钮、"星形"工具、"组合"绘制醒狮五官。最终效果参看学习资源中的"项目5\效果\绘制醒狮贴纸.cdr"文件，效果如图5-124所示。

图5-124

项目 6

编辑文本

本项目将介绍CorelDRAW 2024中文本的创建与编辑方法、制表位和制表符的设置方法，以及图文混排效果的制作等知识。通过本项目的学习，读者可以掌握使用CorelDRAW 2024编辑文本的方法和技巧，还可以进行复杂的文本特效处理。

学习目标

- ●掌握创建和编辑文本的方法。
- ●掌握制表位和制表符的设置方法。
- ●熟练掌握图文混排效果的制作方法。
- ●掌握转换和重组文字的方法。

技能目标

- ●掌握元宵节节日宣传海报的制作方法。
- ●掌握台历的制作方法。
- ●掌握美食杂志内页的制作方法。
- ●掌握女装Banner的制作方法。

素养目标

- ●通过文本排版实践，培养良好的组织和排版能力。
- ●通过字体选择和排版决策，提高创造性思维和审美意识。

任务6.1 掌握文本的创建与编辑

在CorelDRAW中，文本是具有特殊属性的对象。下面介绍在CorelDRAW 2024中创建与编辑文本的基本操作。

任务实践 制作元宵节节日宣传海报

任务目标 学习使用"文本"工具、"文本"泊坞窗制作元宵节节日宣传海报。

任务要点 使用"文本"工具、"文本"泊坞窗添加文字信息，使用"矩形"工具、"变换"泊坞窗、"手绘"工具绘制装饰图形。最终效果参看学习资源中的"项目6\效果\制作元宵节节日宣传海报.cdr"文件，效果如图6-1所示。

任务操作

01 按Ctrl+O快捷键，弹出"打开绘图"对话框，选择学习资源中的"项目6\素材\制作元宵节节日宣传海报\01"文件，单击"打开"按钮，打开文件，如图6-2所示。

图6-1

02 选择"文本"工具字，在页面中分别输入需要的文字。选择"选择"工具箭，按住Shift键的同时，将输入的文字同时选取，在属性栏中选取适当的字体并设置文字大小，效果如图6-3所示。

03 选择"文本"工具字，在适当的位置输入需要的文字。选择"选择"工具箭，选择输入的文字，在属性栏中选取适当的字体并设置文字大小，单击"将文本更改为垂直方向"按钮，更改文字方向，效果如图6-4所示。

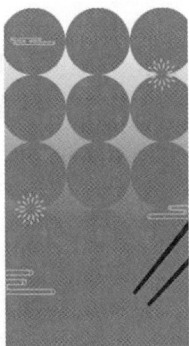
图6-2

图6-3

图6-4

04 选择"文本"工具字，在适当的位置分别输入需要的文字。选择"选择"工具箭，按住Shift键的同时，将输入的文字同时选取，在属性栏中选取适当的字体并设置文字大小，单击"将文本更改为水平方向"按钮，更改文字方向，效果如图6-5所示。

05 按Ctrl+T快捷键，弹出"文本"泊坞窗，单击"段落"按钮，切换到相应的界面，各选项的设置如图6-6所示，按Enter键，效果如图6-7所示。

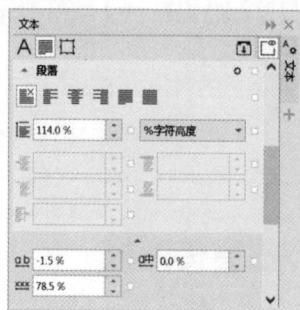

图6-5　　　　　　　　　　图6-6　　　　　　　　　　图6-7

06 选择"文本"工具字，在适当的位置输入需要的文字。选择"选择"工具，选择输入的文字，在属性栏中选取适当的字体并设置文字大小，效果如图6-8所示。

07 选择"矩形"工具，按住Ctrl键的同时，在适当的位置绘制一个矩形，设置图形颜色的RGB值为255、190、136，填充图形，并去除图形的轮廓，效果如图6-9所示。在属性栏中将"旋转角度" 数值设置为45，按Enter键，效果如图6-10所示。

图6-8　　　　　　　　　　图6-9　　　　　　　　　　图6-10

08 按数字键盘上的+键，复制图形。选择"选择"工具，按住Shift键的同时，水平向右拖曳复制的图形到适当的位置，效果如图6-11所示。

09 选择"窗口 > 泊坞窗 > 变换"命令，弹出"变换"泊坞窗，单击"大小"按钮，切换到相应的界面，各选项的设置如图6-12所示，单击"应用"按钮。按住Shift键的同时，水平向左拖曳新生成的图形到适当的位置，效果如图6-13所示。

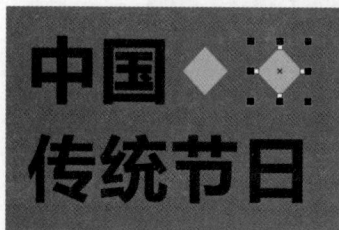
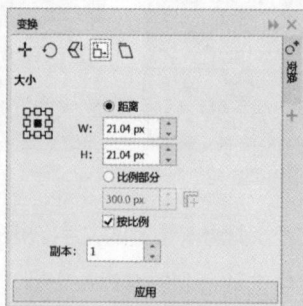
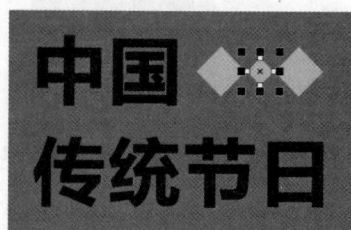

图6-11　　　　　　　　　　图6-12　　　　　　　　　　图6-13

10 选择"手绘"工具，按住Ctrl键的同时，在适当的位置绘制一条直线段，并在属性栏中将"轮廓宽度" 数值设置为2.0px。按Enter键，效果如图6-14所示。

11 按Ctrl+I快捷键，弹出"导入"对话框，选择学习资源中的"项目6\素材\制作元宵节节日宣传海报\02"文件，单击"导入"按钮，在页面中单击以导入图片。选择"选择"工具 ，拖曳图片到适当的位置，并调整其大小，效果如图6-15所示。

12 连续按Ctrl+Page Down快捷键，将图片向后移至适当的位置，效果如图6-16所示。元宵节节日宣传海报制作完成，效果如图6-17所示。

图6-14

图6-15

图6-16

图6-17

任务知识

6.1.1　创建文本

CorelDRAW 2024中的文本有两种类型，分别是美术字文本和段落文本。它们在使用方法、编辑方法、特殊效果设置等方面有很大的区别。

1. 输入美术字文本

选择"文本"工具 ，在绘图页面中单击，出现"I"形光标，在属性栏中设置字体、字号等文本属性，如图6-18所示。设置好后，直接输入美术字文本，效果如图6-19所示。

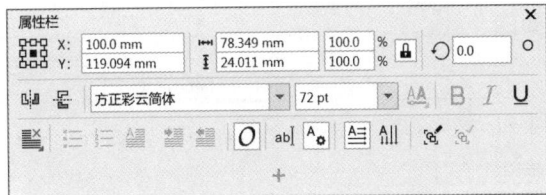
图6-18

图6-19

2. 输入段落文本

选择"文本"工具 ，在绘图页面中按住鼠标左键不放，沿对角线拖曳鼠标，出现一个矩形文本框，松开鼠标左键，文本框如图6-20所示。在属性栏中设置字体、字号等文本属性，如图6-21所示。设置好后，直接在文本框中输入段落文本，效果如图6-22所示。

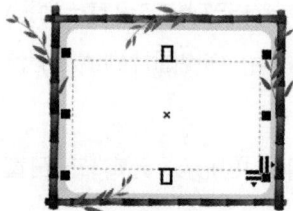
图6-20

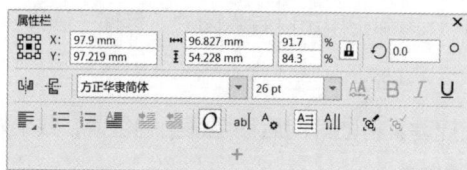
图6-21

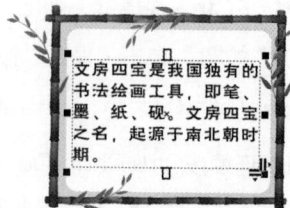
图6-22

> **技巧** 利用剪切、复制和粘贴等命令，可以将其他文本处理软件中的文本复制到CorelDRAW 2024的文本框中。

3. 转换文本类型

使用"选择"工具 选中美术字文本，如图6-23所示。选择"文本 > 转换为段落文本"命令，或按Ctrl+F8快捷键，可以将其转换为段落文本，如图6-24所示。再次按Ctrl+F8快捷键，可以将段落文本转换为美术字文本。

图6-23

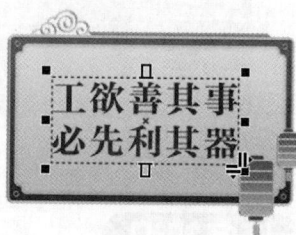
图6-24

> **技巧** 当将美术字文本转换成段落文本后，此时文本就不再是对象，也就不能对其应用特殊效果。当将段落文本转换成美术字文本后，此时文本会失去段落文本的格式。

6.1.2 改变文本的属性

1. 在属性栏中改变文本的属性

选择"文本"工具 ，属性栏如图6-25所示。部分选项与按钮的说明如下。

"字体列表"选项： 单击 Arial 右侧的下拉按钮 ，可以在打开的下拉列表中选择需要的字体。

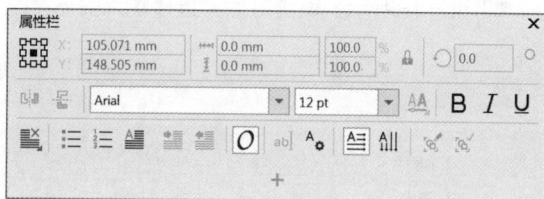
图6-25

"字体大小"选项： 单击 12 pt 右侧的下拉按钮 ，可以在打开的下拉列表中选择需要的字号。

B I U： 可以设置文本为粗体、斜体或为文本加下划线。

"文本对齐"按钮 ： 可以在其下拉列表中选择文本的对齐方式。

"编辑文本"按钮 ： 单击该按钮可以打开"编辑文本"对话框，在其中可以编辑文本的各种属性。

"文本"按钮 ： 单击该按钮可以打开"文本"泊坞窗。

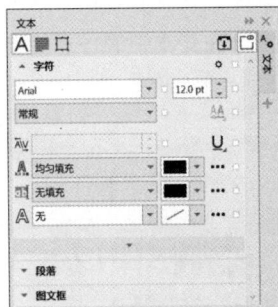

图6-26

⬛/Ⅲ：用于设置文本的排列方向为水平方向或垂直方向。

2. 利用"文本"泊坞窗改变文本的属性

单击属性栏中的"文本"按钮 A，或按Ctrl+T快捷键，打开"文本"泊坞窗，如图6-26所示，在其中可以设置文字的字体及大小等属性。

6.1.3　编辑文本

选择"文本"工具 字，在绘图页面的文本中单击以插入光标，按住鼠标左键不放，拖曳鼠标可以选中需要的文本，松开鼠标左键，效果如图6-27所示。

在属性栏中重新选择字体，如图6-28所示。设置完成后，选中文本的字体被改变，效果如图6-29所示。

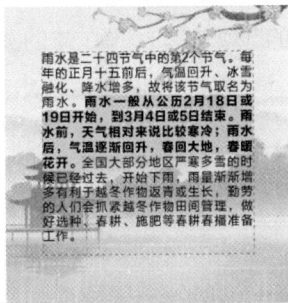

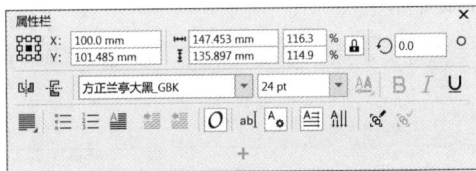

图6-27　　　　　　　　　　　图6-28　　　　　　　　　　　图6-29

选中需要填充颜色的文本，如图6-30所示，在调色板中需要的颜色上单击，可以为选中的文本填充颜色，如图6-31所示。在页面中的任意位置单击，可以取消对文本的选取。

按住Alt键并拖曳文本框，如图6-32所示，可以按文本框的大小改变段落文本的大小，如图6-33所示。

图6-30　　　　　　　　图6-31　　　　　　　　图6-32　　　　　　　　图6-33

选中需要复制的文本，如图6-34所示，按Ctrl+C快捷键，可以将选中的文本复制到剪贴板中。在文本框中的其他位置单击以插入光标，再按Ctrl+V快捷键，可以将剪贴板中的文本粘贴到光标所在的位置，效果如图6-35所示。

在文本中的任意位置插入光标，如图6-36所示，按Ctrl+A快捷键，可以将整个文本选中，如图6-37所示。

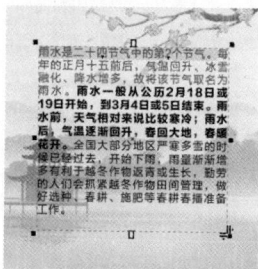

图6-34

图6-35

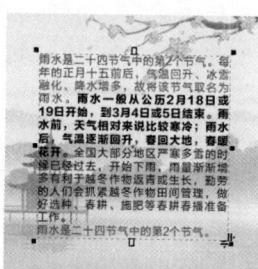

图6-36

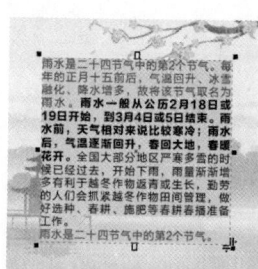

图6-37

选择"选择"工具，选中需要编辑的文本，单击属性栏中的"编辑文本"按钮，或选择"文本 > 编辑文本"命令，或按Ctrl+Shift+T快捷键，弹出"编辑文本"对话框，如图6-38所示。

在"编辑文本"对话框中，利用上面的选项可以设置文本的属性，在中间的文本框中可以输入需要的文本。

单击"编辑文本"对话框下面的"选项"按钮，弹出图6-39所示的下拉列表，可以在其中选择需要的选项来完成编辑文本的操作。

单击"编辑文本"对话框下面的"导入"按钮，弹出图6-40所示的"导入"对话框，可以将需要的文本导入"编辑文本"对话框的文本框中。

在"编辑文本"对话框中编辑好文本后，单击"确定"按钮，编辑好的文本内容就会出现在绘图页面中。

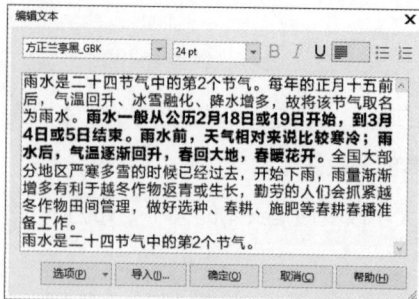

图6-38

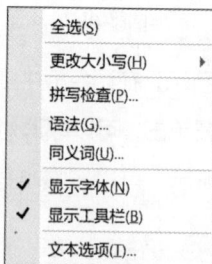

图6-39

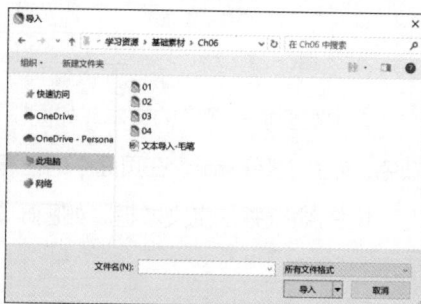

图6-40

6.1.4 导入文本

有时需要将已经编辑好的文本导入页面中，这些文本通常是用文本处理软件编辑的，使用CorelDRAW 2024中的导入功能，可以方便、快捷地完成导入文本的操作。

1．使用剪贴板导入文本

可以借助剪贴板在CorelDRAW 2024与文本处理软件之间剪贴文本，可以使用的文本处理软件有Word、WPS Office等。

在使用Word、WPS Office等软件打开的文件中选中需要的文本，按Ctrl+C快捷键，将文本复制到剪贴板。在CorelDRAW 2024中选择"文本"工具，在绘图页面中需要插入文本的位置单击，出现"I"形光标。按Ctrl+V快捷键，即可将剪贴板中的文本粘贴到光标所在的位置。

在CorelDRAW 2024中选择"文本"工具，在绘图页面中按住鼠标左键并拖曳鼠标，绘制出一个文本框。按Ctrl+V快捷键，将剪贴板中的文本粘贴到文本框中，完成段落文本的导入。

选择"编辑 > 选择性粘贴"命令，弹出"选择性粘贴"对话框，如图6-41所示。在该对话框中，可以设置文本的导入格式，如图片格式、Word文档格式、Text纯文本格式等，可以根据需要选择不同的文本导入格式。

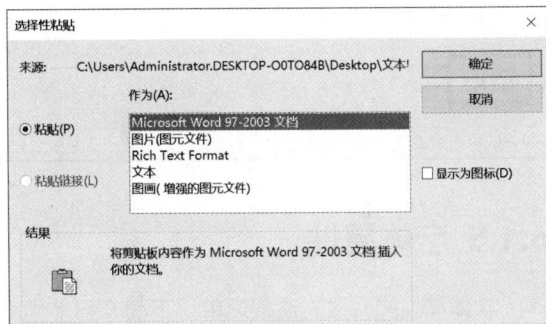

图6-41

2．使用菜单命令导入文本

选择"文件 > 导入"命令，或按Ctrl+I快捷键，弹出"导入"对话框，选择需要导入的文本文件，如图6-42所示，单击"导入"按钮。

弹出"导入/粘贴文本"对话框，如图6-43所示。如果单击"取消"按钮，可以取消文本的导入。若要导入文本，则选择需要的导入方式，单击"OK"按钮，完成文本的导入。

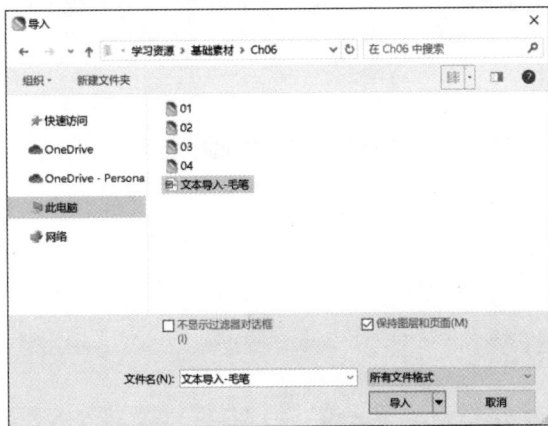

图6-42

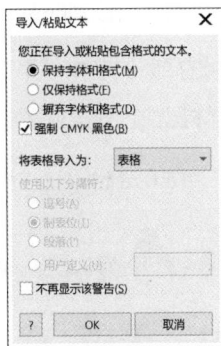

图6-43

文本导入完成后，鼠标指针变成直角图标，如图6-44所示。按住鼠标左键并拖曳鼠标，绘制出文本框，如图6-45所示。松开鼠标左键，导入的文本会出现在文本框中，如图6-46所示。如果文本框的大小不合适，可以拖曳文本框边框的控制手柄以调整文本框的大小，如图6-47所示。

图6-44　　　　　图6-45　　　　　图6-46　　　　　图6-47

技巧　如果导入的文字太多，绘制的文本框不能容纳这些文字，CorelDRAW 2024会自动增加新页面，并建立相同的文本框，将容纳不下的文字放入新文本框，直到全部文本导入完成。

6.1.5 字体属性

字体属性的修改方法很简单，下面介绍使用"形状"工具修改字体属性的方法和技巧。

在绘图页面中输入美术字文本，效果如图6-48所示。选择"形状"工具，每个文字的左下角都会出现一个空心节点，效果如图6-49所示。单击第二个字的空心节点，该空心节点变为黑色实心节点，如图6-50所示。

图6-48

图6-49　　　　　　　　　　图6-50

在属性栏中选择新的字体，第二个字的字体属性被改变，效果如图6-51所示。使用相同的方法，修改第五个字的字体属性，效果如图6-52所示。

| 方正彩云简体 ▼ | 方正琥珀简体 ▼ |

图6-51　　　　　　　　　　图6-52

6.1.6　复制文本属性

使用复制文本属性功能可以快速地将具有不同属性的文本设置成具有相同属性的文本，下面具体介绍复制文本属性的方法。

在绘图页面中输入两个具有不同属性的文本，如图6-53所示。选中文本"浓墨传神"，如图6-54所示。按住鼠标右键拖曳"浓墨传神"文本到"淡墨传韵"文本上，鼠标指针变为 A₊ 形状，如图6-55所示。松开鼠标右键，弹出快捷菜单，在其中选择"复制所有属性"命令，如图6-56所示，即可将"淡墨传韵"文本的属性复制给"浓墨传韵"文本，效果如图6-57所示。

图6-53　　　　　　图6-54　　　　　　图6-55　　　　　　图6-56　　　　　　图6-57

6.1.7　设置间距

输入文本，效果如图6-58所示。使用"形状"工具选中文本，效果如图6-59所示。拖曳 ⫼ 图标，可以调整文本字符的间距；拖曳 ⯦ 图标，可以调整文本行的间距，调整效果如图6-60所示。按键盘上的方向键，可以对文本位置进行微调。

图6-58　　　　　　　　　图6-59　　　　　　　　　图6-60

按住Shift键，将第二行文本左下角的节点全部选中，如图6-61所示。将鼠标指针放在其中一个黑色实心节点上并拖曳鼠标，如图6-62所示，可以将第二行文本移动到需要的位置，效果如图6-63所示。可以使用相同的方法对单个文字进行移动。

图6-61　　　　　　　　　图6-62　　　　　　　　　图6-63

技巧 单击 "文本" 工具属性栏中的 "文本" 按钮 A₀，弹出 "文本" 泊坞窗，在 "段落" 设置区中， "字符间距" 选项用于设置字符的间距， "行间距" 选项用于设置行间距。

6.1.8 设置文本嵌线和上下标

1. 设置文本嵌线

选中需要处理的文本，如图6-64所示。单击属性栏中的 "文本" 按钮 A₀，弹出 "文本" 泊坞窗，如图6-65所示。

图6-64   图6-65

单击 "下划线" 按钮 U，在弹出的下拉列表中选择需要的线型，如图6-66所示，文本添加下划线的效果如图6-67所示。

图6-66   图6-67

选中需要处理的文本，如图6-68所示。在 "文本" 泊坞窗中单击 "字符删除线" 选项右侧的下拉按钮，在弹出的下拉列表中选择需要的线型，如图6-69所示，文本添加删除线的效果如图6-70所示。

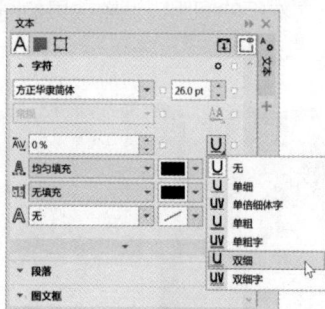

图6-68   图6-69

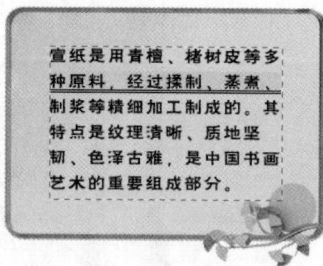

图6-70

选中需要处理的文本，如图6-71所示。在"字符上划线"选项的下拉列表中选择需要的线型，如图6-72所示，文本添加上划线的效果如图6-73所示。

图6-71

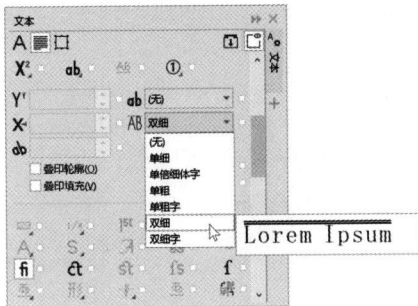
图6-72

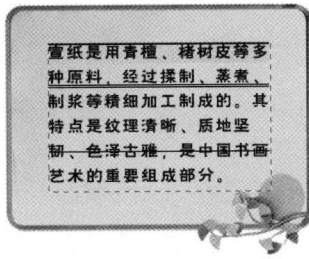
图6-73

2. 设置文本上下标

选中需要制作为上标的文本，如图6-74所示。单击属性栏中的"文本"按钮，弹出"文本"泊坞窗，如图6-75所示。

在"字符"设置区中单击"位置"按钮，在弹出的下拉列表中选择"上标(自动)"，如图6-76所示，效果如图6-77所示。

图6-74
　　　图6-75　　　图6-76

图6-77

选中需要制作为下标的文本，如图6-78所示。单击"位置"按钮，在弹出的下拉列表中选择"下标(自动)"，如图6-79所示，效果如图6-80所示。

图6-78　　　图6-79
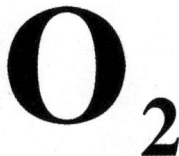
图6-80

3. 设置文本的排列方向

选中需要处理的文本，如图6-81所示。在属性栏中单击"将文本更改为水平方向"按钮或"将文本更改为垂直方向"按钮▥，可以沿水平方向或垂直方向排列文本，文本垂直排列的效果如图6-82所示。

　　选择"文本 > 文本"命令，弹出"文本"泊坞窗，在"图文框"设置区中单击"将文本更改为水平方向"按钮▥或"将文本更改为垂直方向"按钮▥，如图6-83所示，也可以设置文本的排列方向。

图6-81　　　　　　　　图6-82

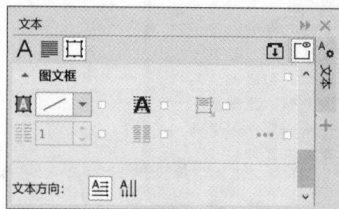
图6-83

任务6.2 掌握制表位和制表符的设置

　　可以通过设置制表位的对齐方式来修改当前制表位，也可以添加前导符，实现自动在制表位前面添加点或其他字符。此外，还可以在标尺上添加制表符及移除现有制表符。

任务实践　制作台历

任务目标　学习使用"文本"工具、"文本"泊坞窗和"制表位"命令制作台历。

任务要点　通过"矩形"工具和复制操作制作挂环，使用"文本"工具、"制表位"命令和"文本"泊坞窗等制作台历的主要内容，使用"2点线"工具绘制虚线。最终效果参看学习资源中的"项目6\效果\制作台历.cdr"文件，效果如图6-84所示。

图6-84

任务操作

01 按Ctrl+N快捷键，新建一个A4页面。选择"矩形"工具▢，在页面中绘制一个矩形。按F11键，弹出"编辑填充"对话框，单击"渐变填充"按钮▤，将起点颜色的CMYK值设置为0、0、0、10，终点颜色的CMYK值设置为0、0、0、40，其他选项的设置如图6-85所示。单击"OK"按钮，填充图形，并去除图形的轮廓，效果如图6-86所示。

02 选择"矩形"工具▢，在适当的位置绘制一个矩形，在"CMYK调色板"中的"50%黑"色块上单击，填充图形，并去除图形的轮廓，效果如图6-87所示。

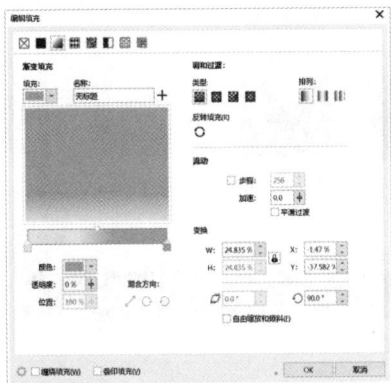
图6-85

图6-86   图6-87

03 按数字键盘上的+键，复制矩形。选择"选择"工具 ⬚，按住Shift键的同时，垂直向上拖曳复制的矩形到适当的位置。在"CMYK调色板"中的"10%黑"色块上单击，填充图形，效果如图6-88所示。

04 按Ctrl+I快捷键，弹出"导入"对话框，选择学习资源中的"项目6\素材\制作台历\01"文件，单击"导入"按钮，在页面中单击以导入图片。选择"选择"工具 ⬚，拖曳图片到适当的位置并调整其大小，效果如图6-89所示。

05 选择"对象 > PowerClip > 置于图文框内部"命令，鼠标指针变为黑色箭头形状，如图6-90所示，在矩形上单击，将图片置入矩形，效果如图6-91所示。

图6-88   图6-89   图6-90   图6-91

06 选择"矩形"工具 ▢，在适当的位置绘制一个矩形，填充为黑色，并去除图形的轮廓，效果如图6-92所示。再绘制一个矩形，设置图形颜色的CMYK值为0、0、0、30，填充图形，并去除图形的轮廓，效果如图6-93所示。

07 选择"选择"工具 ⬚，选取浅灰色矩形，将其拖曳到适当的位置，在松开鼠标左键之前单击鼠标右键，复制矩形，效果如图6-94所示。用圈选的方法将需要的图形同时选取，按Ctrl+G快捷键，群组图形，效果如图6-95所示。将群组图形拖曳到适当的位置，在松开鼠标左键之前单击鼠标右键，复制图形，效果如图6-96所示。连续按Ctrl+D组合键，复制多个图形，效果如图6-97所示。

图6-92　　图6-93　　图6-94　　图6-95

图6-96　　　　　　　　图6-97

08 选择"文本"工具字，在页面空白处按住鼠标左键不放，拖曳鼠标以绘制文本框，如图6-98所示。选择"文本 > 制表位"命令，弹出"制表位设置"对话框，如图6-99所示。

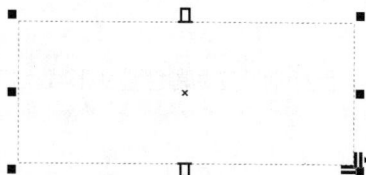

图6-98

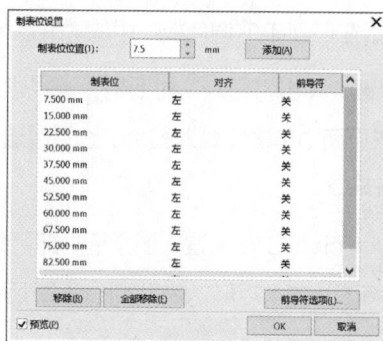

图6-99

09 单击对话框左下角的"全部移除"按钮，清空所有的制表位，如图6-100所示。在"制表位位置"选项中输入15.0，连续单击8次"添加"按钮，添加8个制表位，如图6-101所示。

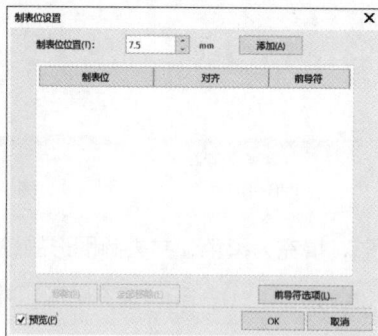

图6-100

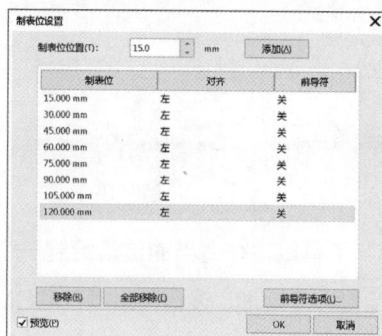

图6-101

10 单击"对齐"下方的下拉按钮，在弹出的下拉列表中选择"中"，如图6-102所示。依次修改其他制表位的对齐设置，如图6-103所示，单击"OK"按钮。

11 在段落文本框中定位光标，按Tab键，输入文字"日"，效果如图6-104所示。按Tab键，光标跳到下一个制表位处，输入文字"一"，如图6-105所示。

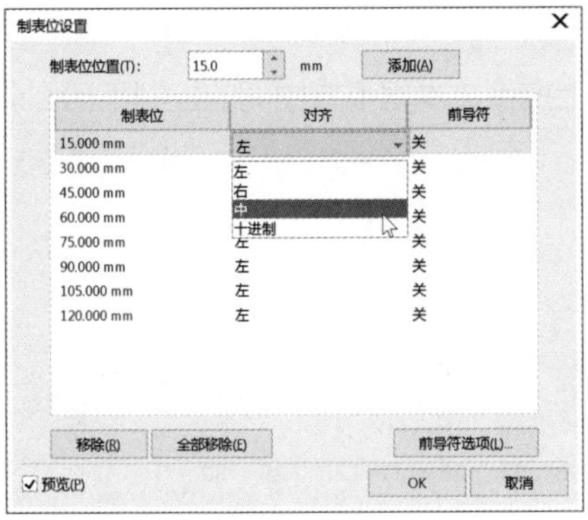

图6-102

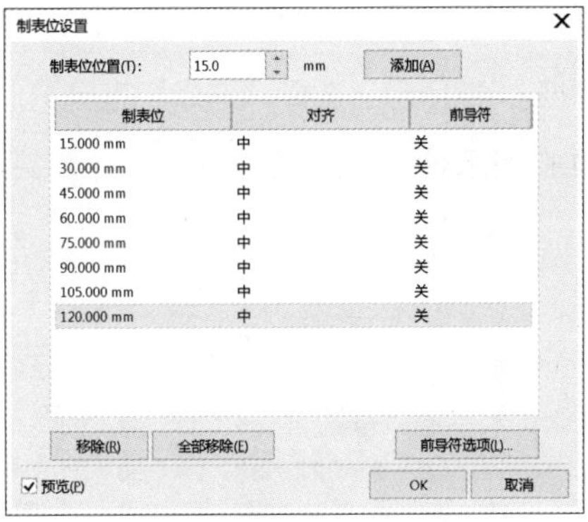

图6-103

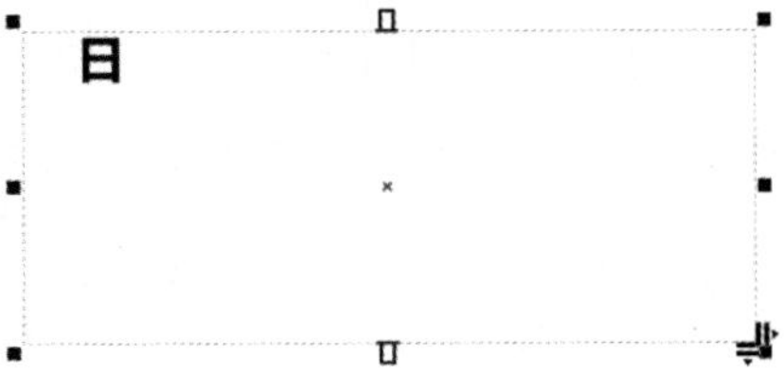

图6-104

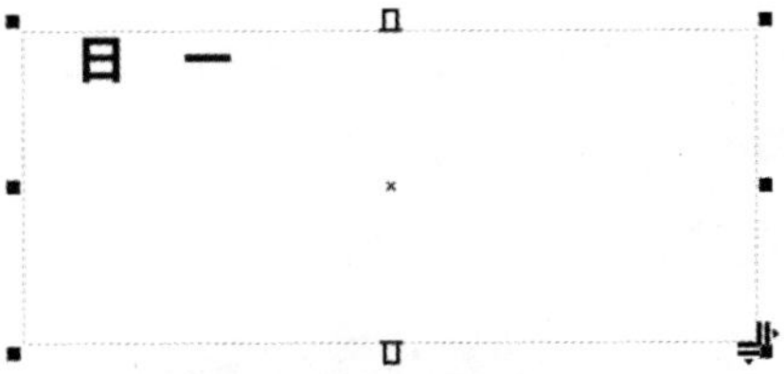

图6-105

12 依次输入其他需要的文字，如图6-106所示。按Enter键，将光标移到下一行，按5下Tab键后，输入需要的文字，如图6-107所示。用相同的方法依次输入需要的文字，效果如图6-108所示。选取文本框，在属性栏中选择合适的字体并设置文字大小，效果如图6-109所示。

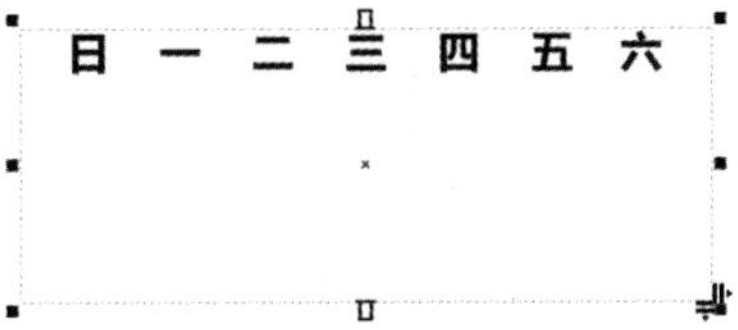

图6-106

图6-107

图6-108

图6-109

13 按Ctrl+T快捷键，弹出"文本"泊坞窗，单击"段落"按钮▤，切换到相应的界面进行设置，如图6-110所示，按Enter键，文字效果如图6-111所示。

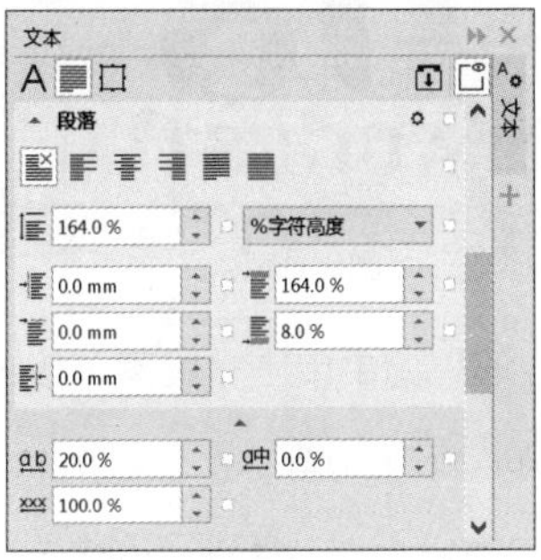

图6-110

图6-111

14 选择"文本"工具 🔤，选取需要的文字，设置文字颜色的CMYK值为0、100、100、10，填充文字，效果如图6-112所示。选择"选择"工具 ▶，向上拖曳文本框下方中间的控制手柄到适当的位置，效果如图6-113所示。

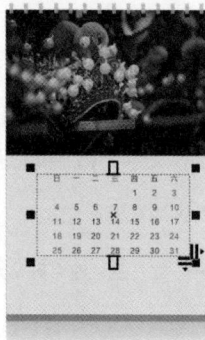

图6-112　　　　　　　　　　　　图6-113

15 选择"选择"工具 ▶，将文本框拖曳到适当的位置，效果如图6-114所示。选择"文本"工具 🔤，在页面中输入需要的文字，选择"选择"工具 ▶，选择输入的文字，在属性栏中选取适当的字体并设置文字大小，效果如图6-115所示。

图6-114　　　　　　　　　　　　图6-115

16 选取数字"08"，在"文本"泊坞窗中单击"段落"按钮 ▤，切换到相应的界面进行设置，如图6-116所示，按Enter键，文字效果如图6-117所示。设置文字颜色的CMYK值为0、100、100、20，填充文字，效果如图6-118所示。

图6-116　　　　　　　图6-117　　　　　　　图6-118

17 选取文字"AUGUST"，在"文本"泊坞窗中单击"段落"按钮 ▤，切换到相应的界面进行设置，如图6-119所示，按Enter键，文字效果如图6-120所示。

18 选择"文本"工具 🔤，在页面中输入需要的文字，选择"选择"工具 ▶，选择输入的文字，在属性栏中选取适当的字体并设置文字大小，效果如图6-121所示。

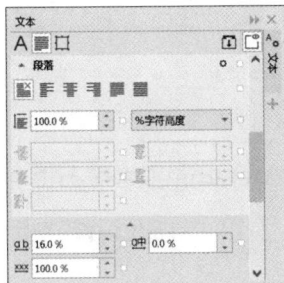
图6-119

图6-120

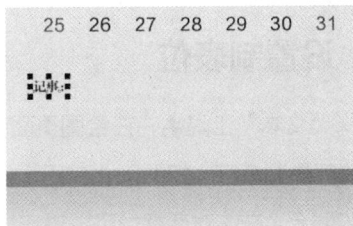
图6-121

19 选择"2点线"工具 ✐，按住Shift键的同时，绘制直线段，效果如图6-122所示。在属性栏的"线条样式"下拉列表中选择需要的样式，如图6-123所示，效果如图6-124所示。

图6-122   图6-123   图6-124

20 选择"选择"工具 ▶，将虚线拖曳到适当的位置，在松开鼠标左键之前单击鼠标右键，复制虚线，效果如图6-125所示。向左拖曳虚线左侧中间的控制手柄，调整虚线长度，效果如图6-126所示。

图6-125   图6-126

21 选择"选择"工具 ▶，将虚线拖曳到适当的位置，在松开鼠标左键之前单击鼠标右键，复制虚线，效果如图6-127所示。台历制作完成，效果如图6-128所示。

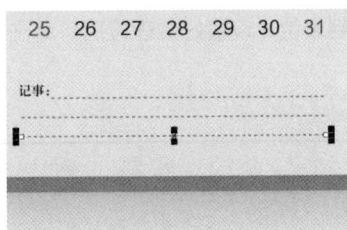
图6-127

图6-128

任务知识

6.2.1 设置制表位

选择"文本"工具 ，在绘图页面中绘制一个段落文本框，上方的标尺中出现多个"L"形滑块，这些滑块就是制表符，如图6-129所示。选择"文本 > 制表位"命令，弹出"制表位设置"对话框，如图6-130所示，在该对话框中可以进行与制表位相关的设置。

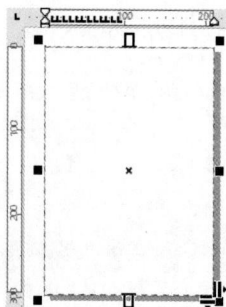

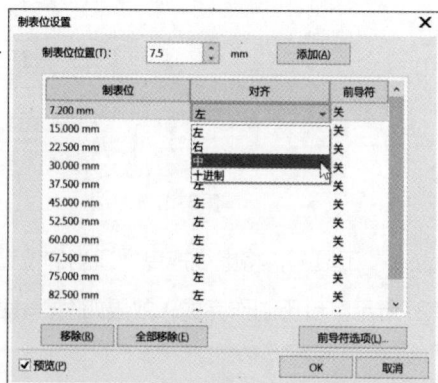

图6-129   图6-130

在"制表位设置"对话框中，在"制表位位置"选项中输入数值，可以设置制表位的距离，如图6-131所示。单击"对齐"下方的下拉按钮 ，出现制表位对齐方式下拉列表，在其中可以设置字符相对于制表位的位置，如图6-132所示。

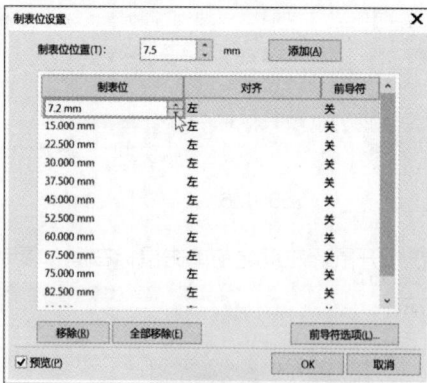

图6-131   图6-132

在"制表位设置"对话框中选中一个制表位，单击"移除"按钮或"全部移除"按钮，可以删除一个或全部制表位；单击"添加"按钮，可以增加制表位。设置好制表位后，单击"OK"按钮，可以完成制表位的设置。

技巧 在段落文本框中插入光标，每按一次Tab键，插入的光标就会根据新设置的制表位移动一次。

6.2.2　设置制表符

选择"文本"工具 字，在绘图页面中绘制一个段落文本框，效果如图6-133所示，上方的标尺中出现制表符，如图6-134所示。在任意一个制表符上单击鼠标右键，弹出快捷菜单，在其中可以选择该制表符的对齐方式，如图6-135所示，也可以对网格、标尺和准线进行设置。

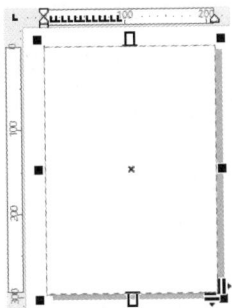

图6-133

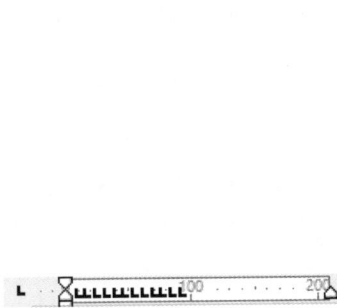

图6-134　　　　　　　　　　图6-135

在上方的标尺中拖曳制表符，可以将制表符移动到需要的位置，效果如图6-136所示。在标尺的任意位置单击，可以添加一个制表符，效果如图6-137所示。将某个制表符拖曳到标尺外，可以删除该制表符。

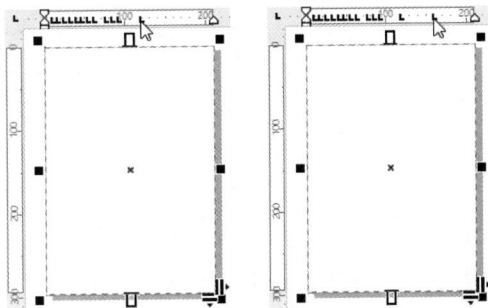

图6-136　　　　　　　图6-137

任务6.3　掌握图文混排效果

在CorelDRAW 2024中，可以根据设计任务的需要制作多种文本效果。下面具体讲解文本效果的制作方法。

任务实践　制作美食杂志内页

任务目标　学习使用"文本"工具、"栏"命令和"文本"泊坞窗制作美食杂志内页。

任务要点　使用"导入"命令、"椭圆形"工具制作图片PowerClip效果，使用"栏"命令制作文字分栏效果，使用"文本"工具、"文本"泊坞窗添加内页文字，使用"矩形"工具、"圆角半径"选项和"文本"工具制作火锅分类模块。最终效果参看学习资源中的"项目6\效果\制作美食杂志内页.cdr"文件，效果如图6-138所示。

图6-138

任务操作

1. 制作杂志内页1

01 按Ctrl+N快捷键，弹出"创建新文档"对话框，设置文档的宽度为420mm，高度为285mm，方向为横向，原色模式为CMYK，分辨率为300dpi。单击"OK"按钮，创建一个文档。

02 选择"布局 > 页面大小"命令，弹出"选项"对话框，选择"页面尺寸"选项，设置"出血"值为3.0，勾选"显示出血区域"复选框，如图6-139所示。单击"OK"按钮，页面效果如图6-140所示。

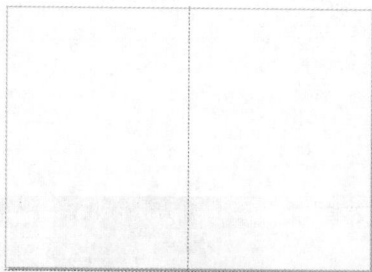

图6-139   图6-140

03 选择"查看 > 标尺"命令，在视图中显示标尺。选择"选择"工具▶，从左侧标尺中拖出一条垂直辅助线，在属性栏中将"X 位置"选项设为210mm。按Enter键，效果如图6-141所示。

04 选择"椭圆形"工具○，在适当的位置绘制一个椭圆形，设置图形颜色的CMYK值为0、75、75、0，填充图形，并去除图形的轮廓，效果如图6-142所示。

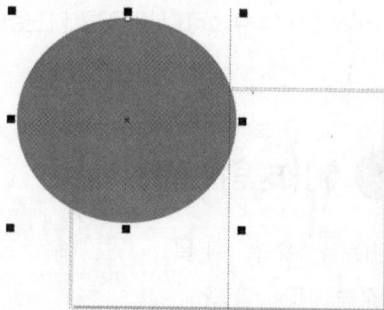

图6-141   图6-142

05 用相同的方法分别绘制两个椭圆形，并填充相应的颜色，效果如图6-143所示。按Ctrl+I快捷键，弹出"导入"对话框，选择学习资源中的"项目6\素材\制作美食杂志内页\01"文件，单击"导入"按钮，在页面中单击以导入图片。选择"选择"工具▶，拖曳图片到适当的位置，并调整其大小，效果如图6-144所示。

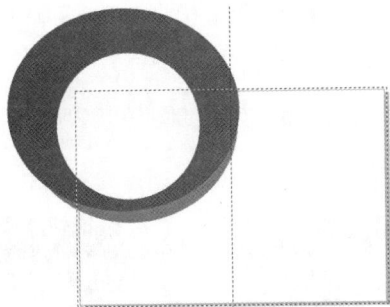

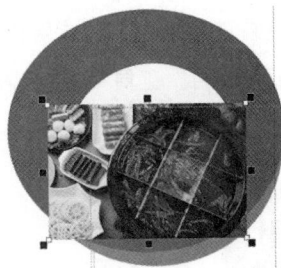

<table>
<tr><td>图6-143</td><td>图6-144</td></tr>
</table>

06 选择"对象 > PowerClip > 置于图文框内部"命令，鼠标指针变为黑色箭头形状，如图6-145所示，在白色圆形上单击，将图片置入白色圆形，效果如图6-146所示。

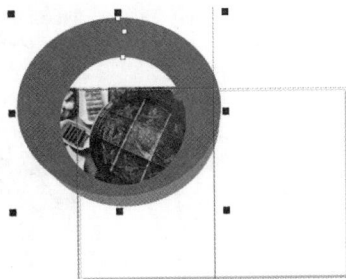

<table>
<tr><td>图6-145</td><td>图6-146</td></tr>
</table>

07 选择"矩形"工具□，在适当的位置绘制一个矩形，如图6-147所示。选择"选择"工具▲，按住Shift键的同时，将下方椭圆形和图片同时选取，按Ctrl+G快捷键群组图形，如图6-148所示。

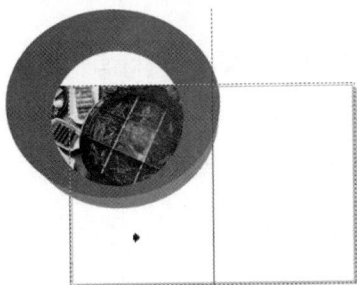

<table>
<tr><td>图6-147</td><td>图6-148</td></tr>
</table>

08 选择"对象 > PowerClip > 置于图文框内部"命令，鼠标指针变为黑色箭头形状，如图6-149所示，在矩形上单击，将图形置入矩形，并去除矩形的轮廓，效果如图6-150所示。

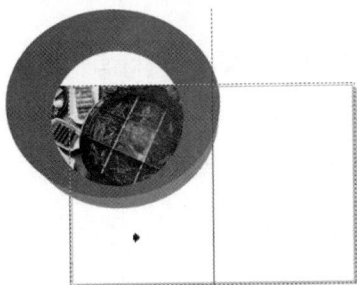

<table>
<tr><td>图6-149</td><td>图6-150</td></tr>
</table>

09 用相同的方法分别导入其他图片并制作图6-151所示的效果。按Ctrl+I快捷键，弹出"导入"对话框，选择学习资源中的"项目6\素材\制作美食杂志内页\05"文件，单击"导入"按钮，在页面中单击以导入图片。选择"选择"工具 ，拖曳标志图片到适当的位置，效果如图6-152所示。选择"矩形"工具 ，在适当的位置绘制一个矩形，如图6-153所示。

图6-151   图6-152   图6-153

10 按F11键，弹出"编辑填充"对话框，单击"渐变填充"按钮 ，将起点颜色的CMYK值设为18、96、100、0，终点颜色的CMYK值设为0、75、75、0，其他选项的设置如图6-154所示。单击"OK"按钮，填充图形，并去除图形的轮廓，效果如图6-155所示。

11 选择"文本"工具 ，在页面中输入需要的文字，选择"选择"工具 ，选择输入的文字，在属性栏中选取适当的字体并设置文字大小，填充文字为白色，效果如图6-156所示。

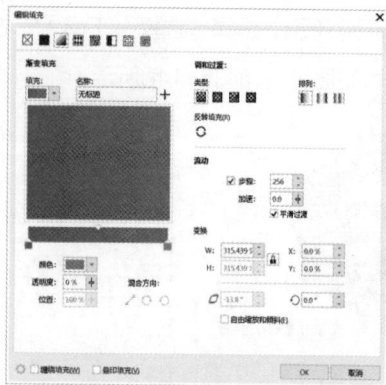

图6-154   图6-155   图6-156

12 选择"文本"工具 ，在适当的位置输入需要的文字，选择"选择"工具 ，选择输入的文字，在属性栏中选取适当的字体并设置文字大小。设置文字颜色的CMYK值为18、96、100、0，填充文字，效果如图6-157所示。

13 按Ctrl+I快捷键，弹出"导入"对话框，选择学习资源中的"项目6\素材\制作美食杂志内页\06"文件，单击"导入"按钮，在页面中单击以导入图片。选择"选择"工具 ，拖曳图片到适当的位置，并调整其大小，效果如图6-158所示。在属性栏中将"旋转角度" 数值设置为45.0，按Enter键，效果如图6-159所示。

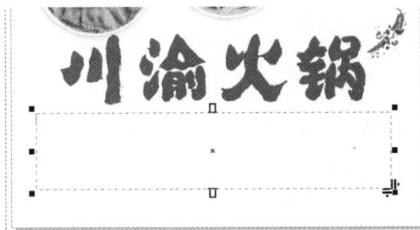

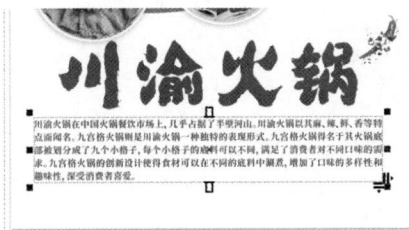

图6-157　　　　　　　　图6-158　　　　　　　　图6-159

14 选择"文本"工具 字，在适当的位置拖出一个文本框，如图6-160所示。在文本框中输入需要的文字，选择"选择"工具 ，选择输入的文字，在属性栏中选取适当的字体并设置文字大小。设置文字颜色的CMYK值为18、96、100、0，填充文字，效果如图6-161所示。

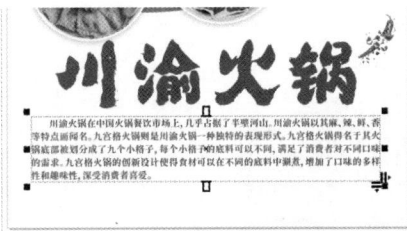

图6-160　　　　　　　　　　　图6-161

15 按Ctrl+T快捷键，弹出"文本"泊坞窗，单击"两端对齐"按钮 ，其他选项的设置如图6-162所示。按Enter键，效果如图6-163所示。

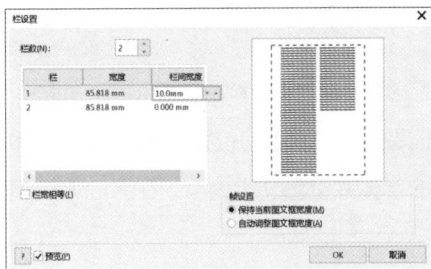

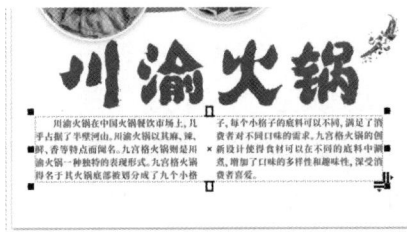

图6-162　　　　　　　　　　图6-163

16 选择"文本 > 栏"命令，弹出"栏设置"对话框，各选项的设置如图6-164所示。单击"OK"按钮，效果如图6-165所示。

图6-164　　　　　　　　　　图6-165

17 选择"矩形"工具□，在页面下方适当的位置绘制一个矩形，设置图形颜色的CMYK值为1、82、87、0，填充图形，并去除图形的轮廓，效果如图6-166所示。

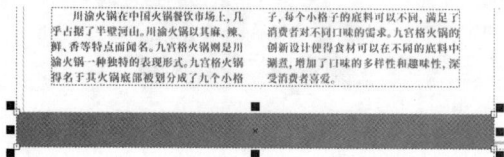

18 选择"文本"工具字，在适当的位置输入需要的文字，选择"选择"工具，选择输入的文字，在属性栏中选取适当的字体并设置文字大小，填充文字为白色，效果如图6-167所示。

图6-166

图6-167

19 打开"文本"泊坞窗，各选项的设置如图6-168所示。按Enter键，效果如图6-169所示。

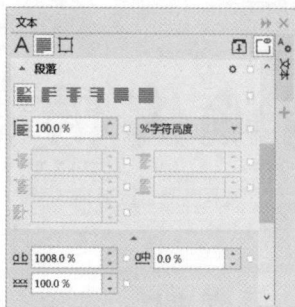

图6-168

图6-169

2. 制作杂志内页2

01 选择"矩形"工具□，在适当的位置绘制一个矩形，设置图形颜色的CMYK值为18、96、100、0，填充图形，并去除图形的轮廓，效果如图6-170所示。再绘制一个矩形，填充为白色，并去除图形的轮廓，效果如图6-171所示。

图6-170

图6-171

02 保持图形处于选取状态，在属性栏中将"圆角半径"选项设为4.0mm和0.0mm，如图6-172所示。按Enter键，效果如图6-173所示。选择"文本"工具字，在适当的位置输入需要的文字，选择"选择"工具，选择输入的文字，在属性栏中选取适当的字体并设置文字大小。在"CMYK调色板"中的"红"色块上单击，填充文字，效果如图6-174所示。

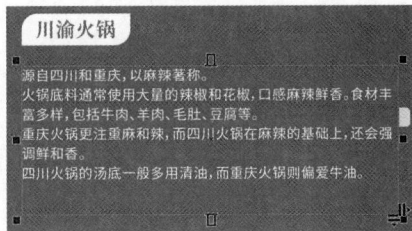

图6-172 图6-173 图6-174

03 选择"文本"工具 字，在适当的位置拖出一个文本框，如图6-175所示。在文本框中输入需要的文字，选择"选择"工具 ，选择输入的文字，在属性栏中选取适当的字体并设置文字大小，填充文字为白色，效果如图6-176所示。

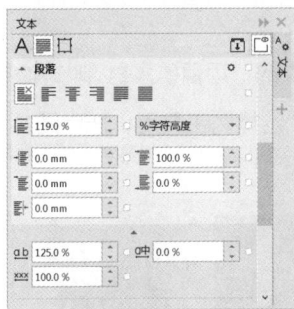

图6-175 图6-176

04 打开"文本"泊坞窗，各选项的设置如图6-177所示。按Enter键，效果如图6-178所示。

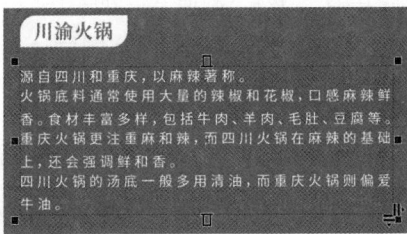

图6-177 图6-178

05 用相同的方法制作其他文字，效果如图6-179所示。按Ctrl+I快捷键，弹出"导入"对话框，选择学习资源中的"项目6\素材\制作美食杂志内页\06 ~ 08"文件，单击"导入"按钮，在页面中分别单击以导入图片。选择"选择"工具 ，分别拖曳图片到适当的位置，调整图片大小和角度，效果如图6-180所示。

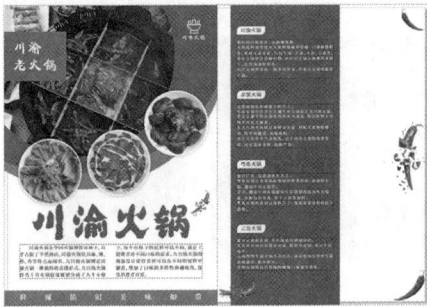

图6-179 图6-180

06 选择"椭圆形"工具 ⊘，按住Ctrl键的同时，在适当的位置绘制一个圆形，如图6-181所示。按F12键，弹出"轮廓笔"对话框，在"颜色"选项中设置轮廓颜色的CMYK值为18、96、100、0，其他选项的设置如图6-182所示。单击"OK"按钮，效果如图6-183所示。

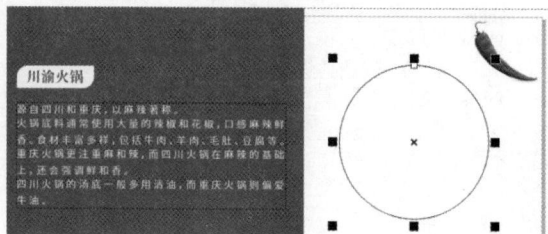

图6-181

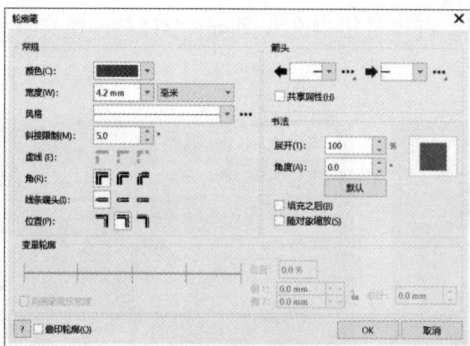

图6-182

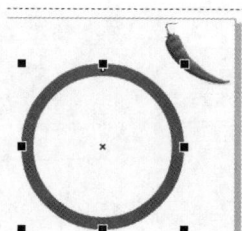

图6-183

07 选择"矩形"工具 □，在适当的位置绘制一个矩形，设置图形颜色的CMYK值为18、96、100、0，填充图形，并去除图形的轮廓，效果如图6-184所示。

08 按Ctrl+I快捷键，弹出"导入"对话框，选择学习资源中的"项目6\素材\制作美食杂志内页\09"文件，单击"导入"按钮，在页面中单击以导入图片。选择"选择"工具 ▶，拖曳图片到适当的位置，并调整其大小，效果如图6-185所示。

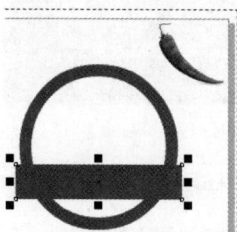

图6-184

图6-185

09 连续按Ctrl+Page Down快捷键，将图片向后移至适当的位置，效果如图6-186所示。按住Shift键的同时，单击上层红色矩形将其同时选取，如图6-187所示。

图6-186

图6-187

10 选择"对象 > PowerClip > 置于图文框内部"命令，鼠标指针变为黑色箭头形状，如图6-188所示，在红色圆环上单击，将图片置入红色圆环，效果如图6-189所示。

11 选择"文本"工具 字，在适当的位置输入需要的文字，选择"选择"工具 ，选择输入的文字，在属性栏中选取适当的字体并设置文字大小，填充文字为白色，效果如图6-190所示。

图6-188　　　　　　　　　　图6-189　　　　　　　　图6-190

12 用相同的方法分别导入其他图片并制作图6-191所示的效果。美食杂志内页制作完成，效果如图6-192所示。

图6-191　　　　　　　　　　图6-192

任务知识

6.3.1 设置首字下沉和项目符号

1. 设置首字下沉

在绘图页面中制作一个段落文本，效果如图6-193所示。选择"文本 > 首字下沉"命令，弹出"首字下沉"对话框，勾选"使用首字下沉"复选框，其他选项设置如图6-194所示。

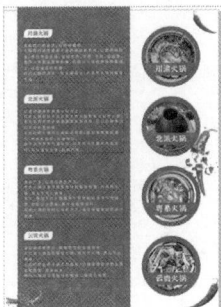

图6-193　　　　　　　　　　图6-194

单击"OK"按钮，各段落首字下沉的效果如图6-195所示。勾选"首字下沉使用悬挂式缩进"复选框，单击"OK"按钮，悬挂式缩进首字下沉效果如图6-196所示。

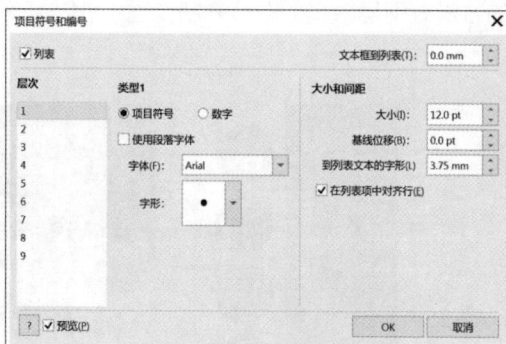

图6-195   图6-196

2. 设置项目符号

在绘图页面中制作一个段落文本，效果如图6-197所示。选择"文本 > 项目符号和编号"命令，弹出"项目符号和编号"对话框，勾选"列表"复选框，选择"项目符号"单选项，其他设置如图6-198所示。

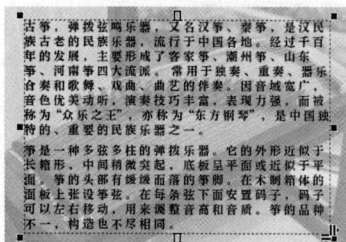

图6-197   图6-198

在"类型1"设置区的"字体"选项中可以设置字体的类型；在"字形"选项中可以选择项目符号的样式。在"大小和间距"设置区的"大小"选项中可以设置项目符号的大小；在"基线位移"选项中可以设置基线与项目符号之间的距离；在"到列表文本的字形"选项中可以设置项目符号与文本之间的距离。在"文本框到列表"选项中可以设置文本框与项目符号之间的距离。

设置需要的选项，如图6-199所示。单击"OK"按钮，在段落文本中添加项目符号，效果如图6-200所示。

图6-199   图6-200

在段落文本中需要另起一段的位置插入光标，如图6-201所示。按Enter键，项目符号会自动添加在新段落的前面，效果如图6-202所示。

图6-201　　　　　　　　　图6-202

6.3.2 使文本绕路径排列

选择"文本"工具字，在绘图页面中输入美术字文本。使用"贝塞尔"工具✎绘制一条路径，选中美术字文本，效果如图6-203所示。

选择"文本 > 使文本适合路径"命令，鼠标指针变为✓形状，将其放在路径上，文本将自动绕路径排列，如图6-204所示，单击以确定操作，效果如图6-205所示。

图6-203　　　　　　图6-204　　　　　　图6-205

选中绕路径排列的文本，如图6-206所示，属性栏如图6-207所示。

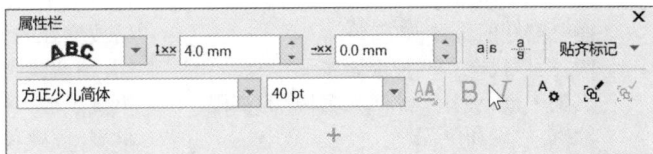

图6-206　　　　　　　　　　　图6-207

在属性栏中可以设置"文字方向""与路径的距离""偏移"选项，以实现多种文本绕路径排列的效果，如图6-208所示。

（a）　　　　　　　　（b）　　　　　　　　（c）

图6-208

6.3.3 对齐文本

选择"文本"工具字，在绘图页面中输入段落文本，单击属性栏中的"文本对齐"按钮，弹出其下拉列表，其中共有6种对齐方式，如图6-209所示。

选择"文本 > 文本"命令，弹出"文本"泊坞窗。单击"段落"按钮，切换到"段落"设置界面，单击右上方的按钮，在弹出的下拉列表中选择"调整"，弹出"间距设置"对话框，在该对话框中可以选择文本的对齐方式，如图6-210所示。"水平对齐"下拉列表中各选项的含义如下。

图6-209

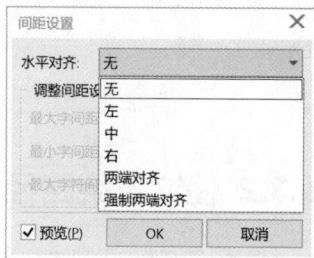

图6-210

"无"选项： CorelDRAW 2024默认的文本对齐方式。选择该选项将不对文本产生影响，文本可以自由地变换，但文本的边界会参差不齐。

"左"选项： 选择"左"选项后，段落文本会以文本框的左边界对齐。

"中"选项： 选择"中"选项后，段落文本会在文本框中居中。

"右"选项： 选择"右"选项后，段落文本会以文本框的右边界对齐。

"两端对齐"选项： 选择"两端对齐"选项后，段落文本会同时对齐文本框的左右边界。

"强制两端对齐"选项： 选择"强制两端对齐"选项后，可以对段落文本强制进行两端对齐调整。

选中进行过移动调整的文本，如图6-211所示，选择"文本 > 对齐至基线"命令，可以将文本重新对齐，效果如图6-212所示。

图6-211

图6-212

6.3.4 内置文本

选择"文本"工具字，在绘图页面中输入美术字文本。使用"贝塞尔"工具绘制一个图形，选中美术字文本，效果如图6-213所示。

按住鼠标右键并拖曳文本到图形内，当鼠标指针变为十字形的圆环形状时，松开鼠标右键，弹出快捷菜单，选择"内置文

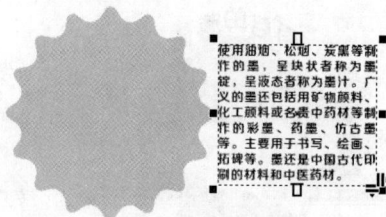

图6-213

本"命令,如图6-214所示。文本被置入图形内,美术字文本自动转换为段落文本,效果如图6-215所示。选择"文本 > 段落文本框 > 使文本适合框架"命令,使段落文本和图形基本适配,效果如图6-216所示。

图6-214

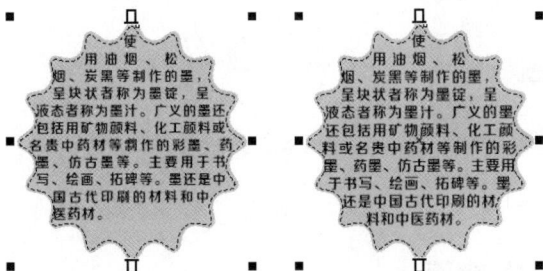

图6-215

图6-216

6.3.5 段落文字的连接

在文本框中,经常出现文本被遮住而不能完全显示的问题,如图6-217所示。可以通过调整文本框的大小来使文本完全显示,也可以通过多个文本框的连接来使文本完全显示。

选择"文本"工具 字,单击文本框下方的 ▼ 图标,鼠标指针变为 图形状,在页面中按住鼠标左键不放,沿对角线拖曳鼠标,绘制一个新的文本框,如图6-218所示。松开鼠标左键,在新绘制的文本框中会显示出被遮住的文字,效果如图6-219所示。拖曳文本框到适当的位置,如图6-220所示。

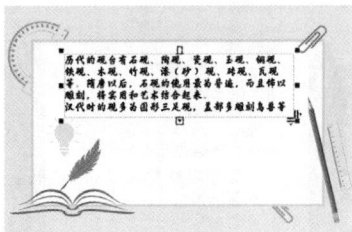

图6-217

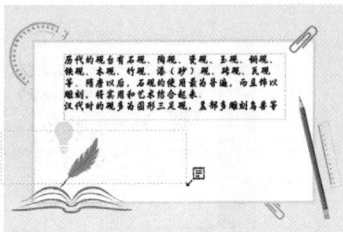

图6-218

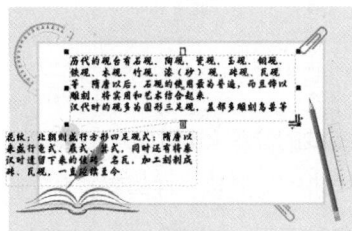

图6-219

图6-220

6.3.6 段落分栏

选择一个段落文本,如图6-221所示。选择"文本 > 栏"命令,弹出"栏设置"对话框,将"栏数"选项设置为2,"栏间宽度"设置为8.0mm,如图6-222所示。设置好后,单击"OK"按钮,段落文本被分为两栏,效果如图6-223所示。

图6-221

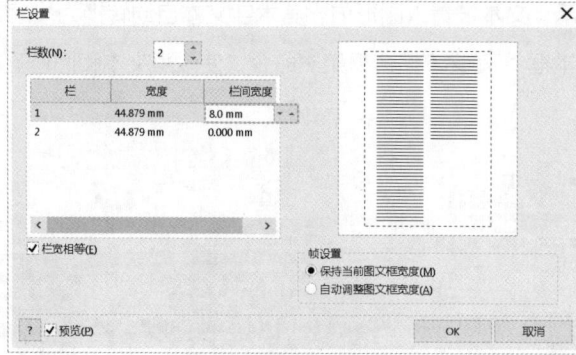

图6-222

图6-223

6.3.7 文本绕图

CorelDRAW 2024提供了多种文本绕图方式，应用好文本绕图方式可以使作品更加生动、美观。

选中需要的位图，如图6-224所示，在属性栏中单击"文本换行"按钮，在弹出的下拉列表中选择需要的文本绕图方式，如图6-225所示，文本绕图效果如图6-226所示。在"文本换行偏移"选项的数值框中可以设置文本换行的偏移距离。

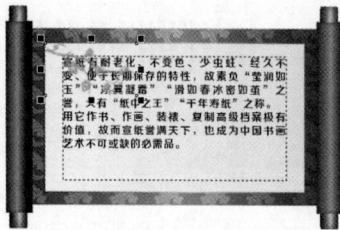

图6-224

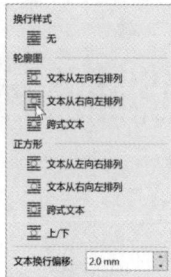

图6-225

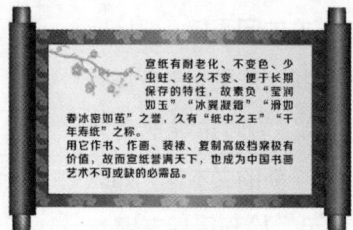

图6-226

6.3.8 插入字形

选择"文本"工具，在文本中需要的位置单击以插入光标，如图6-227所示。选择"文本 > 字形"命令，或按Ctrl+F11组合键，弹出"字形"泊坞窗。在需要的字符上双击，或选中字符后单击"复制"按钮，如图6-228所示，然后在页面中粘贴即可，字符插入文本中的效果如图6-229所示。

图6-227

图6-228

图6-229

任务6.4 掌握文字的转换和重组

使用CorelDRAW 2024编辑好美术字文本后，通常需要把文本转换为曲线。转换后可以对美术字文本进行任意变形和重新组合，而且转换为曲线后的文本对象不会丢失其文本格式。

任务实践 制作女装Banner

任务目标 学习使用"文本"工具、"转换为曲线"按钮制作女装Banner。

任务要点 使用"文本"工具、"文本"泊坞窗添加标题文字，使用"转换为曲线"按钮、"形状"工具、"多边形"工具编辑标题文字。最终效果参看学习资源中的"项目6\效果\制作女装Banner.cdr"文件，效果如图6-230所示。

图6-230

任务操作

01 按Ctrl+N快捷键，弹出"创建新文档"对话框，设置文档的宽度为750px，高度为360px，方向为横向，原色模式为RGB，分辨率为72dpi。单击"OK"按钮，创建一个文档。

02 按Ctrl+I快捷键，弹出"导入"对话框，选择学习资源中的"项目6\素材\制作女装Banner\01"文件，单击"导入"按钮，在页面中单击以导入图片，按P键，使图片在页面中居中对齐，效果如图6-231所示。

03 选择"文本"工具字，在页面中输入需要的文字，选择"选择"工具，选中输入的文字，在属性栏中选取适当的字体并设置文字大小。设置文字颜色的RGB值为153、102、51，填充文字，效果如图6-232所示。

图6-231

图6-232

04 选择"文本 > 文本"命令，在弹出的"文本"泊坞窗中进行设置，如图6-233所示。按Enter键，效果如图6-234所示。

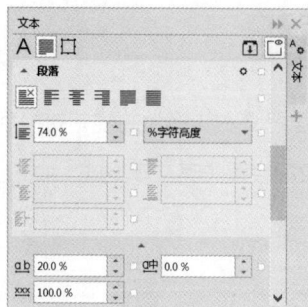

图6-233   图6-234

05 按Ctrl+Q快捷键，将文本转换为曲线，如图6-235所示。选择"形状"工具，按住Shift键的同时，用圈选的方法将需要的节点同时选取，效果如图6-236所示。按Delete键，删除选中的节点，如图6-237所示。

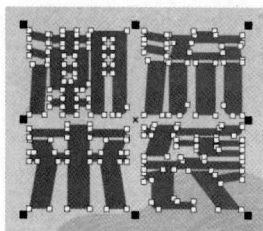

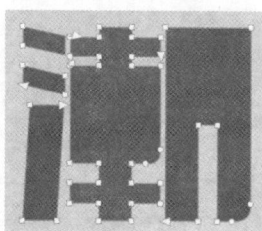

图6-235   图6-236   图6-237

06 选择"多边形"工具，属性栏中的设置如图6-238所示，在适当的位置绘制一个三角形，如图6-239所示。

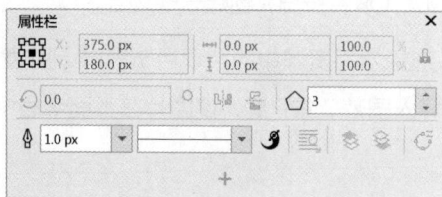

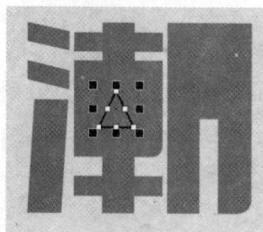

图6-238   图6-239

07 保持图形处于选取状态，设置图形颜色的RGB值为233、217、191，填充图形，并去除图形的轮廓，效果如图6-240所示。在属性栏中将"旋转角度"数值设置为90.0，按Enter键，效果如图6-241所示。

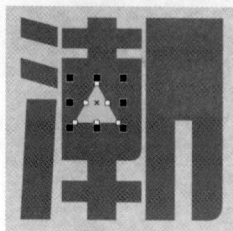

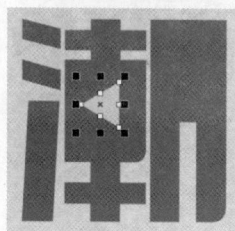

图6-240   图6-241

08 选择"形状"工具，选取文字"流"，编辑状态如图6-242所示，在不需要的节点上双击，删除节点，效果如图6-243所示。用相同的方法分别调整其他文字的节点和控制线，效果如图6-244所示。

 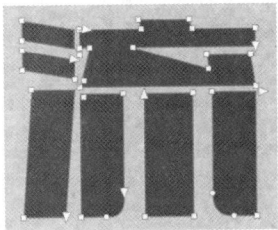 

图6-242   图6-243   图6-244

09 选择"矩形"工具，在适当的位置绘制一个矩形，填充图形为黑色，并去除图形的轮廓，效果如图6-245所示。

10 选择"文本"工具，在适当的位置输入需要的文字，选择"选择"工具，选中输入的文字，在属性栏中选取适当的字体并设置文字大小。在"RGB调色板"中的"黄"色块上单击，填充文字，效果如图6-246所示。

图6-245   图6-246

11 用相同的方法再绘制一个矩形，输入需要的文字，并填充相应的颜色，效果如图6-247所示。女装Banner制作完成，效果如图6-248所示。

图6-247   图6-248

任务知识

6.4.1 将文字转换为曲线

选择"选择"工具，选中文本，如图6-249所示。选择"对象 > 转换为曲线"命令，或按Ctrl+Q快捷键，将文本转换为曲线，如图6-250所示。可用"形状"工具对曲线文本进行编辑，以修改文本的形状。

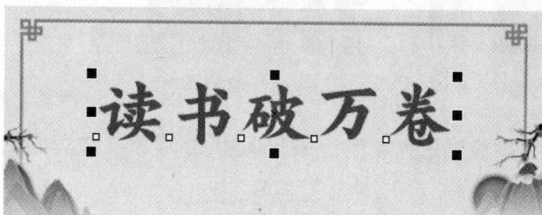

图6-249

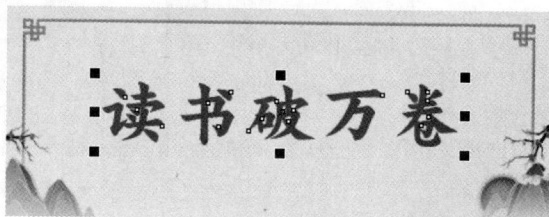

图6-250

6.4.2 创建和重组文字

应用CorelDRAW 2024的独特功能，可以轻松地利用两个文字创建一个新文字，方法其实很简单，下面介绍具体的创建方法。

使用"文本"工具输入两个汉字，如图6-251所示。使用"选择"工具选取文字，如图6-252所示。按Ctrl+Q快捷键，将文字转换为曲线，效果如图6-253所示。

图6-251   图6-252   图6-253

按Ctrl+K快捷键，将转换为曲线的文字打散，使用"选择"工具选取所需内容，如图6-254所示。将它们分别移动到合适的位置，效果如图6-255所示。

组合好新文字后，用"选择"工具圈选新文字，按Ctrl+G快捷键，将新文字群组，如图6-256所示。新文字制作完成，效果如图6-257所示。

图6-254   图6-255   图6-256   图6-257

项目实践 制作京剧海报

项目要点 使用"导入"命令导入素材图片，使用"阴影"工具为图片添加阴影效果，使用"文本"工具和"文本"泊坞窗添加宣传文字。最终效果参看学习资源中的"项目6\效果\制作京剧海报.cdr"文件，效果如图6-258所示。

图6-258

课后习题 制作网站标志

习题要点 使用"椭圆形"工具、"轮廓笔"工具绘制圆环，使用"文本"工具、"转换为曲线"命令和"形状"工具添加并编辑文字，使用"字形"命令插入需要的字形。最终效果参看学习资源中的"项目6\效果\制作网站标志.cdr"文件，效果如图6-259所示。

图6-259

项目 7

/

编辑位图

/

本项目将介绍导入位图、将矢量图转换为位图和使用位图滤镜的方法。通过本项目的学习，读者可以了解并掌握如何应用CorelDRAW 2024的强大功能来处理和编辑位图。

学习目标
- 掌握导入位图和将矢量图转换为位图的方法。
- 掌握运用特效滤镜编辑和处理位图的方法。

技能目标
- 掌握家具广告的制作方法。
- 掌握白露节气宣传海报的制作方法。

素养目标
- 培养对位图的敏感度和观察力。
- 培养对位图处理技术的兴趣和探索欲。
- 培养对技术挑战的应对能力和自信心。

任务7.1 掌握与位图相关的操作

CorelDRAW 2024提供了导入位图和将矢量图转换为位图的功能，下面介绍导入位图和将矢量图转换为位图的具体操作方法。

任务实践 制作家具广告

任务目标 学习使用"导入"命令、"模式"命令和"调整"命令制作家具广告。

任务要点 使用"导入"命令添加素材图片，使用"双色调"命令调整位图模式，使用"矩形"工具、"转换为曲线"按钮、"形状"工具、"透明度"工具制作梯形，使用"色度/饱和度/亮度"命令调整图片色调，使用"多边形"工具、"角"泊坞窗、"置于图文框内部"命令制作PowerClip效果。最终效果参看学习资源中的"项目7\效果\制作家具广告.cdr"文件，效果如图7-1所示。

图7-1

任务操作

01 按Ctrl+N快捷键，弹出"创建新文档"对话框，设置文档的宽度为1920px，高度为800px，方向为横向，原色模式为RGB，渲染分辨率为72dpi。单击"OK"按钮，创建一个文档。

02 按Ctrl+I快捷键，弹出"导入"对话框，选择学习资源中的"项目7\素材\制作家具广告\01"文件，单击"导入"按钮，在页面中单击以导入图片。选择"选择"工具 ，拖曳图片到适当的位置，并调整其大小，效果如图7-2所示。

图7-2

03 选择"位图 > 模式 > 双色调"命令，在弹出的对话框中进行设置，如图7-3所示。单击"OK"按钮，效果如图7-4所示。

图7-3 图7-4

04 选择"矩形"工具□，在适当的位置绘制一个矩形，如图7-5所示。单击属性栏中的"转换为曲线"按钮 ⊙，将图形转换为曲线，如图7-6所示。选择"形状"工具 ⌇，选取右上角的节点，按住Shift键的同时，垂直向下拖曳选中的节点到适当的位置，效果如图7-7所示。选择"选择"工具 ⌇，选取图形，按Ctrl+C快捷键，复制图形（此图形作为备用）。

05 选取下层图片，如图7-8所示，选择"对象 > PowerClip > 置于图文框内部"命令，鼠标指针变为黑色箭头形状，在梯形框上单击，如图7-9所示。将图片置入梯形框，并去除图形的轮廓，效果如图7-10所示。

图7-5

图7-6

图7-7

图7-8

图7-9

图7-10

06 按Ctrl+V快捷键，粘贴（备用）图形，如图7-11所示。设置图形颜色的RGB值为224、193、146，填充图形，并去除图形的轮廓，效果如图7-12所示。

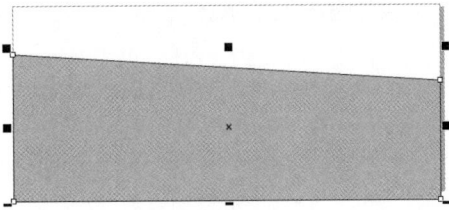

图7-11　　　　　　　　　　　　　　　　图7-12

07 选择"透明度"工具，在属性栏中单击"均匀透明度"按钮，其他选项的设置如图7-13所示，按Enter键，透明效果如图7-14所示。

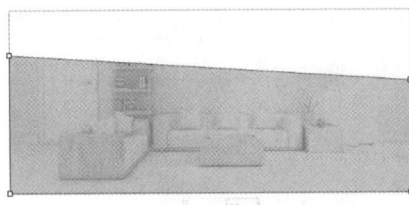

图7-13　　　　　　　　　　　　　　　　图7-14

08 选择"多边形"工具，属性栏中的设置如图7-15所示。按住Ctrl键的同时，在适当的位置绘制一个多边形，效果如图7-16所示。在属性栏中将"旋转角度" 数值设置为90.0，按Enter键，效果如图7-17所示。

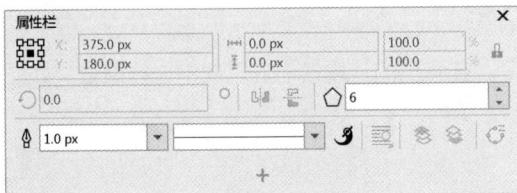
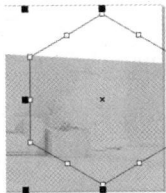
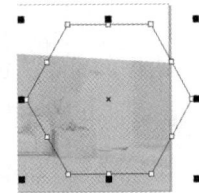

图7-15　　　　　　　　　　图7-16　　　　　　图7-17

09 按F12键，弹出"轮廓笔"对话框，在"颜色"选项中设置轮廓颜色的RGB值为204、51、0，其他选项的设置如图7-18所示。单击"OK"按钮，效果如图7-19所示。在"RGB调色板"中的"白"色块上单击，填充图形，效果如图7-20所示。

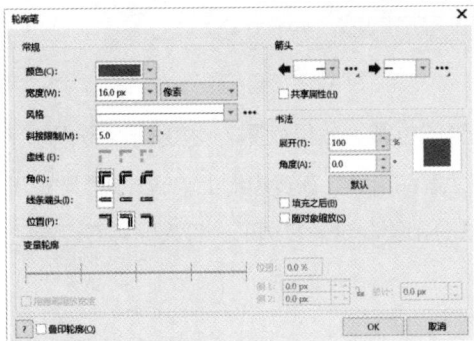
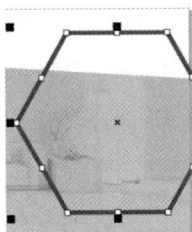
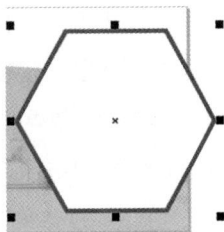

图7-18　　　　　　　　　　图7-19　　　　　　图7-20

10 选择"窗口 > 泊坞窗 > 角"命令，弹出"角"泊坞窗，各选项的设置如图7-21所示，单击"应用"按钮，效果如图7-22所示。

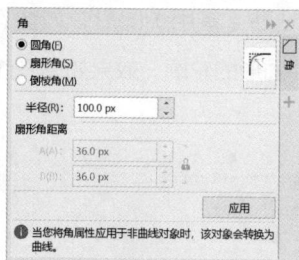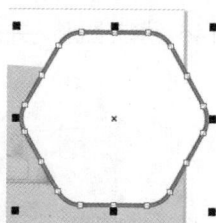

图7-21   图7-22

11 选择"窗口 > 泊坞窗 > 变换"命令，弹出"变换"泊坞窗，单击"大小"按钮，切换到相应的界面，各选项的设置如图7-23所示。单击"应用"按钮，并去除图形的轮廓，效果如图7-24所示。

12 按Ctrl+I快捷键，弹出"导入"对话框，选择学习资源中的"项目7\素材\制作家具广告\02"文件，单击"导入"按钮，在页面中单击以导入图片。选择"选择"工具，拖曳图片到适当的位置，并调整其大小，效果如图7-25所示。

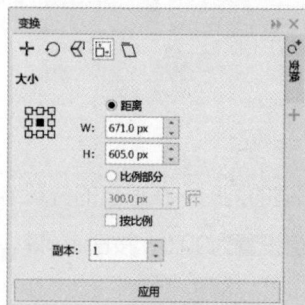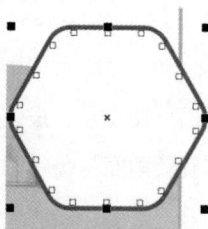

图7-23   图7-24   图7-25

13 选择"效果 > 调整 > 色度/饱和度/亮度"命令，在弹出的"属性"泊坞窗中进行设置，如图7-26所示。按Enter键，效果如图7-27所示。

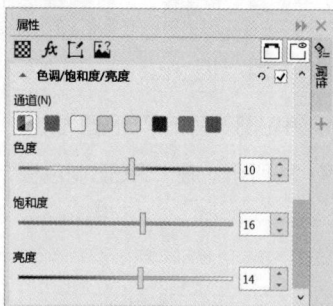

图7-26   图7-27

14 按Ctrl+Page Down快捷键，将图片向后移到适当的位置，效果如图7-28所示。选择"对象 > PowerClip > 置于图文框内部"命令，鼠标指针变为黑色箭头形状，在多边形上单击，如图7-29所示。将图片置入多边形，效果如图7-30所示。用相同的方法分别绘制其他多边形，导入图片并设置Power-Clip效果，如图7-31所示。

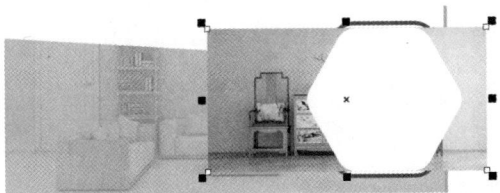

图7-28

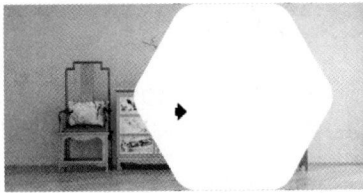

图7-29

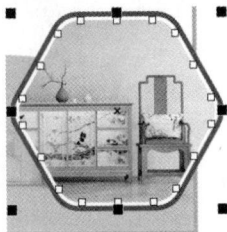

图7-30

图7-31

15 按Ctrl+I快捷键，弹出"导入"对话框，选择学习资源中的"项目7\素材\制作家具广告\05"文件，单击"导入"按钮，在页面中单击以导入图片。选择"选择"工具，拖曳图片到适当的位置，并调整其大小，效果如图7-32所示。家具广告制作完成，效果如图7-33所示。

图7-32

图7-33

任务知识

7.1.1 导入位图

选择"文件 > 导入"命令，或按Ctrl+I快捷键，弹出"导入"对话框，在对话框左侧的列表框中选择需要的文件夹，在右侧可选择需要的位图文件，如图7-34所示。

选中需要的位图文件后，单击"导入"按钮，鼠标指针变为形状，如图7-35所示。在绘图页面中单击，位图被导入绘图页面，如图7-36所示。

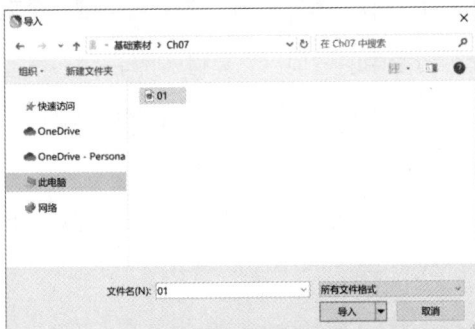

图7-34

图7-35

图7-36

7.1.2 转换为位图

CorelDRAW 2024提供了将矢量图转换为位图的功能，下面介绍具体的操作方法。

打开一个矢量图并保持其处于选中状态，选择"位图 > 转换为位图"命令，弹出"转换为位图"对话框，如图7-37所示。下面介绍其中部分选项的作用。

分辨率： 在弹出的下拉列表中可以选择位图的分辨率。

颜色模式： 在弹出的下拉列表中可以选择位图的色彩模式。

光滑处理： 可以在转换成位图后消除位图的锯齿。

透明背景： 可以在转换成位图后保留原对象的透明背景。

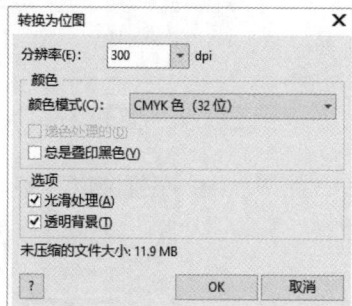

图7-37

任务7.2 掌握位图的特效滤镜

CorelDRAW 2024提供了多种滤镜，用于对位图进行各种效果处理。灵活使用位图的滤镜，可以为设计的作品增色不少。下面具体介绍滤镜的使用方法。

任务实践 制作白露节气宣传海报

任务目标 学习使用"艺术笔触"命令、"属性"泊坞窗和"文本"工具制作白露节气宣传海报。

任务要点 使用"导入"命令、"点彩派"命令、"合并模式"选项和"彩色蜡笔画"命令添加和编辑背景图片，使用"椭圆形"工具、"透明度"工具制作装饰图形，使用"文本"工具、"文本"泊坞窗添加宣传文字。最终效果参看学习资源中的"项目7\效果\制作白露节气宣传海报.cdr"文件，效果如图7-38所示。

图7-38

任务操作

01 按Ctrl+N快捷键，弹出"创建新文档"对话框，设置文档的宽度为1242px，高度为2208px，方向为横向，原色模式为RGB，分辨率为72dpi。单击"OK"按钮，创建一个文档。

02 按Ctrl+I快捷键，弹出"导入"对话框，选择学习资源中的"项目7\素材\制作白露节气宣传海报\01"文件，单击"导入"按钮，在页面中单击以导入图片。选择"选择"工具，拖曳图片到适当的位置，效果如图7-39所示。按Ctrl+C快捷键，复制图片（此图片作为备用）。

03 选择"效果 > 艺术笔触 > 点彩派"命令，在弹出的"属性"泊坞窗中进行设置，如图7-40所示，按Enter键，效果如图7-41所示。

图7-39

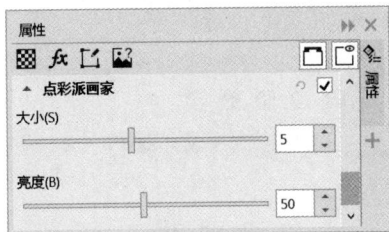
图7-40

图7-41

04 按Ctrl+V快捷键，粘贴（备用）图片，如图7-42所示。在"属性"泊坞窗中单击"透明度"按钮，切换到相应的界面，在"合并模式"下拉列表中选择"减少"，如图7-43所示，图片效果如图7-44所示。

图7-42

图7-43

图7-44

05 选择"效果 > 艺术笔触 > 彩色蜡笔画"命令，在弹出的"属性"泊坞窗中进行设置，如图7-45所示，按Enter键，效果如图7-46所示。

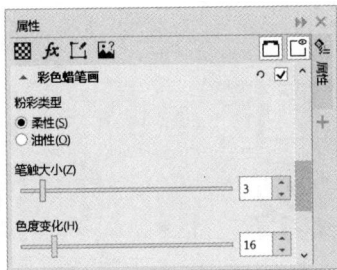
图7-45

图7-46

06 选择"椭圆形"工具，按住Ctrl键的同时，在适当的位置绘制一个圆形，设置图形颜色的RGB值为238、209、164，填充图形，并去除图形的轮廓，如图7-47所示。

07 选择"透明度"工具，在属性栏中单击"均匀透明度"按钮，其他选项的设置如图7-48所示，按Enter键，效果如图7-49所示。

图7-47

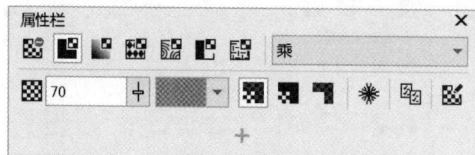
图7-48

图7-49

08 选择"文本"工具字，在适当的位置输入需要的文字，选择"选择"工具，选中输入的文字，在属性栏中选取适当的字体并设置文字大小，单击"将文本更改为垂直方向"按钮，更改文字方向，效果如图7-50所示。

09 按Ctrl+T快捷键，弹出"文本"泊坞窗，单击"段落"按钮，切换到相应的界面，具体设置如图7-51所示，按Enter键，效果如图7-52所示。

图7-50

图7-51

图7-52

10 选择"椭圆形"工具，按住Ctrl键的同时，在适当的位置绘制一个圆形，设置图形颜色的RGB值为183、32、36，填充图形，并去除图形的轮廓，如图7-53所示。

11 选择"选择"工具，按数字键盘上的+键，复制圆形，按住Shift键的同时，垂直向下拖曳复制的圆形到适当的位置，效果如图7-54所示。连续按Ctrl+D快捷键，复制多个圆形，效果如图7-55所示。

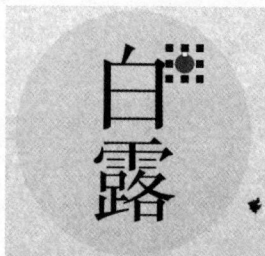
图7-53

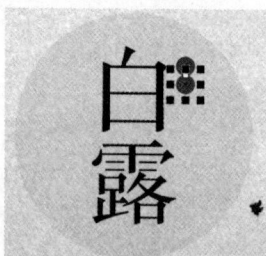
图7-54

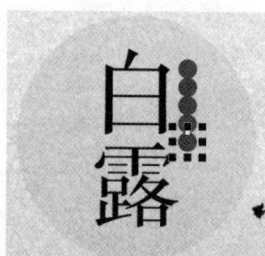
图7-55

12 选择"文本"工具字，在适当的位置输入需要的文字，选择"选择"工具，选中输入的文字，在属性栏中选取适当的字体并设置文字大小，填充文字为白色，效果如图7-56所示。打开"文本"泊坞窗，各选项的设置如图7-57所示，按Enter键，效果如图7-58所示。白露节气宣传海报制作完成，效果如图7-59所示。

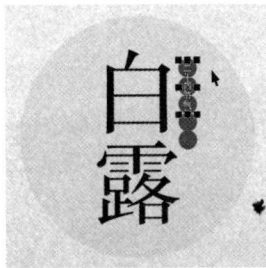
图7-56

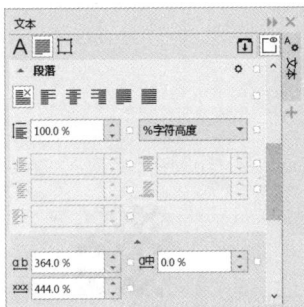
图7-57

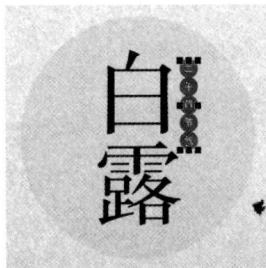
图7-58

图7-59

任务知识

7.2.1 三维效果

选中导入的位图，选择"效果 > 三维效果"命令，弹出子菜单，如图7-60所示。CorelDRAW 2024提供了7种不同的三维效果，下面介绍其中常用的三维效果。

图7-60

1. 三维旋转

选择"效果 > 三维效果 > 三维旋转"命令，在弹出的"属性"泊坞窗中展开"三维旋转"设置区，如图7-61所示。

"属性"泊坞窗中各按钮、选项等的含义如下。

⟳：用于重新设置所有参数。

☑：在页面中显示调整后的图像。

▨：拖曳该图标，可以设定图像的旋转角度。

"垂直"选项： 用于设置图像绕垂直轴旋转的角度。

"水平"选项： 用于设置图像绕水平轴旋转的角度。

"最适合"复选框： 勾选该复选框后，经过三维旋转后的位图尺寸将接近原来的位图尺寸。

2. 柱面

选择"效果 > 三维效果 > 柱面"命令，在"属性"泊坞窗中展开"柱面"设置区，如图7-62所示。

"属性"泊坞窗中各选项的含义如下。

"柱面模式"选项： 可以选择"水平"或"垂直的"模式。

"百分比"选项： 可以设置柱面效果在"水平"或"垂直的"模式下的强度百分比。

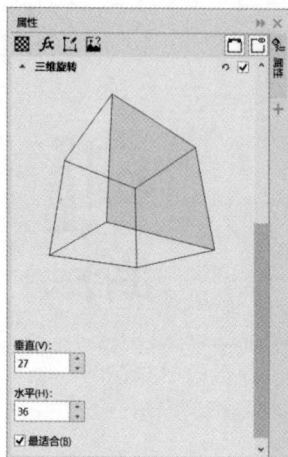

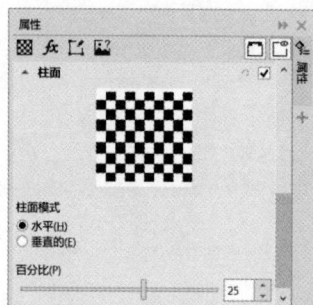

图7-61　　　　　　　　图7-62

3. 卷页

选择"效果 > 三维效果 > 卷页"命令，在"属性"泊坞窗中展开"卷页"设置区，如图7-63所示。

"属性"泊坞窗中各按钮和选项的含义如下。

：4个卷页类型按钮，用于设置位图卷起页角的位置。

"定向"选项： 选择"垂直的"或"水平"单选项，可以设置卷页效果的卷起方向。

"纸张"选项： "不透明"和"透明的"两个单选项用于设置卷页部分是否透明。

"卷曲度"选项： 用于设置卷页的颜色。

"背景颜色"选项： 用于设置卷页的背景颜色。

"宽度"选项： 用于设置卷页的宽度。

"高度"选项： 用于设置卷页的高度。

4. 球面

选择"效果 > 三维效果 > 球面"命令，在"属性"泊坞窗中展开"球面"设置区，如图7-64所示。

"属性"泊坞窗中各选项和按钮的含义如下。

"优化"选项： 可以选择"速度"或"质量"单选项。

"百分比"选项： 用于控制位图球面化的程度。

：用来在预览窗口中设定变形的中心点。

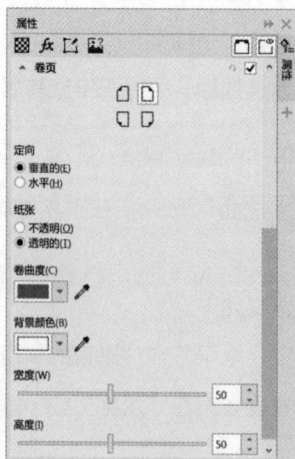

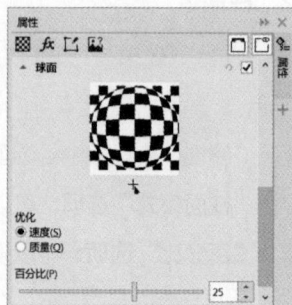

图7-63　　　　　　　　图7-64

7.2.2　艺术笔触

选中导入的位图，选择"效果 > 艺术笔触"命令，弹出子菜单，如图7-65所示。CorelDRAW 2024提供了15种不同的艺术笔触效果，下面介绍常用的艺术笔触效果。

图7-65

1. 炭笔画

选择"效果 > 艺术笔触 > 炭笔画"命令，在"属性"泊坞窗中展开"木炭"设置区，如图7-66所示。

"属性"泊坞窗中各选项的含义如下。

"大小"选项：用于设置位图炭笔画的大小。

"边缘"选项：用于设置轮廓边缘的清晰程度。

2. 印象派

选择"效果 > 艺术笔触 > 印象派"命令，在"属性"泊坞窗中展开"印象派"设置区，如图7-67所示。

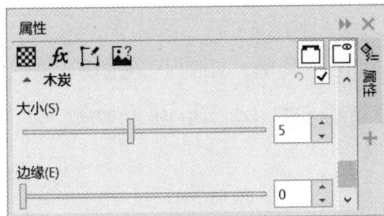

图7-66

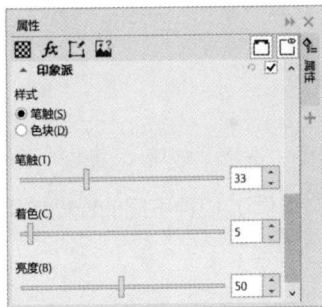

图7-67

"属性"泊坞窗中各选项的含义如下。

"样式"选项：可选择"笔触"或"色块"单选项，不同的样式会产生不同的印象派效果。

"笔触"选项：用于设置印象派效果的笔触大小及强度。

"着色"选项：用于调整印象派效果的颜色，数值越大，颜色越深。

"亮度"选项：用于对印象派效果的亮度进行调节。

3. 调色刀

选择"效果 > 艺术笔触 > 调色刀"命令，在"属性"泊坞窗中展开"调色刀"设置区，如图7-68所示。

"属性"泊坞窗中各选项的含义如下。

"刀片尺寸"选项：用于设置笔触的锋利程度，数值越小，笔触越锋利，位图的刻画效果越明显。

"柔软边缘"选项：用于设置笔触的坚硬程度，数值越大，位图的刻画效果越平滑。

"角度"选项：用于设置笔触的角度。

4. 素描

选择"效果 > 艺术笔触 > 素描"命令，在"属性"泊坞窗中展开"素描"设置区，如图7-69所示。"属性"泊坞窗中各选项的含义如下。

"铅笔类型"选项：可选择"碳色"或"颜色"单选项，从而产生黑白或彩色的位图素描效果。

"样式"选项：用于设置从粗糙到精细的画面效果，数值越大，画面越精细。

"笔芯"选项：用于设置笔芯颜色的深浅，数值越大，笔芯越软，画面越精细。

"轮廓"选项：用于设置轮廓的清晰程度，数值越大，轮廓越清晰。

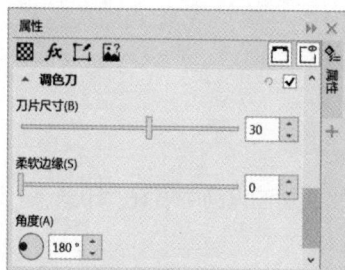

图7-68　　　　　　　　　　图7-69

7.2.3 模糊

选中导入的位图，选择"效果 > 模糊"命令，弹出子菜单，如图7-70所示。CorelDRAW 2024提供了12种不同的模糊效果，下面介绍其中常用的模糊效果。

1. 高斯式模糊

选择"效果 > 模糊 > 高斯式模糊"命令，在"属性"泊坞窗中展开"高斯式模糊"设置区，如图7-71所示。

"属性"泊坞窗中选项的含义如下。

"半径"选项：用于设置高斯式模糊的程度。

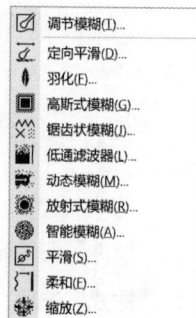

图7-70

2. 缩放

选择"效果 > 模糊 > 缩放"命令，在"属性"泊坞窗中展开"缩放"设置区，如图7-72所示。

"属性"泊坞窗中按钮和选项的含义如下。

：单击该按钮，可以确定缩放模糊的中心点。

"数量"选项：用于设定图像的模糊程度。

图7-71

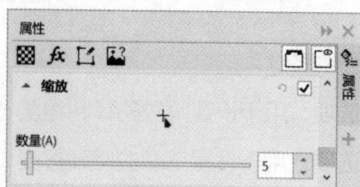

图7-72

7.2.4　轮廓图

　　选中导入的位图，选择"效果 > 轮廓图"命令，弹出子菜单，如图7-73所示。CorelDRAW 2024提供了4种不同的轮廓图效果，下面介绍其中常用的轮廓图效果。

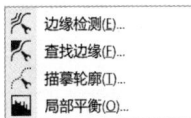
图7-73

1. 边缘检测

　　选择"效果 > 轮廓图 > 边缘检测"命令，在"属性"泊坞窗中展开"边缘检测"设置区，如图7-74所示。

　　"属性"泊坞窗中各选项和按钮的含义如下。

　　"背景色"选项：用来设定图像的背景颜色为白色、黑色或其他颜色。

　　: 单击该按钮后，可以在位图中吸取背景色。

　　"灵敏度"选项：用来设定检测边缘的灵敏度。

2. 查找边缘

　　选择"效果 > 轮廓图 > 查找边缘"命令，在"属性"泊坞窗中展开"查找边缘"设置区，如图7-75所示。

　　"属性"泊坞窗中各选项的含义如下。

　　"边缘类型"选项：有"软"和"纯色"两种类型，选择不同的边缘类型，可以得到不同的效果。

　　"层次"选项：用于设定效果的纯度。

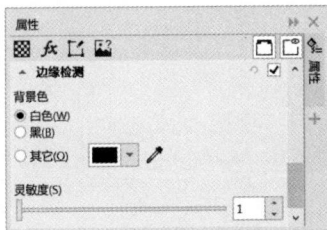
图7-74

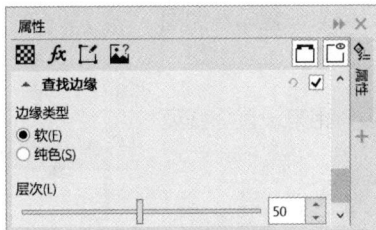
图7-75

7.2.5　创造性

　　选中导入的位图，选择"效果 > 创造性"命令，弹出子菜单，如图7-76所示。CorelDRAW 2024提供了11种不同的创造性效果，下面介绍其中常用的创造性效果。

图7-76

1. 框架

选择"效果 > 创造性 > 框架"命令，在"属性"泊坞窗中展开"图文框"设置区，如图7-77所示。

"属性"泊坞窗中各选项的含义如下。

"查看"选项：用来选择框架，并为选择的列表添加新框架。

"选择帧"选项：用来对框架进行修改。

"水平"和"垂直"选项：用来设定框架的比例大小。

"旋转"选项：用来设定框架的旋转角度。

"颜色"和"不透明度"选项：分别用来设定框架的颜色和不透明度。

"模糊/羽化"选项：用来设定框架边缘的模糊及羽化程度。

"调和"选项：用来设定框架与图像之间的混合方式。

"翻转"选项：用来将框架垂直或水平翻转。

"对齐"选项：用来设定框架的中心点。

"回到中心位置"选项：用来重新设定中心点。

2. 马赛克

选择"效果 > 创造性 > 马赛克"命令，在"属性"泊坞窗中展开"马赛克"设置区，如图7-78所示。

"属性"泊坞窗中各选项的含义如下。

"大小"选项：用来设置马赛克图像的大小。

"背景色"选项：用来设置马赛克图像的背景颜色。

"虚光"选项：为马赛克图像添加模糊的羽化框架。

3. 彩色玻璃

选择"效果 > 创造性 > 彩色玻璃"命令，在"属性"泊坞窗中展开"彩色玻璃"设置区，如图7-79所示。

"属性"泊坞窗中各选项的含义如下。

"大小"选项：用来设定彩色玻璃块的大小。

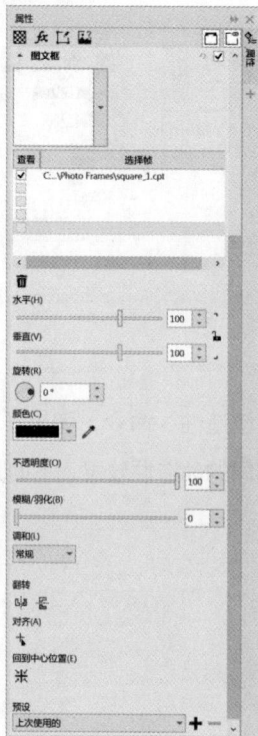

图7-77

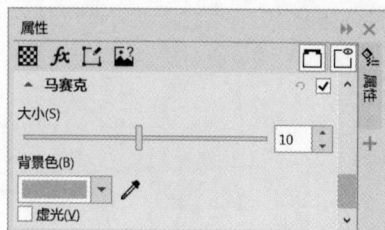

图7-78

"光源强度"选项：用来设定彩色玻璃块的光源强度。光源强度越小，效果越暗；光源强度越大，效果越亮。

"焊接宽度"选项：用来设定彩色玻璃块焊接处的宽度。

"焊接颜色"选项：用来设定彩色玻璃块焊接处的颜色。

"三维照明"复选框：控制是否显示彩色玻璃图像的三维照明效果。

4. 虚光

选择"效果 > 创造性 > 虚光"命令，在"属性"泊坞窗中展开"虚光"设置区，如图7-80所示。

"属性"泊坞窗中各选项的含义如下。

"颜色"选项：用来设定光照的颜色。

"形状"选项：用来设定光照的形状。

"偏移"选项：用来设定虚光框架的大小。

"褪色"选项：用来设定图像与虚光框架的混合程度。

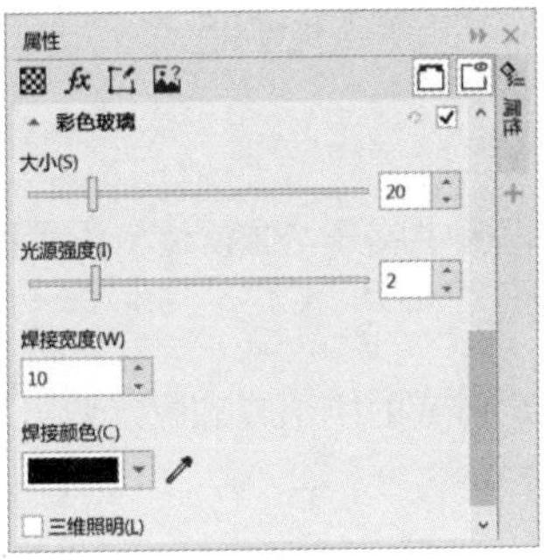

图7-79 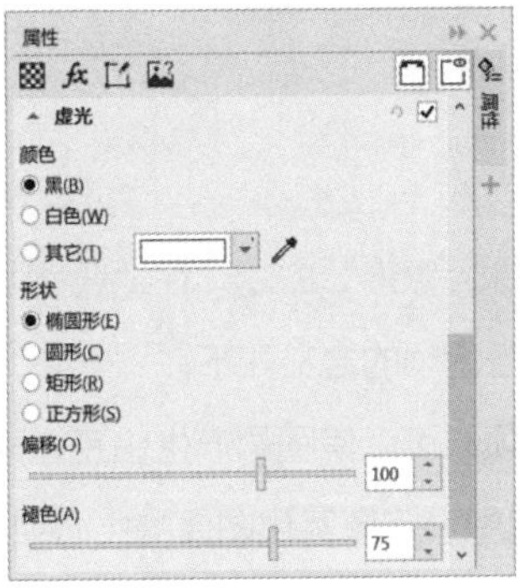　　　　　　　图7-80

7.2.6 扭曲

选中导入的位图，选择"效果 > 扭曲"命令，弹出子菜单，如图7-81所示。CorelDRAW 2024提供了12种不同的扭曲效果，下面介绍常用的扭曲效果。

1. 块状

选择"效果 > 扭曲 > 块状"命令，在"属性"泊坞窗中展开"块状"设置区，如图7-82所示。

"属性"泊坞窗中各选项的含义如下。

"块宽度"和"块高度"选项：用来设定块状图像的尺寸。

"最大偏移"选项：用来设定块状图像的打散程度。

"未定义区域"选项：在其下拉列表中可以设定背景颜色。

块状(B)...
置换(D)...
网孔扭曲(M)...
偏移(O)...
像素(P)...
龟纹(R)...
切变(S)...
旋涡(I)...
平铺(T)...
湿笔画(W)...
涡流(H)...
风吹效果(N)...

图7-81

2. 置换

选择"效果 > 扭曲 > 置换"命令，在"属性"泊坞窗中展开"置换"设置区，如图7-83所示。"属性"泊坞窗中常用选项和按钮的含义如下。

"缩放模式"选项：可以选择"平铺"或"伸展适合"模式。

▒：在其下拉列表中可以选择置换的图形。

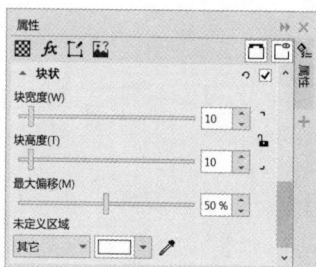

图7-82

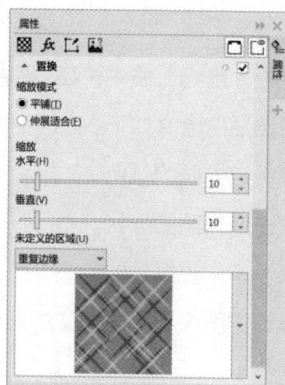

图7-83

3. 像素

选择"效果 > 扭曲 > 像素"命令，在"属性"泊坞窗中展开"像素化"设置区，如图7-84所示。"属性"泊坞窗中各选项的含义如下。

"像素化模式"选项：可以使图像产生由正方形、矩形或射线组成的像素效果。当选择"射线"单选项时，可以在预览窗口中设定像素化图像的中心点。

"宽度"和"高度"选项：用于设定像素色块的大小。

"不透明度"选项：用于设定像素色块的不透明度，数值越小，色块越透明。

4. 龟纹

选择"效果 > 扭曲 > 龟纹"命令，在"属性"泊坞窗中展开"龟纹"设置区，如图7-85所示。

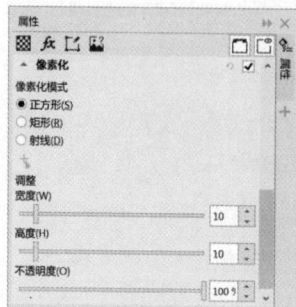

图7-84

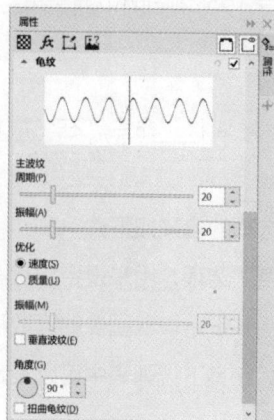

图7-85

"属性"泊坞窗中部分选项的含义如下。

"周期"和"振幅"选项:默认的波纹是与图像的顶端和底端平行的。拖曳滑块,可以设定波纹的周期和振幅,在泊坞窗上方可以看到波纹的形状。

项目实践 制作美食宣传海报

项目要点 使用"导入"命令添加素材图片,使用"矩形"工具、"添加杂点"命令、"蚀刻"命令、"转换为曲线"按钮、"形状"工具制作底图,使用"透明度"工具为图片添加半透明效果,使用"色度/饱和度/亮度"命令调整图片色调,使用"文本"工具、"文本"泊坞窗添加宣传文字。最终效果参看学习资源中的"项目7\效果\制作美食宣传海报.cdr"文件,效果如图7-86所示。

图7-86

课后习题 制作护肤品广告

习题要点 使用"导入"命令添加素材图片,使用"色度/饱和度/亮度"命令、"亮度/对比度/强度"命令调整图片色调,使用"文本"工具、"文本"泊坞窗、"字形"命令添加宣传语,使用"矩形"工具、"圆角半径"选项、"渐变填充"按钮绘制装饰图形。最终效果参看学习资源中的"项目7\效果\制作护肤品广告.cdr"文件,效果如图7-87所示。

图7-87

项目 8

应用特殊效果

本项目将介绍CorelDRAW 2024中创建PowerClip效果、调整色调，以及应用特殊效果的方法。通过本项目的学习，读者可以了解并掌握如何使用CorelDRAW 2024的特殊效果制作出丰富多彩的图形特效。

学习目标

- 掌握创建PowerClip对象的方法。
- 掌握色调的调整技巧。
- 熟练掌握特殊效果的使用方法。
- 掌握透视与透镜效果的使用方法。

技能目标

- 掌握霜降节气海报的制作方法。
- 掌握阅读平台推广海报的制作方法。
- 掌握冰糖葫芦宣传单的制作方法。

素养目标

- 通过特殊效果的调整和组合，培养创作富有创意的作品的能力。
- 通过应用特殊效果，培养对美学和视觉表现效果的敏感性。

任务8.1　掌握PowerClip效果和色调的调整

在CorelDRAW 2024中，使用PowerClip相关命令可以将一个对象置于一个容器对象中。内置的对象可以是任意对象，但容器对象必须是创建的封闭路径。另外，使用色调调整相关命令可以调整图形的色调。下面具体讲解如何在容器对象中置入图形对象，以及如何调整图形的色调。

任务实践　**制作霜降节气海报**

任务目标　学习使用PowerClip相关命令和"文本"工具制作霜降节气海报。

任务要点　使用"椭圆形"工具、"高斯式模糊"命令、"导入"命令、"置于图文框内部"命令制作PowerClip效果，使用"文本"工具、"文本"泊坞窗添加标题文字。最终效果参看学习资源中的"项目8\效果\制作霜降节气海报.cdr"文件，效果如图8-1所示。

图8-1

任务操作

01 按Ctrl+O快捷键，弹出"打开绘图"对话框，选择学习资源中的"项目8\素材\制作霜降节气海报\01"文件，单击"打开"按钮，打开文件，效果如图8-2所示。

02 选择"椭圆形"工具○，按住Ctrl键的同时，在适当的位置绘制一个圆形，填充图形为白色，并去除图形的轮廓，效果如图8-3所示。按Ctrl+C快捷键，复制图形（此图形作为备用）。

03 选择"效果 > 模糊 > 高斯式模糊"命令，在弹出的"属性"泊坞窗中进行设置，如图8-4所示。按Enter键，效果如图8-5所示。

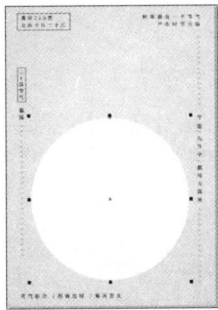
图8-2

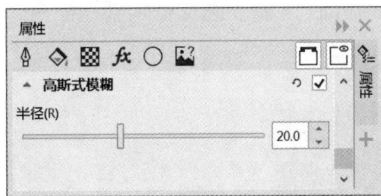
图8-3

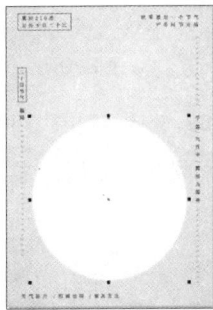
图8-4

图8-5

04 按Ctrl+V快捷键，粘贴（备用）图形，在"CMYK调色板"中的"黑"色块上单击鼠标右键，填充图形轮廓，效果如图8-6所示。

05 按Ctrl+I快捷键，弹出"导入"对话框，选择学习资源中的"项目8\素材\制作霜降节气海报\02"文件，单击"导入"按钮，在页面中单击以导入图片。选择"选择"工具▶，拖曳图片到适当的位置并调整其大小，效果如图8-7所示。按Ctrl+Page Down快捷键，将图形向后移一层，效果如图8-8所示。

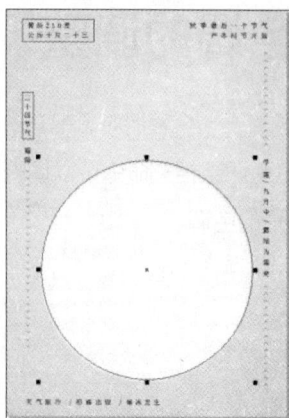

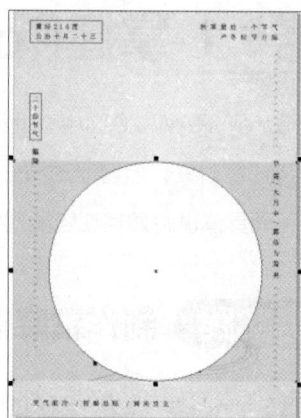

| 图8-6 | 图8-7 | 图8-8 |

06 选择"对象 > PowerClip > 置于图文框内部"命令，鼠标指针变为黑色箭头形状，在圆形上单击，如图8-9所示，将图片置入圆形，效果如图8-10所示。

07 按Ctrl+I快捷键，弹出"导入"对话框，选择学习资源中的"项目8\素材\制作霜降节气海报\03、04"文件，单击"导入"按钮，在页面中分别单击以导入图片。选择"选择"工具 ，分别拖曳图片到适当的位置并调整其大小，效果如图8-11所示。选取下层图片，如图8-12所示。

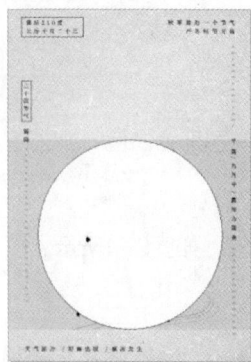

| 图8-9 | 图8-10 | 图8-11 | 图8-12 |

08 选择"对象 > PowerClip > 置于图文框内部"命令，鼠标指针变为黑色箭头形状，在文字上单击，如图8-13所示，将图片置入文字，效果如图8-14所示。

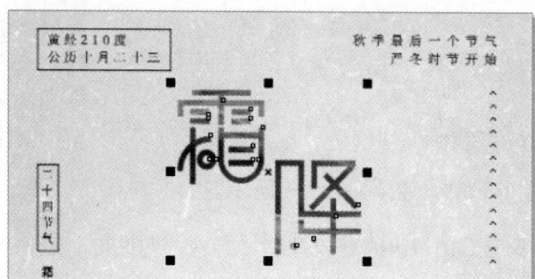

| 图8-13 | 图8-14 |

09 选择"文本"工具字，在适当的位置输入需要的文字，选择"选择"工具，选中输入的文字，在属性栏中选取适当的字体并设置文字大小，效果如图8-15所示。

10 选择"文本 > 文本"命令，在弹出的"文本"泊坞窗中进行设置，如图8-16所示。按Enter键，效果如图8-17所示。

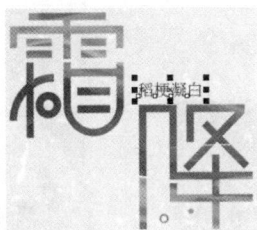
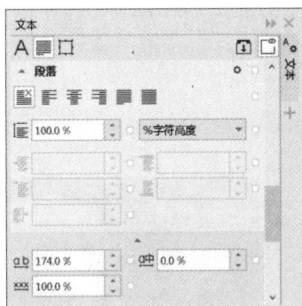
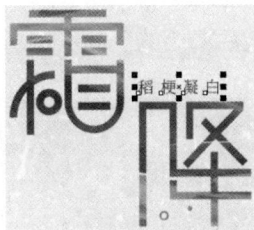

| 图8-15 | 图8-16 | 图8-17 |

11 按Ctrl+I快捷键，弹出"导入"对话框，选择学习资源中的"项目8\素材\制作霜降节气海报\05"文件，单击"导入"按钮，在页面中单击以导入图片。选择"选择"工具，拖曳图片到适当的位置并调整其大小，效果如图8-18所示。

12 选择"文本"工具字，在适当的位置分别输入需要的文字，选择"选择"工具，选中输入的文字，在属性栏中分别选取适当的字体并设置文字大小，单击"将文本更改为垂直方向"按钮，更改文字方向，效果如图8-19所示。选取左侧文字"霜降"，填充文字为白色，效果如图8-20所示。

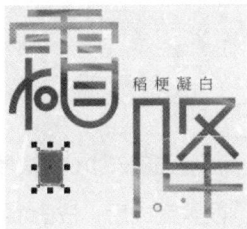

| 图8-18 | 图8-19 | 图8-20 |

13 选取右侧需要的文字，"文本"泊坞窗中各选项的设置如图8-21所示。按Enter键，效果如图8-22所示。霜降节气海报制作完成，效果如图8-23所示。

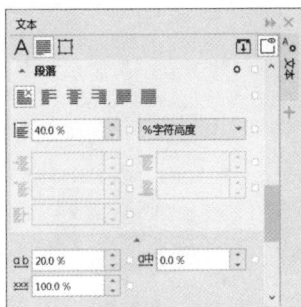

| 图8-21 | 图8-22 | 图8-23 |

任务知识

8.1.1 PowerClip效果

打开一张图片，再绘制一个图形作为容器对象，使用"选择"工具 选中导入的图片，如图8-24所示。选择"对象 > PowerClip > 置于图文框内部"命令，鼠标指针变为黑色箭头形状，将鼠标指针放在容器对象内，如图8-25所示。单击，完成图框的精确剪裁，效果如图8-26所示。内置图片的中心和容器对象的中心是重合的。

图8-24 图8-25 图8-26

选择"对象 > PowerClip > 提取内容"命令，可以将容器对象内的位图提取出来。

选择"对象 > PowerClip > 编辑PowerClip"命令，可以修改容器对象内的位图。

选择"对象 > PowerClip > 完成编辑PowerClip"命令，完成内置位图的重新编辑。

选择"对象 > PowerClip > 复制PowerClip自"命令，鼠标指针变为黑色箭头形状，将鼠标指针放在内置对象上并单击，可复制内置对象。

8.1.2 调整亮度

打开一个图形，如图8-27所示。选择"效果 > 调整 > 亮度"命令，或按Ctrl+B快捷键，弹出亮体"属性"泊坞窗，拖曳滑块可以设置各选项的数值，如图8-28所示。设置完成后，按Enter键，图形色调的调整效果如图8-29所示。

 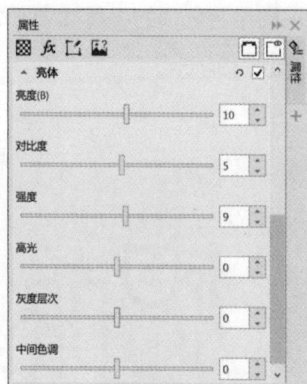 

图8-27 图8-28 图8-29

亮体"属性"泊坞窗中各选项的含义如下。

"亮度"选项：可以调整图形颜色的深浅，也就是增大或减小所有像素的色调范围。

"对比度"选项：可以调整图形颜色的对比度，也就是调整最浅和最深像素值之间的差别。

"强度"选项：可以调整图形浅色区域的亮度，同时不降低深色区域的亮度。

"高光"选项：可以对图形高光区域的亮度进行调整。

"灰度层次"选项：可以对图形阴影区域的亮度进行调整。

"中间色调"选项：可以对图形中间色调的亮度进行调整。

8.1.3 调整颜色平衡

打开一个图形，如图8-30所示。选择"效果 > 调整 > 颜色平衡"命令，或按Ctrl+Shift+B快捷键，弹出颜色平衡"属性"泊坞窗，拖曳滑块可以设置各选项的数值，如图8-31所示。设置完成后，按Enter键，图形色调的调整效果如图8-32所示。

颜色平衡"属性"泊坞窗中各选项及部分按钮的含义如下。

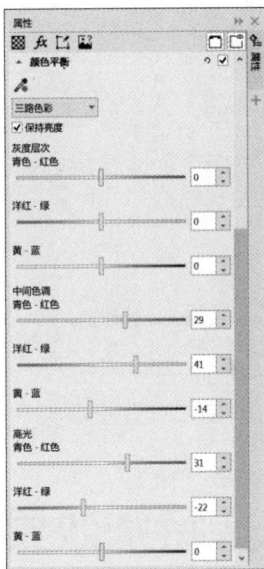

：采集一个中性灰的图像区域作为样本来调整颜色。

"保持亮度"复选框：可以在对图形进行颜色调整的同时保持图形的亮度不变。

"三路色彩"选项：可以对

图8-30

图8-31

图8-32

"灰度层次""中间色调""高光"的颜色进行调整。单击下拉按钮 ，弹出下拉列表，如图8-33所示。

"主对象"选项：可以对主对象的颜色进行调整。

"灰度层次"选项：可以对图形阴影区域的颜色进行调整。

"中间色调"选项：可以对图形中间色调的颜色进行调整。

"高光"选项：可以对图形高光区域的颜色进行调整。

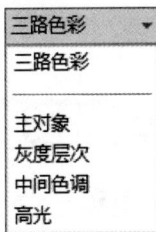

图8-33

"青色－红色"选项：可以在图形中添加青色和红色。向右移动滑块将添加红色，向左移动滑块将添加青色。

"洋红－绿"选项：可以在图形中添加洋红色和绿色。向右移动滑块将添加绿色，向左移动滑块将添加洋红色。

"黄－蓝"选项：可以在图形中添加黄色和蓝色。向右移动滑块将添加蓝色，向左移动滑块将添加黄色。

8.1.4 调整色度、饱和度和亮度

打开一个图形，如图8-34所示。选择"效果 > 调整 > 色度/饱和度/亮度"命令，或按Ctrl+Shift+U快捷键，弹出色调/饱和度/亮度"属性"泊坞窗，拖曳滑块可以设置各选项的数值，如图8-35所示。设置完成后，按Enter键，图形色调的调整效果如图8-36所示。

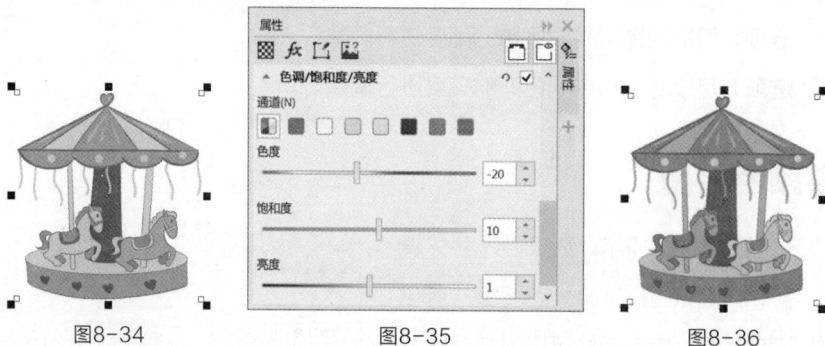

图8-34   图8-35   图8-36

色调/饱和度/亮度"属性"泊坞窗中各选项的含义如下。

"通道"选项：可以选择要调整的主要颜色，包含"主对象""红""黄色""绿""青色""蓝""品红""灰度"。

"色度"选项：可以改变图形的颜色。

"饱和度"选项：可以改变图形颜色的饱和度。

"亮度"选项：可以改变图形颜色的明暗程度。

任务8.2 掌握特殊效果的应用

在CorelDRAW 2024中，使用特殊效果工具和命令可以制作出丰富的图形特效。下面具体介绍常用的特殊效果工具和命令。

任务实践 制作阅读平台推广海报

任务目标 学习使用"立体化"工具、"阴影"工具、"调和"工具制作阅读平台推广海报。

任务要点 使用"文本"工具、"文本"泊坞窗添加标题文字，使用"立体化"工具为标题文字添加立体效果，使用"矩形"工具、"圆角半径"选项、"调和"工具制作调和效果，使用"导入"命令导入图形元素，使用"阴影"工具为文字添加阴影效果。最终效果参看学习资源中的"项目8\效果\制作阅读平台推广海报.cdr"文件，效果如图8-37所示。

图8-37

任务操作

01 按Ctrl+N快捷键，弹出"创建新文档"对话框，设置文档的宽度为1242px，高度为2208px，方向为纵向，原色模式为RGB，分辨率为72dpi。单击"OK"按钮，创建一个文档。

02 双击"矩形"工具▢，绘制一个与页面大小相同的矩形，如图8-38所示。设置图形颜色的RGB值为5、138、74，填充图形，并去除图形的轮廓，效果如图8-39所示。

03 按数字键盘上的+键，复制矩形。选择"选择"工具▶，向右拖曳矩形左边中间的控制手柄到适当的位置，调整矩形大小，如图8-40所示。设置图形颜色的RGB值为250、178、173，填充图形，效果如图8-41所示。

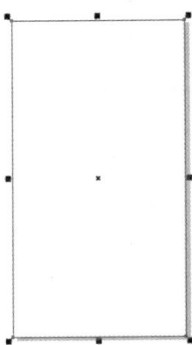   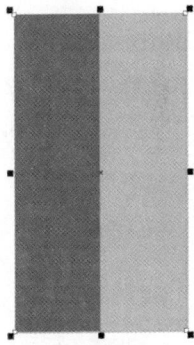

图8-38　　　　　　　图8-39　　　　　　　图8-40　　　　　　　图8-41

04 选择"文本"工具字，在页面中输入需要的文字，选择"选择"工具▶，选中输入的文字，在属性栏中选取适当的字体并设置文字大小，填充文字为白色，效果如图8-42所示。

05 选择"文本 > 文本"命令，在弹出的"文本"泊坞窗中进行设置，如图8-43所示。按Enter键，效果如图8-44所示。

 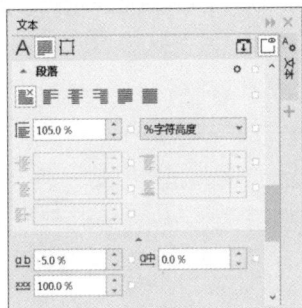 

图8-42　　　　　　　图8-43　　　　　　　图8-44

06 按F12键，弹出"轮廓笔"对话框，在"颜色"选项中设置轮廓颜色的RGB值为102、102、102，其他选项的设置如图8-45所示。单击"OK"按钮，效果如图8-46所示。

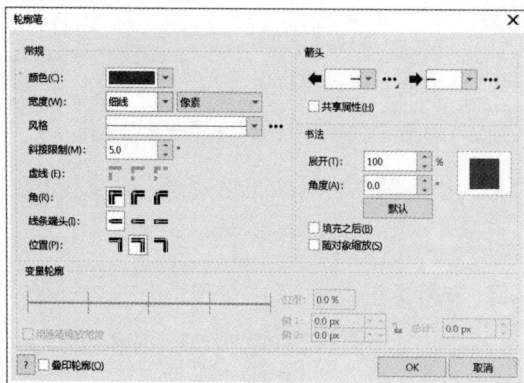
图8-45

图8-46

07 选择"立体化"工具，从文字中心向右拖曳鼠标，在属性栏中单击"立体化颜色"按钮，在弹出的下拉列表中单击"使用纯色"按钮，设置立体色的RGB值为255、219、211，其他选项的设置如图8-47所示。按Enter键，效果如图8-48所示。

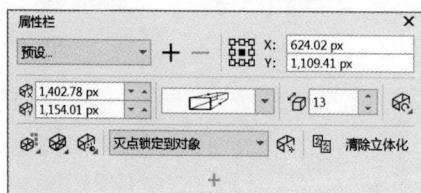
图8-47

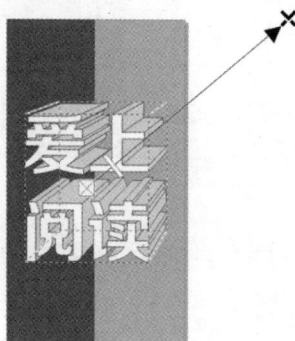
图8-48

08 选择"矩形"工具，在适当的位置绘制一个矩形，如图8-49所示。在属性栏中单击"倒棱角"按钮，将"圆角半径"选项设为0.0px和100.0px，其他选项的设置如图8-50所示。按Enter键，效果如图8-51所示。

图8-49

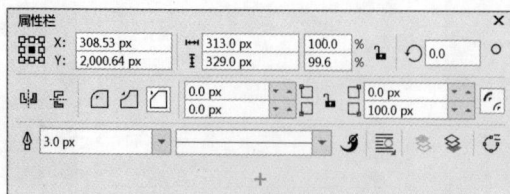
图8-50

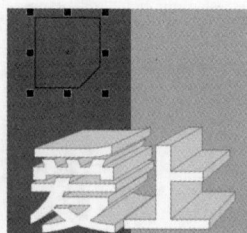
图8-51

09 填充图形为白色，效果如图8-52所示。按数字键盘上的+键，复制矩形。选择"选择"工具，向右下方拖曳复制的矩形到适当的位置，效果如图8-53所示。

10 选择"调和"工具，在两个矩形之间拖曳鼠标以添加调和效果，属性栏中的设置如图8-54所示。按Enter键，效果如图8-55所示。

图8-52

图8-53

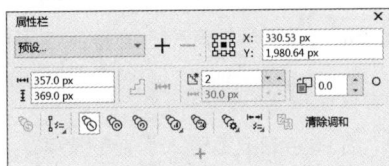
图8-54

图8-55

11 选择"矩形"工具□，在适当的位置绘制一个矩形，如图8-56所示。在属性栏中单击"倒棱角"按钮□，将"圆角半径"选项设为0.0px和100.0px，其他选项的设置如图8-57所示。按Enter键，效果如图8-58所示。

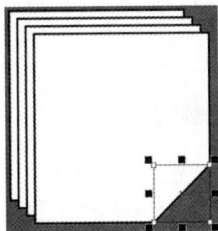
图8-56

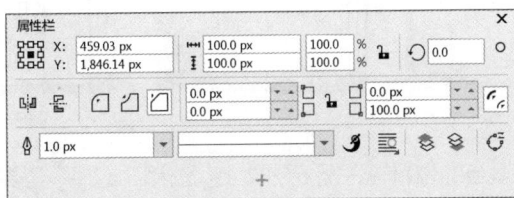
图8-57

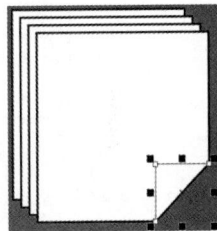
图8-58

12 保持图形处于选取状态，设置图形颜色的RGB值为250、178、173，填充图形，效果如图8-59所示。选择"手绘"工具♣，在适当的位置绘制一条斜线，效果如图8-60所示。

图8-59

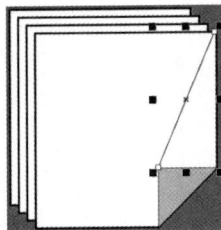
图8-60

13 按F12键，弹出"轮廓笔"对话框，在"颜色"选项中设置轮廓颜色为黑色，其他选项的设置如图8-61所示。单击"OK"按钮，效果如图8-62所示。

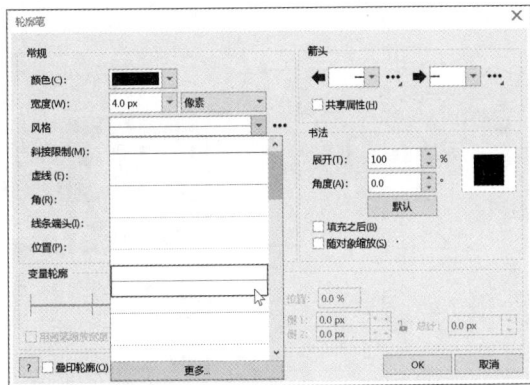
图8-61

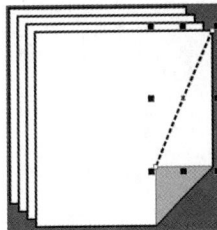
图8-62

14 选择 "选择" 工具▶️,按数字键盘上的+键,复制斜线。按住Shift键的同时,水平向左拖曳复制的斜线到适当的位置,效果如图8-63所示。向右上方拖曳左下角的控制手柄到适当的位置,调整斜线长度,效果如图8-64所示。

15 选择 "文本" 工具🇦,在适当的位置输入需要的文字,选择 "选择" 工具▶️,选中输入的文字,在属性栏中选取适当的字体并设置文字大小,单击 "将文本更改为垂直方向" 按钮⬛,更改文字方向,效果如图8-65所示。

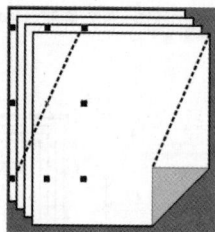
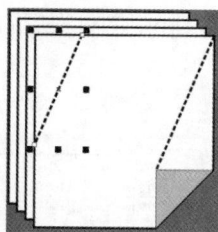

图8-63 　　　　　　　图8-64 　　　　　　　图8-65

16 选择 "文本" 工具🇦,在适当的位置输入需要的文字,选择 "选择" 工具▶️,选中输入的文字,在属性栏中选取适当的字体并设置文字大小,单击 "将文本更改为水平方向" 按钮⬛,更改文字方向,效果如图8-66所示。"文本" 泊坞窗中各选项的设置如图8-67所示,按Enter键,效果如图8-68所示。

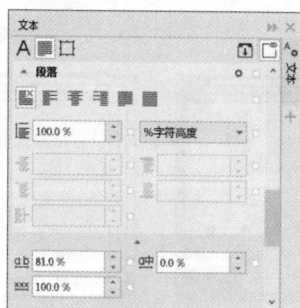

图8-66 　　　　　　　图8-67 　　　　　　　图8-68

17 选择 "文本" 工具🇦,在适当的位置输入需要的文字,选择 "选择" 工具▶️,选中输入的文字,在属性栏中选取适当的字体并设置文字大小,效果如图8-69所示。"文本" 泊坞窗中各选项的设置如图8-70所示,按Enter键,效果如图8-71所示。

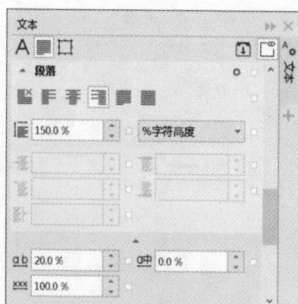

图8-69 　　　　　　　图8-70 　　　　　　　图8-71

18 选择"选择"工具 ，选取需要的斜线，如图8-72所示，按数字键盘上的+键，复制斜线。向右拖曳复制的斜线到适当的位置，效果如图8-73所示。

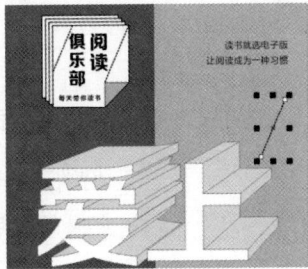

图8-72　　　　　　　　　　　　　　图8-73

19 按Ctrl+I快捷键，弹出"导入"对话框，选择学习资源中的"项目8\素材\制作阅读平台推广海报\01"文件，单击"导入"按钮，在页面中单击以导入图片。选择"选择"工具 ，拖曳图片到适当的位置，效果如图8-74所示。

20 选择"矩形"工具 ，在适当的位置绘制一个矩形，在"RGB调色板"中的"10%黑"色块上单击，填充图形，并去除图形的轮廓，效果如图8-75所示。再绘制一个矩形，填充图形为白色，并去除图形的轮廓线，效果如图8-76所示。

图8-74　　　　　　　　图8-75　　　　　　　　　　　　　図8-76

21 选择"阴影"工具 ，在白色矩形中从上边缘向下边缘拖曳鼠标，为矩形添加阴影效果，属性栏中的设置如图8-77所示。按Enter键，效果如图8-78所示。

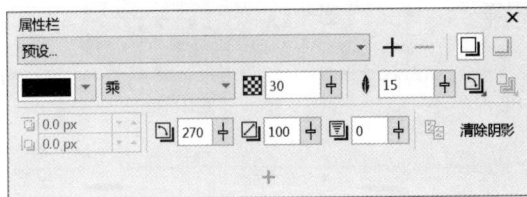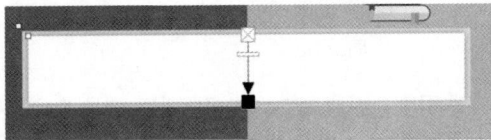

图8-77　　　　　　　　　　　　　　　　　图8-78

22 选择"矩形"工具 ，在适当的位置绘制一个矩形，如图8-79所示。选择"文本"工具 ，在适当的位置分别输入需要的文字，选择"选择"工具 ，选中输入的文字，在属性栏中分别选取适当的字体并设置文字大小，效果如图8-80所示。

图8-79

图8-80

23 选择"手绘"工具，按住Ctrl键的同时，在适当的位置绘制一条直线段，如图8-81所示。按F12 键，弹出"轮廓笔"对话框，在"颜色"选项中设置轮廓颜色为黑色，其他选项的设置如图8-82所示。 单击"OK"按钮，效果如图8-83所示。阅读平台推广海报制作完成，效果如图8-84所示。

图8-81

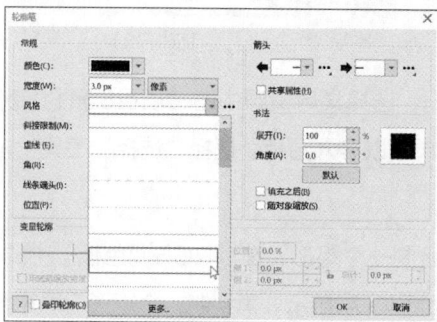
图8-82

图8-83

图8-84

任务知识

8.2.1 透明度效果

使用"透明度"工具可以制作出多种漂亮的透明效果。

打开一个图形，使用"选择"工具选中要添加透明效果的图形，如图8-85所示。选择"透明度" 工具，在属性栏中可以选择一种透明效果，这里单击"均匀透明度"按钮，相关选项的设置如图 8-86所示，图形的透明效果如图8-87所示。

图8-85

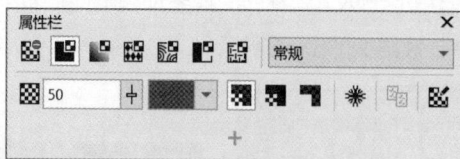
图8-86

图8-87

"透明度"工具属性栏中各按钮、选项的含义如下。

"无透明度"按钮：可以清除对象中的透明效果。

、常规：可以从中选择透明类型和透明样式。

"透明度"选项 50：拖曳滑块或直接输入数值，可以改变对象的透明程度。

"透明度目标"选项：设置应用透明度的目标对象，包括"填充""轮廓""全部"。

"冻结透明度"按钮：冻结当前对象的透明度。

"复制透明度"按钮▣：可以复制对象的透明效果。

"编辑透明度"按钮▨：可以打开"渐变透明度"对话框，对渐变透明度进行设置。

8.2.2 阴影效果

阴影效果是经常使用的一种特效，使用"阴影"工具▣可以快速给图形制作阴影效果，还可以设置阴影的透明度、角度、位置、颜色和羽化程度。下面介绍如何制作阴影效果。

打开一个图形，使用"选择"工具▸选中要添加阴影效果的图形，如图8-88所示。选择"阴影"工具▣，将鼠标指针放在图形上，按住鼠标左键并向阴影投射的方向拖曳鼠标，如图8-89所示。到需要的位置后松开鼠标左键，阴影效果如图8-90所示。

拖曳阴影控制线上的▭图标，可以调节阴影的透光程度。拖曳时，▭图标越靠近⊠图标，透光度越小，阴影越淡，效果如图8-91所示。拖曳时，▭图标越靠近■图标，透光度越大，阴影越浓，效果如图8-92所示。

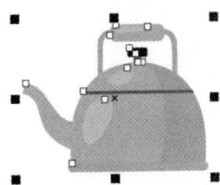 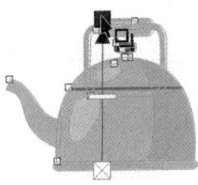 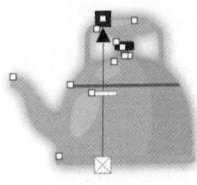 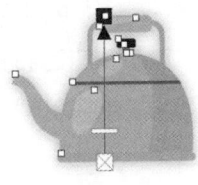 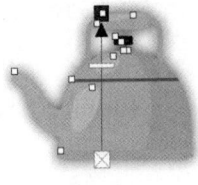

　　图8-88　　　　　　图8-89　　　　　　图8-90　　　　　　图8-91　　　　　　图8-92

"阴影"工具属性栏如图8-93所示，其中常用选项、按钮的含义如下。

"预设列表"选项 预设... ▾：可以从中选择需要的预设阴影效果。单击右侧的➕或➖按钮，可以保存或删除"预设列表"中的阴影效果。

"阴影颜色"选项 ■▾：可以改变阴影的颜色。

"阴影不透明度"选项 ▨ 50 ➕：可以设置阴影的不透明度。

"阴影羽化"选项 ◊ 15 ➕：可以设置阴影的羽化程度。

"羽化方向"按钮 ▣：可以设置阴影的羽化方向。单击此按钮可弹出"羽化方向"下拉列表，如图8-94所示。

"羽化边缘"按钮 ▣：可以设置阴影羽化边缘的样式。单击此按钮可弹出"羽化边缘"下拉列表，如图8-95所示。

"阴影偏移"选项 ⟐ 0.0 mm ⟐ 0.0 mm、**"阴影角度"选项** ▣ 90 ➕：可以设置阴影的偏移位置和角度。

"阴影延展"选项 ▣ 100 ➕、**"阴影淡出"选项** ▣ 0 ➕：可以调整阴影的长度和阴影边缘的淡化程度。

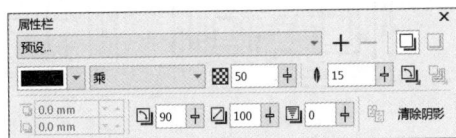 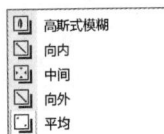 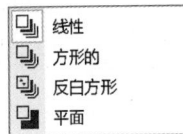

　　　　图8-93　　　　　　　　　　　图8-94　　　　　　图8-95

8.2.3 轮廓图效果

轮廓图效果是由一系列同心轮廓线圈组合在一起，形成的具有深度感和层次感的效果。下面介绍如何制作轮廓图效果。

绘制一个图形，如图8-96所示。选择"轮廓图"工具▣，在图形轮廓上方的节点上单击，将其向内拖曳至需要的位置，松开鼠标左键，效果如图8-97所示。

"轮廓图"工具属性栏如图8-98所示，其中常用选项、按钮的含义如下。

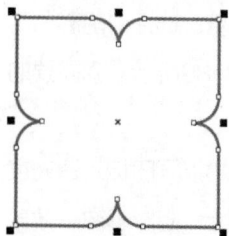

图8-96

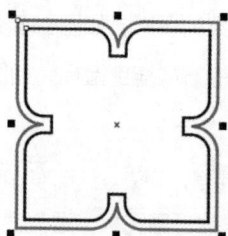

图8-97

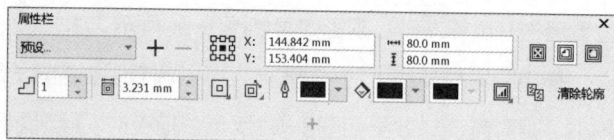

图8-98

"预设列表"选项 预设... ：可以从中选择系统预设的轮廓图效果。

"到中心"按钮▣：可以根据设置的偏移值一直向内创建轮廓图，效果如图8-99所示。

"内部轮廓"按钮▣和**"外部轮廓"按钮**▣：可以使对象产生向内或向外的轮廓图效果。

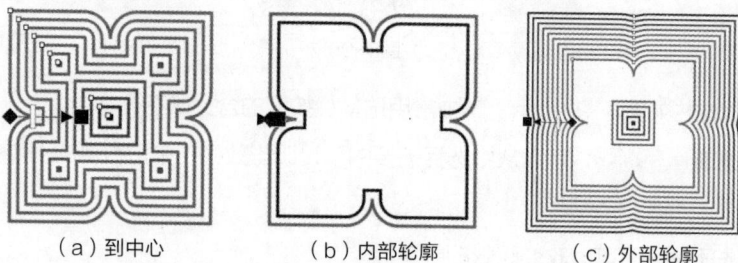

（a）到中心　　　　　　（b）内部轮廓　　　　　　（c）外部轮廓

图8-99

"轮廓图步长"选项 1 和**"轮廓图偏移"选项** 3.231 mm ：可以设置轮廓图的步数和偏移值，如图8-100和图8-101所示。

"轮廓色"选项：可以设置最内一圈轮廓的颜色。

"填充色"选项：可以设置轮廓图的填充颜色。

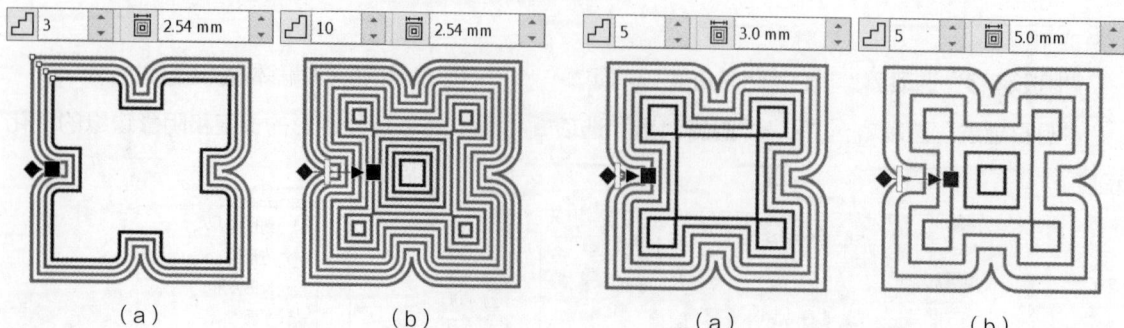

（a）　　　　　　（b）　　　　　　　　　　（a）　　　　　　（b）

图8-100　　　　　　　　　　　　　图8-101

8.2.4 调和效果

"调和"工具是CorelDRAW 2024中应用较广泛的工具，制作调和效果可以使两个对象间产生形状、颜色的平滑变化。下面具体讲解调和效果的制作方法。

打开两个要制作调和效果的图形，如图8-102所示。选择"调和"工具，将鼠标指针放在左边的图形上，鼠标指针变为形状，按住鼠标左键并拖曳鼠标到右边的图形上，如图8-103所示。松开鼠标左键，两个图形的调和效果如图8-104所示。

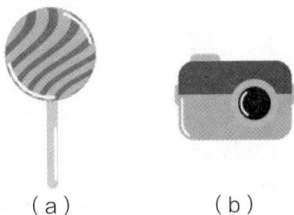
（a）   （b）
图8-102

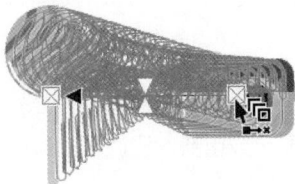
图8-103

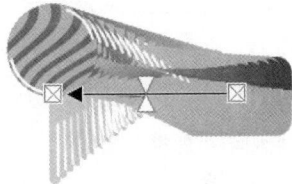
图8-104

"调和"工具属性栏如图8-105所示，其中常用选项、按钮的含义如下。

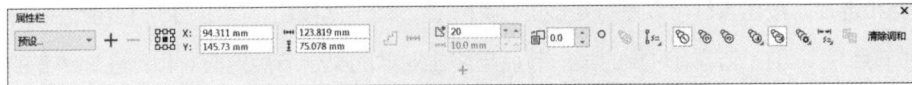
图8-105

"调和步长"选项 ：可以设置调和的步数，效果如图8-106所示。

"调和方向"选项 ：可以设置调和的角度，效果如图8-107所示。

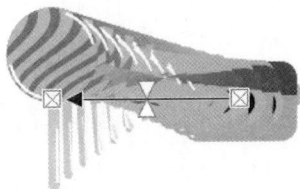
图8-106

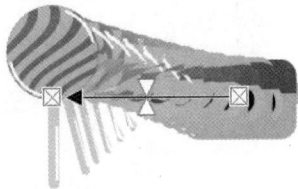
图8-107

"环绕调和"按钮 ：除了调和对象自身的旋转，同时将以起点对象和终点对象的中间位置为旋转中心将过渡对象旋转分布，如图8-108所示。

"直接调和"按钮 、**"顺时针调和"按钮** 和**"逆时针调和"按钮** ：设置调和对象之间颜色过渡的方向，效果如图8-109所示。

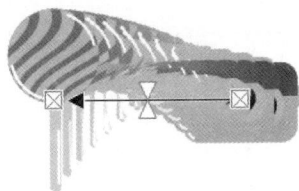
图8-108

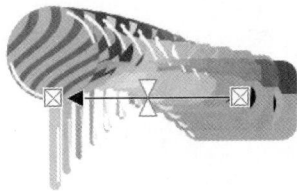
（a）顺时针调和
图8-109

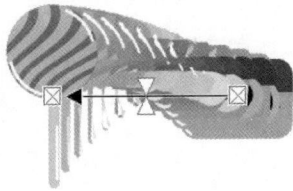
（b）逆时针调和

"对象和颜色加速"按钮 ：调整对象和颜色的加速属性。单击此按钮，弹出图8-110所示的下拉列表，分别拖曳相应的滑块到需要的位置，对象加速调和效果如图8-111所示，颜色加速调和效果如图8-112所示。

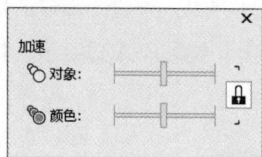

图8-110

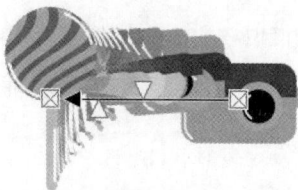

图8-111

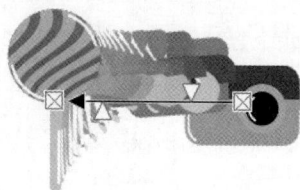

图8-112

"调整加速大小"按钮 ：可以设置调和的加速属性。

"起始和结束属性"按钮 ：可以显示或重新设置调和的起始及终止对象。

"路径属性"按钮 ：使调和对象沿绘制好的路径分布。单击此按钮，弹出图8-113所示的下拉列表，选择"新建路径"，鼠标指针变为 形状，在新绘制的路径上单击，如图8-114所示。沿路径进行调和的效果如图8-115所示。

"更多调和选项"按钮 ：可以进行更多的调和设置。单击此按钮，弹出图8-116所示的下拉列表。选择"映射节点"，可指定起始对象的某一节点与终止对象的某一节点对应，以产生特殊的调和效果。选择"拆分"，可将过渡对象分割成独立的对象，同时分割后的过渡对象可与其他对象再次进行调和。选择"沿全路径调和"，可以使调和对象自动充满整个路径。选择"旋转全部对象"，可以使调和对象的方向与路径一致。

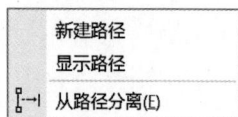

图8-113

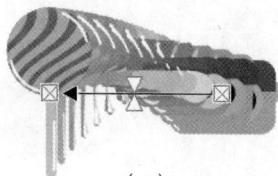

（a）

图8-114

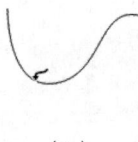

（b）

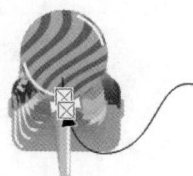

图8-115

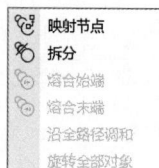

图8-116

8.2.5 变形效果

使用"变形"工具 可以方便地对图形进行变形操作，以改变图形外观，使图形效果更加奇特。

选择"变形"工具 ，其属性栏如图8-117所示，其中提供了3种变形方式："推拉变形" 、"拉链变形" 和"扭曲变形" 。

图8-117

1. 推拉变形

　　绘制一个图形，如图8-118所示。选择"变形"工具，单击属性栏中的"推拉变形"按钮，在图形上按住鼠标左键并向左拖曳鼠标，如图8-119所示，松开鼠标左键，图形推拉变形的效果如图8-120所示。

  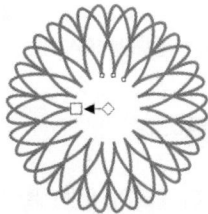

图8-118　　　　　　　　图8-119　　　　　　　　图8-120

　　在属性栏的"推拉振幅"选项中，可以输入数值来控制推拉变形的幅度，推拉振幅的范围为-200~200。单击"居中变形"按钮，可以将变形的中心移至图形的中心。单击"转换为曲线"按钮，可以将图形转换为曲线。

2. 拉链变形

　　绘制一个图形，如图8-121所示。选择"变形"工具，单击属性栏中的"拉链变形"按钮，在图形上按住鼠标左键并向右上方拖曳鼠标，如图8-122所示，松开鼠标左键，图形拉链变形的效果如图8-123所示。

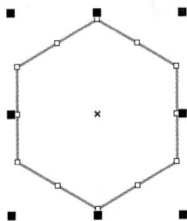 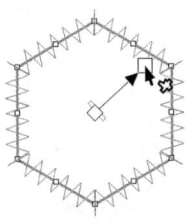 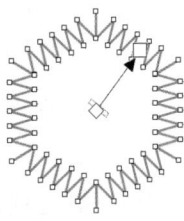

图8-121　　　　　　　　图8-122　　　　　　　　图8-123

　　在属性栏的"拉链频率"选项中，可以输入数值来调整变化图形时锯齿的深度。单击"随机变形"按钮，可以随机地改变锯齿的深度。单击"平滑变形"按钮，可以将图形锯齿的尖角变得平滑。单击"局限变形"按钮，在图形中拖曳鼠标，可以对图形锯齿的局部进行变形。

3. 扭曲变形

　　绘制一个图形，效果如图8-124所示。选择"变形"工具，单击属性栏中的"扭曲变形"按钮，在图形中按住鼠标左键并转动鼠标，如图8-125所示，松开鼠标左键，扭曲变形的效果如图8-126所示。

　　在属性栏中单击"添加新的变形"按钮，可以继续在图形中按住鼠标左键并转动鼠标，制作新的变形效果。单击"顺时针旋转"按钮或"逆时针旋转"按钮，可以设置旋转的方向。在"完整旋转"选项中可以设置完全旋转的圈数，在"附加度数"选项中可以设置旋转的角度。

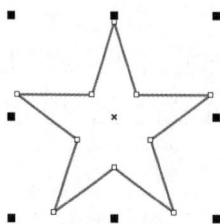
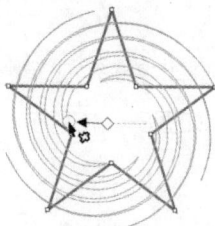
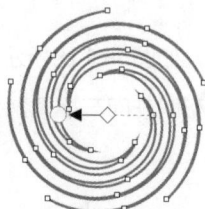

图8-124 　　　　　　图8-125 　　　　　　图8-126

8.2.6 封套效果

使用"封套"工具▣可以快速创建封套效果，使文本、矢量图和位图产生丰富的变形效果。

打开一个要添加封套效果的图形，如图8-127所示。选择"封套"工具▣，单击图形，图形周围会显示封套的控制线和控制点，如图8-128所示。按住鼠标左键并拖曳需要的控制点到适当的位置后，松开鼠标左键，可以改变图形的外观，如图8-129所示。选择"选择"工具▶并按Esc键，取消图形的选取，效果如图8-130所示。

图8-127 　　　　　图8-128 　　　　　图8-129 　　　　　图8-130

在属性栏的"预设列表"选项 预设... ▾ 的下拉列表中可以选择需要的预设封套效果。"直线模式"按钮◻、"单弧模式"按钮◻、"双弧模式"按钮◻和"非强制模式"按钮✐提供了4种不同的封套编辑模式。"映射模式"选项 自由变形 ▾ 的下拉列表中包含4种映射模式，分别是"水平"模式、"原始"模式、"自由变形"模式和"垂直"模式。使用不同的映射模式可以使封套中的对象符合封套的形状，从而制作出需要的变形效果。

8.2.7 立体化效果

使用CorelDRAW 2024中的"立体化"工具◉可以制作和编辑图形的立体化效果。

打开一个要添加立体化效果的图形，如图8-131所示。选择"立体化"工具◉，在图形上按住鼠标左键并向图形右下方拖曳鼠标，如图8-132所示，达到需要的立体效果后，松开鼠标左键，图形的立体化效果如图8-133所示。

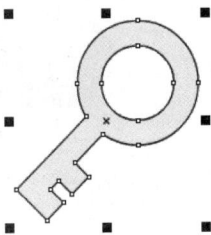 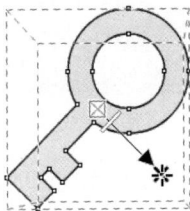 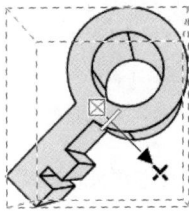

图8-131　　　　　　　图8-132　　　　　　　图8-133

"立体化"工具的属性栏如图8-134所示，其中常用选项、按钮的含义如下。

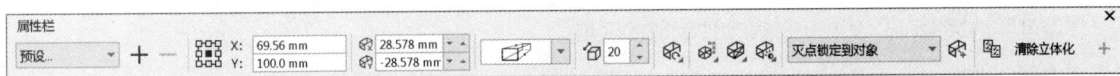

图8-134

"立体化类型"选项 ：可以从中选择不同的立体化效果。

"深度"选项 ：可以设置图形立体化的深度。

"灭点属性"选项 ：可以设置灭点的属性。

"页面或对象灭点"按钮 ：可以将灭点锁定在页面上，在移动图形时灭点不能移动，且立体化的图形形状会发生改变。

"立体化旋转"按钮 ：单击此按钮，弹出"立体化旋转"下拉列表，鼠标指针在三维旋转设置区内会变为手形，拖曳鼠标可以在三维旋转设置区中旋转图形，页面中的立体化图形会进行相应的旋转。单击 按钮，设置区中出现"旋转值"数值框，在其中可以精确地设置立体化图形的旋转数值。单击 按钮，旋转数值会恢复到默认设置。

"立体化颜色"按钮 ：单击此按钮，弹出"立体化颜色"下拉列表。其中有3种颜色设置模式，分别是"使用对象填充"模式 、"使用纯色"模式 和"使用递减的颜色"模式 。

"立体化倾斜"按钮 ：单击此按钮，弹出"立体化倾斜"下拉列表，勾选"使用斜角"复选框，可以通过拖曳图例中的节点来添加斜角效果，也可以在数值框中输入数值来设定斜角；勾选"仅显示斜角"复选框，将只显示立体化图形的斜角修饰边。

"立体化照明"按钮 ：单击此按钮，弹出"立体化照明"下拉列表，在其中可以为立体化图形添加光源。

8.2.8　块阴影效果

使用"块阴影"工具 可以将矢量阴影应用于对象和文本。块阴影由简单的线条构成，是屏幕打印和标牌制作的理想选择。下面介绍如何制作块阴影效果。

打开一个图形，使用"选择"工具 选中要添加块阴影效果的文本，如图8-135所示。选择"块阴影"工具 ，将鼠标指针放在文本上，按住鼠标左键并向阴影投射的方向拖曳鼠标，如图8-136所示。当块阴影达到所需大小后松开鼠标左键，块阴影效果如图8-137所示。

图8-135

图8-136

图8-137

"块阴影"工具的属性栏如图8-138所示，其中常用选项、按钮的含义如下。

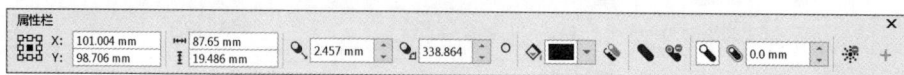
图8-138

"深度"选项 ⚲ 2.457 mm ⬆：可以调整块阴影的深度。

"定向"选项 ⚲ 338.964 ⬆：可以设置块阴影的投射方向。

"块阴影颜色"选项 ◇ ■：可以改变块阴影的颜色。

"叠印块阴影"选项 ⬚：可以设置块阴影在底层对象上方叠加显示。

"简化"按钮 ⬛：可以修剪对象和块阴影之间的重叠区域。

"移除孔洞"按钮 ⬛：可以将块阴影设为不带孔的实线曲线对象。

"从对象轮廓生成"按钮 ⬛：创建块阴影时，块阴影的形状与对象轮廓一致。

"展开块阴影"按钮 ⚲ 0.0 mm ⬆：可以增加块阴影的尺寸。

任务8.3 掌握透视与透镜的使用

使用"添加透视"命令可以通过缩短对象的一边或两边来创建透视效果。使用"透镜"命令可以更改透镜下方对象区域的外观，而不更改对象的实际外观和属性。

任务实践 制作冰糖葫芦宣传单

任务目标 学习使用"添加透视"命令、"置于图文框内部"命令制作冰糖葫芦宣传单。

任务要点 使用"导入"命令添加素材图片，使用"矩形"工具、"添加透视"命令制作矩形透视变形效果，使用"图纸"工具、"轮廓笔"对话框、"旋转角度"选项绘制并旋转网格，使用"置于图文框内部"命令制作Power-Clip效果，使用"阴影"工具为图片添加阴影效果。最终效果参看学习资源中的"项目8\效果\制作冰糖葫芦宣传单.cdr"文件，效果如图8-139所示。

图8-139

任务操作

01 按Ctrl+N快捷键，新建一个A4页面。选择"布局 > 页面大小"命令，弹出"选项"对话框，选择"页面尺寸"选项，设置"出血"数值为3.0，勾选"显示出血区域"复选框，如图8-140所示。单击"OK"按钮，页面效果如图8-141所示。

图8-140

图8-141

02 按Ctrl+I快捷键，弹出"导入"对话框，选择学习资源中的"项目8\素材\制作冰糖葫芦宣传单\01"文件，单击"导入"按钮，在页面中单击以导入图片，如图8-142所示。按P键，使图片在页面中居中对齐，效果如图8-143所示。选择"对象 > 锁定 > 锁定"命令，锁定所选图片。

03 选择"矩形"工具▢，在适当的位置绘制一个矩形，填充图形为白色，并去除图形的轮廓，效果如图8-144所示。选择"对象 > 透视点 > 添加透视"命令，矩形的周围会出现控制线和控制点，如图8-145所示。选择"形状"工具⬚，向上拖曳矩形右下角的控制点到适当的位置，透视效果如图8-146所示。

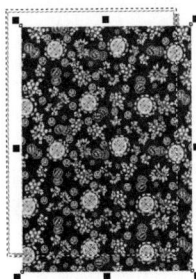

图8-142

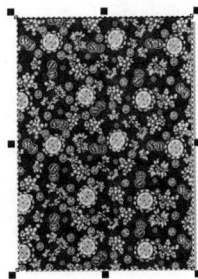

图8-143

图8-144

图8-145

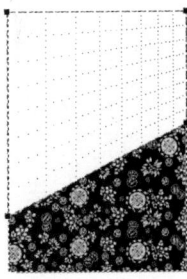

图8-146

04 选择"图纸"工具▦，属性栏中的设置如图8-147所示。按住Ctrl键的同时，在适当的位置绘制网格，效果如图8-148所示。

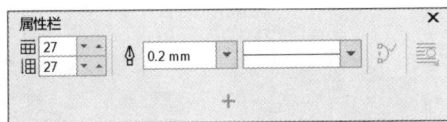

图8-147

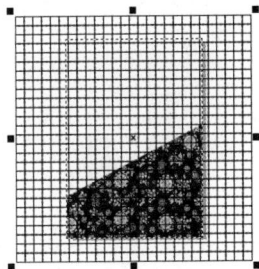

图8-148

05 按F12键，弹出"轮廓笔"对话框，在"颜色"选项中设置轮廓颜色的CMYK值为12、13、20、0，其他选项的设置如图8-149所示。单击"OK"按钮，效果如图8-150所示。

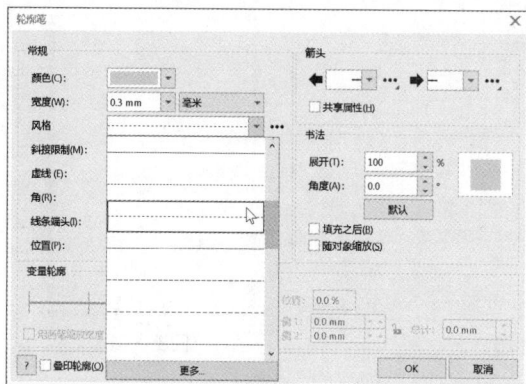
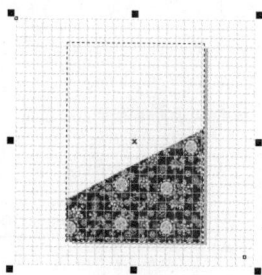

图8-149　　　　　　　　　　　　　　　图8-150

06 选择"选择"工具 ，在属性栏中将"旋转角度" ⟲ 0.0 °数值设置为45.0，按Enter键，效果如图8-151所示。按Ctrl+Page Down快捷键，将网格向后移一层，效果如图8-152所示。

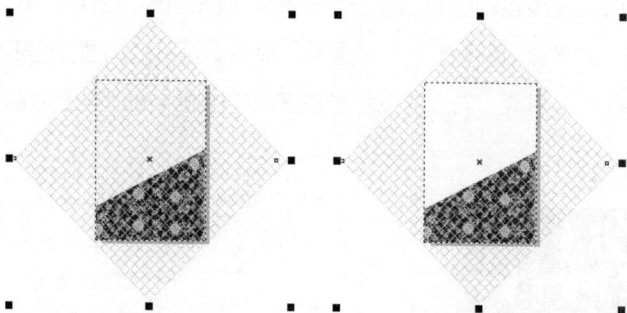

图8-151　　　　　　　　　　　图8-152

07 选择"对象 > PowerClip > 置于图文框内部"命令，鼠标指针变为黑色箭头形状，在白色图形上单击，如图8-153所示，将网格置入白色图形，效果如图8-154所示。

08 按Ctrl+I快捷键，弹出"导入"对话框，选择学习资源中的"项目8\素材\制作冰糖葫芦宣传单\02、03"文件，单击"导入"按钮，在页面中分别单击以导入图片。选择"选择"工具 ，分别拖曳图片到适当的位置并调整其大小，效果如图8-155所示。

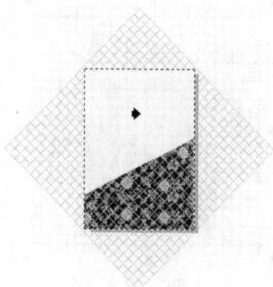
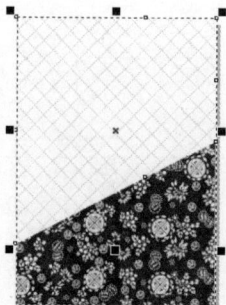

图8-153　　　　　　　　图8-154　　　　　　　　图8-155

09 用圈选的方法将导入的图片同时选取，按Ctrl+G快捷键群组图形，如图8-156所示。选择"阴影"工具 ，在图片中从上往下拖曳鼠标，为图片添加阴影效果，在属性栏中设置"阴影颜色"的CMYK值为100、98、62、44，其他选项的设置如图8-157所示，按Enter键，效果如图8-158所示。

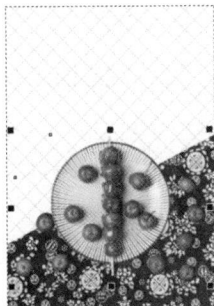

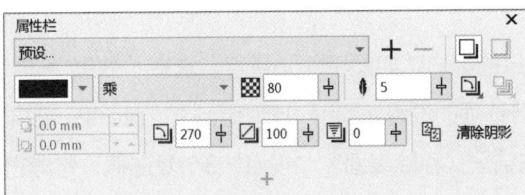

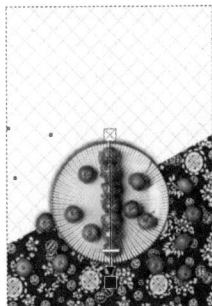

图8-156　　　　　　　　　　图8-157　　　　　　　　　　图8-158

10 按Ctrl+I快捷键，弹出"导入"对话框，选择学习资源中的"项目8\素材\制作冰糖葫芦宣传单\04"文件，单击"导入"按钮，在页面中单击以导入图片。选择"选择"工具 ，拖曳图片到适当的位置并调整其大小，效果如图8-159所示。冰糖葫芦宣传单制作完成，效果如图8-160所示。

图8-159　　　　　　　图8-160

任务知识

8.3.1 透视效果

在设计和制作图形的过程中，经常会使用到透视效果。下面介绍如何在CorelDRAW 2024中制作透视效果。

选择要添加透视效果的图形，如图8-161所示。选择"对象 > 透视点 > 添加透视"命令，图形的周围会出现控制线和控制点，如图8-162所示。按住鼠标左键并拖曳控制点，制作需要的透视效果。在拖曳控制点时出现了透视点图标 ，如图8-163所示，按住鼠标左键并拖曳透视点图标 ，可以改变透视效果，如图8-164所示。制作好透视效果后，按空格键确定操作。

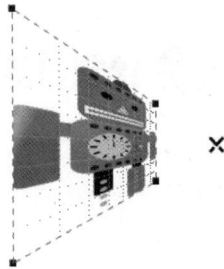

图8-161　　　　　图8-162　　　　　图8-163　　　　　图8-164

双击透视图形，可对已有的透视效果进行调整。选择"对象 > 清除透视点"命令，可以清除透视效果。

8.3.2 透镜效果

在CoreIDRAW 2024中，使用"透镜"泊坞窗可以制作出多种透镜效果。下面介绍透镜效果的制作方法。

打开一个要添加透镜效果的图形，如图8-165所示。选择"效果 > 透镜"命令，或按Alt+F3快捷键，弹出"透镜"泊坞窗，各选项的设置如图8-166所示，按Enter键，效果如图8-167所示。

"透镜"泊坞窗中有"冻结""移除表面""视点"3个复选框，勾选它们可以设置透镜效果的不同参数。

"透镜"泊坞窗中的复选框及部分选项的含义如下。

"冻结"复选框：勾选该复选框，可以将透镜下面的图形产生的透镜效果添加成透镜的一部分，产生的透镜效果不会因为透镜或图形的移动而改变。

"移除表面"复选框：勾选该复选框，透镜将只作用于其下层图形，没有图形的页面区域将保持其通透性。

"视点"复选框：勾选该复选框，可以在不移动透镜的情况下，只显示透镜下层对象的一部分，且下方的"X""Y"选项被激活，分别设置数值可以移动视点。

选项：单击该选项的下拉按钮，弹出下拉列表，如图8-168所示，在其中可以选择需要的透镜。选择不同的透镜，再进行参数的设置，可以制作出不同的透镜效果。

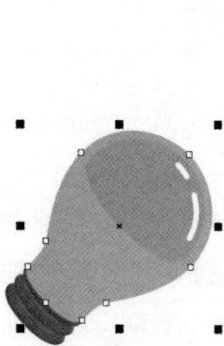 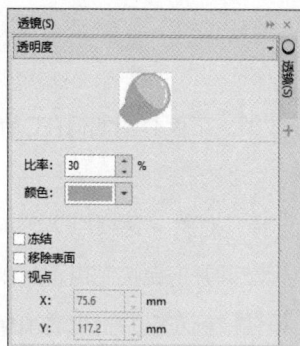 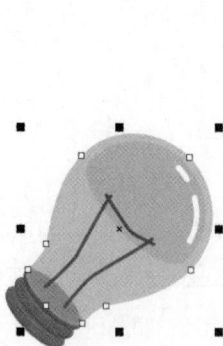 

图8-165 　　　　　图8-166 　　　　　图8-167 　　　　　图8-168

项目实践　绘制日历小图标

项目要点　使用"矩形"工具、"椭圆形"工具、"圆角半径"选项和"透明度"工具绘制日历小图标。最终效果参看学习资源中的"项目8\效果\绘制日历小图标.cdr"文件，效果如图8-169所示。

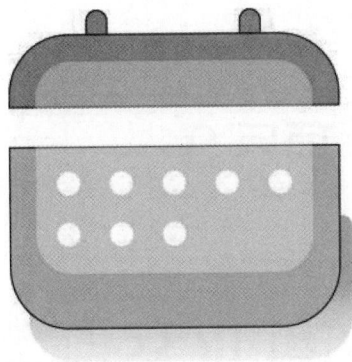

图8-169

课后习题 制作旅游公众号封面首图

习题要点 使用"导入"命令、"矩形"工具和"透明度"工具制作底图,使用"文本"工具、"封套"工具制作文字变形效果,使用"阴影"工具为文字添加阴影效果,使用"矩形"工具和"轮廓图"工具制作轮廓图效果。最终效果参看学习资源中的"项目8\效果\制作旅游公众号封面首图.cdr"文件,效果如图8-170所示。

图8-170

项目 9

商业案例实训

本项目将结合多个应用领域的商业案例详细讲解Corel-DRAW的强大功能和操作技巧。通过本项目的学习，读者可以快速掌握商业案例的设计理念和软件的技术要点，设计制作出专业的作品。

学习目标

- 掌握软件基础知识的应用方法。
- 了解CorelDRAW的常用设计领域。
- 掌握CorelDRAW在不同设计领域的使用技巧。

技能目标

- 掌握旅游插画的绘制方法。
- 掌握食品宣传单的制作方法。
- 掌握时尚女鞋网页Banner的制作方法。
- 掌握刺绣图书封面的制作方法。
- 掌握核桃奶包装的制作方法。

素养目标

- 培养提出独特的创意和设计概念的能力。
- 培养良好的沟通能力。
- 培养在职业发展方面的明确意识和就业与创业思维。

任务9.1 掌握插画的绘制

　　插画设计是一种通过图像、图案等视觉元素来解释和传递信息的艺术形式。本任务以多个主题的插画设计为例，讲解插画的构思方法和制作技巧，帮助读者制作出拥有自己独特风格的插画。

任务实践 绘制旅游插画

任务背景

《叮当故事汇》是一本儿童插画故事书，通过插画的形式向孩子们讲故事，内容通俗易懂。本任务要求绘制以旅游为主题的插画，通过简洁的绘画语言表现出旅游的特点，以及旅游带来的乐趣。

任务要求

（1）插画设计要求形象生动，内容丰富。

（2）设计形式要直观，充满趣味性。

（3）画面色彩要丰富多样，层次分明，具有吸引力。

（4）设计风格应具有特色，让人对旅游产生向往之情。

（5）设计规格为200mm（宽）×200mm（高），分辨率为300dpi。

任务展示

设计效果：学习资源中的"项目9\效果\绘制旅游插画.cdr"文件，如图9-1所示。

图9-1

任务要点

使用"星形"工具、"形状"工具、"矩形"工具绘制山和树，使用"椭圆形"工具、"置于图文框内部"命令制作PowerClip效果，使用"矩形"工具、"圆角半径"选项、"移除前面对象"按钮、"椭圆形"工具、"水平镜像"按钮、"垂直镜像"按钮、"编辑填充"对话框绘制云彩和缆车等。

项目实践1 绘制家电App引导页插画

项目背景

本项目为Shine家电App绘制引导页插画，用于产品的宣传和推广。插画要通过简洁的绘画语言突出宣传的主题，体现出平台的特点。

项目要求

（1）突出宣传主题，展现出电器美观、实用的特点。

（2）内容丰富，使用基础绘图工具进行绘制。

（3）画面色彩要充满时尚感和现代感，辨识度强，能吸引人们的注意力。

（4）风格独特，版式布局合理有序。

（5）设计规格为120mm（宽）×100mm（高），分辨率为300dpi。

项目展示

设计效果：学习资源中的"项目9\效果\绘制家电App引导页插画.cdr"文件，如图9-2所示。

图9-2

项目要点

使用"矩形"工具、"圆角半径"选项、"椭圆形"工具、PowerClip相关命令、"形状"工具和填充工具绘制洗衣机机身，使用"矩形"工具、"椭圆形"工具、"弧形"按钮和"2点线"工具绘制洗衣机按钮和滚筒区域等，使用"透明度"工具为滚筒制作透明效果。

项目实践2 绘制仙人掌插画

项目背景

乐鸿是一家儿童图书出版机构，自创立以来，一直致力于为儿童提供有趣、富有教育意义的阅读体验。本项目为一本面向儿童的教育绘本创作插画，这本书的主题是"探索植物世界"，旨在通过丰富的植物引发幼儿对植物及其生存环境的好奇心，同时介绍一些简单的生态教育知识。要求插画能够吸引孩子们的注意力并且激发他们的想象力。

项目要求

（1）插画表意准确，能够准确地传达出相关信息。

（2）插画以几何元素为主。

（3）画面色彩鲜艳、明亮，符合儿童审美。

（4）插画风格要保持简洁，但标志性元素要符合植物的特点。

（5）设计规格为200mm（宽）×260mm（高），分辨率为300dpi。

项目展示

设计效果：学习资源中的"项目9\效果\绘制仙人掌插画.cdr"文件，如图9-3所示。

图9-3

项目要点

使用"矩形"工具、"转换为曲线"按钮、"形状"工具绘制花盆，使用"矩形"工具、"圆角半径"选项、"轮廓笔"工具、"贝塞尔"工具绘制仙人掌。

课后习题 1　绘制鸳鸯插画

习题背景

《探索动物世界》是一本儿童绘本。该绘本的目标是通过可爱的动物和生动的场景，引发小朋友对动物及其生活习性的好奇心，同时介绍一些简单的生态教育知识。目前要绘制一幅鸳鸯插画，用作书中配图，要求画面简单，让小朋友感到愉悦和亲切。

习题要求

（1）插画要温馨、可爱、富有童趣。

（2）插画内容要求简单、有韵味，色彩搭配要合理。

（3）画面不要过于单一，为动物绘制合适的场景。

（4）细节要足够丰富，能够吸引孩子们的注意力。

（5）设计规格为380mm（宽）×260mm（高），分辨率为300dpi。

习题展示

设计效果：学习资源中的"项目9\效果\绘制鸳鸯插画.cdr"文件，如图9-4所示。

图9-4

习题要点

使用"矩形"工具、"圆角半径"选项、"椭圆形"工具、"饼形"按钮绘制鸳鸯身体和头部，使用"贝塞尔"工具、"手绘"工具、"置于图文框内部"命令绘制鸳鸯羽毛，使用"2点线"工具、"轮廓笔"工具、"变形"工具、"拉链变形"按钮绘制装饰线条。

课后习题 2　绘制假日游轮插画

习题背景

×××出版社是一家专注于儿童文化领域的出版机构，致力于创作和出版富有想象力和教育意义的儿童图书。本习题需要为儿童图书绘制插画。要求绘制以游轮为主题的插画，通过简洁的绘画语言表现出游轮的神秘以及大海的魅力。

习题要求

（1）插画设计要求形象生动、内容丰富。

（2）设计形式要直观醒目，充满趣味性。

（3）画面色彩要丰富多样，画面内容要层次分明，具有吸引力。

（4）设计风格应具有特色，能够引起小朋友的共鸣，从而产生向往之情。

（5）设计规格为203mm（宽）×241mm（高），分辨率为300dpi。

习题展示

图片素材：学习资源中的"项目9\素材\绘制假日游轮插画\01~10"。

文字素材：学习资源中的"项目9\素材\绘制假日游轮插画\文字文档"。

设计效果：学习资源中的"项目9\效果\绘制假日游轮插画.cdr"文件，如图9-5所示。

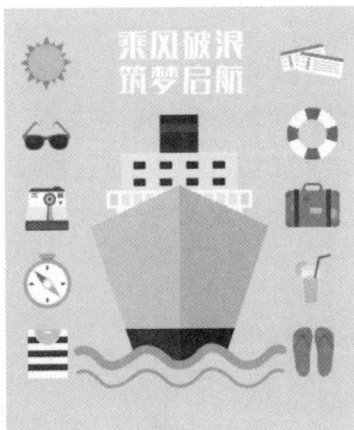

图9-5

习题要点

使用"贝塞尔"工具、"水平镜像"按钮、"矩形"工具、"移除前面对象"按钮绘制游轮,使用"导入"命令、"对齐与分布"泊坞窗导入并对齐素材图片,使用"贝塞尔"工具、"轮廓笔"工具绘制波浪,使用"文本"工具添加标题文字。

任务9.2 掌握宣传单的制作

宣传单是一种广告形式,对宣传活动和促销商品有着重要的作用,旨在吸引目标受众的注意并传达特定信息。本任务以多个主题的宣传单设计为例,讲解宣传单的构思方法和制作技巧,帮助读者制作具有独特魅力、主题鲜明的宣传单。

任务实践 制作食品宣传单

任务背景

味食美餐厅是一家融合传统与创新的精品餐厅,致力于为顾客提供美味、独特的菜肴和愉悦的用餐体验。在端午节来临之际,需要为餐厅制作宣传单。要求运用图片和宣传文字以及独特的设计手法,主题鲜明地展现出食物的健康、可口。

任务要求

(1)以端午节特色产品为主要内容进行制作。

(2)使用纯色的背景来烘托画面,使画面看起来美观大方。

(3)色彩搭配合理,体现出宣传单的条理性。

(4)设计风格具有特色,能够吸引顾客的眼球。

(5)设计规格为210mm(宽)×92mm(高),分辨率为300dpi。

任务展示

图片素材：学习资源中的"项目9\素材\制作食品宣传单\01~06"。

文字素材：学习资源中的"项目9\素材\制作食品宣传单\文字文档"。

设计效果：学习资源中的"项目9\效果\制作食品宣传单.cdr"文件，如图9-6所示。

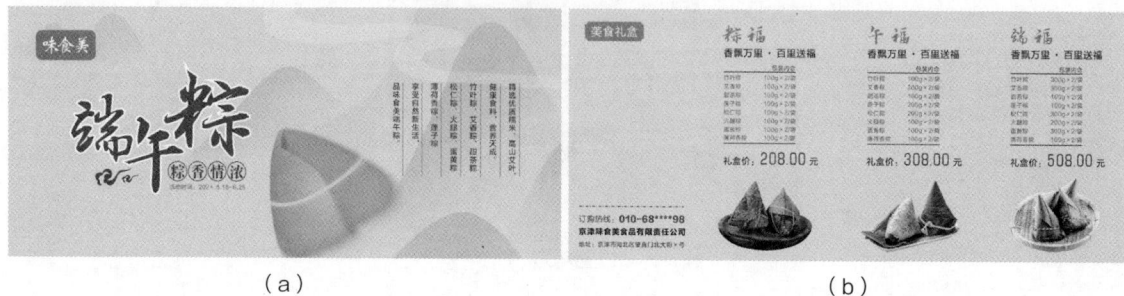

（a）　　　　　　　　　　　　　　　　（b）

图9-6

任务要点

使用"导入"命令添加产品图片，使用"文本"工具、"轮廓图"工具添加标题文字，使用"手绘"工具、"轮廓笔"工具绘制装饰线条，使用"矩形"工具、"圆角半径"选项、"文本"工具绘制标志，使用"插入页面"命令添加页面，使用"字形"命令插入字符，使用"文本"工具、"制表位"命令添加产品品类，使用"文本"工具、"文本"泊坞窗添加其他相关信息。

项目实践1 制作家居宣传单折页

项目背景

顾凯美家居是一家专注于家居设计的专业工作室，致力于为客户打造有品位且实用的家居设计方案。本项目为该工作室制作宣传单，希望通过宣传单生动地展示不同风格的家居设计案例，同时突出工作室的专业性。

项目要求

（1）使用浅色系色彩进行设计，符合设计行业舒适细腻的特点。

（2）内容规划合理，工作室信息要保持完整，突出专业性。

（3）宣传单的排版要清晰、整齐，易于阅读。

（4）设计规格为285mm（宽）×210mm（高），分辨率为300dpi。

项目展示

图片素材：学习资源中的"项目9\素材\制作家居宣传单折页\01~06"。

文字素材：学习资源中的"项目9\素材\制作家居宣传单折页\文字文档"。

设计效果：学习资源中的"项目9\效果\制作家居宣传单折页.cdr"文件，如图9-7所示。

（a）　　　　　　　　　　　（b）

图9-7

项目要点

使用"导入"命令添加家居图片，使用"矩形"工具和"置于图文框内部"命令制作PowerClip效果，使用"文本"工具、"文本"泊坞窗添加宣传信息，使用"矩形"工具、"2点线"工具和"轮廓笔"工具绘制装饰图形。

项目实践 2　制作农产品宣传单

项目背景

元气生活农场是一家致力于提供优质有机蔬菜的农场。本项目为该农场推出的新产品设计宣传单，宣传单的语言要求简明扼要，形式要新颖美观，突出宣传要点。

项目要求

（1）宣传单的设计要新颖、活泼。

（2）画面色彩要对比明显，使用浅色背景突出宣传内容。

（3）宣传单内容应全面、详细，版面设计富有变化。

（4）信息表达明确，抓住宣传要点。

（5）设计规格为210mm（宽）×297mm（高），分辨率为300dpi。

项目展示

图片素材：学习资源中的"项目9\素材\制作农产品宣传单\01"。

文字素材：学习资源中的"项目9\素材\制作农产品宣传单\文字文档"。

设计效果：学习资源中的"项目9\效果\制作农产品宣传单.cdr"文件，如图9-8所示。

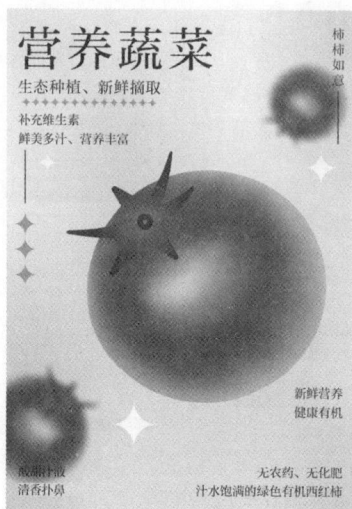

图9-8

项目要点

使用"矩形"工具、"网状填充"工具、"颜色"泊坞窗绘制宣传单背景,使用"椭圆形"工具、"转换为曲线"按钮、"形状"工具、"网状填充"工具、"颜色"泊坞窗绘制西红柿,使用"星形"工具、"角"泊坞窗、"封套"工具、"渐变填充"按钮和"椭圆形"工具绘制绿色的叶子,使用"文本"工具、"文本"泊坞窗添加宣传文字。

课后习题1 制作木雕宣传单

习题背景

艺韵是一家传统木雕工作室,致力于创作各种精美的雕塑和艺术品。木雕作为一门古老的工艺,已经存在了数千年,被广泛应用于雕刻雕塑、家具装饰、建筑装饰等领域。现需要为该工作室制作一份木雕艺术宣传单,用于展示木雕工艺和木雕作品。

习题要求

(1)宣传单的设计风格要与木雕工作室的定位相符。

(2)画面中要包括建筑装饰、木雕摆件等具有特色的相关元素。

(3)色彩搭配要合理,符合木雕的自然感和质感。

(4)主题文字的设计应与整个画面和谐统一。

(5)设计规格为210mm(宽)×297mm(高),分辨率为300dpi。

习题展示

图片素材:学习资源中的"项目9\素材\制作木雕宣传单\01~06"。

文字素材:学习资源中的"项目9\素材\制作木雕宣传单\文字文档"。

设计效果:学习资源中的"项目9\效果\制作木雕宣传单.cdr"文件,如图9-9所示。

图9-9

习题要点

使用"导入"命令添加展示图片，使用"文本"工具、"形状"工具添加并编辑标题文字，使用"椭圆形"工具、"矩形"工具、"圆角半径"选项绘制装饰图形，使用"文本"工具、"文本"泊坞窗添加其他相关信息。

课后习题 2　制作饮品宣传单

习题背景

清凉饮是一家致力于为消费者提供高品质饮品的餐饮品牌，芒果冰沙奶盖是该品牌新推出的夏季饮品，以新鲜芒果和冰沙为基底，搭配口感丰富绵密的奶盖，可为消费者带来清新与甜蜜的双重享受。此次宣传单设计应突出新品的清爽口感、诱人外观和夏季限定等特点，吸引消费者前来体验并提升品牌影响力。

习题要求

（1）以黄色与奶白色为主色调，突出饮品的清新。

（2）强调夏季新品这一特点，突出清凉感和层次感。

（3）使用现代、活泼的字体，符合夏季清爽、轻松的氛围。

（4）布局简洁、信息明确，突出新品介绍及促销活动，吸引消费者关注。

（5）设计规格为420mm（宽）×600mm（高），分辨率为300dpi。

习题展示

图片素材：学习资源中的"项目9\素材\制作饮品宣传单\01~04"。

文字素材：学习资源中的"项目9\素材\制作饮品宣传单\文字文档"。

设计效果：学习资源中的"项目9\效果\制作饮品宣传单.cdr"文件，如图9-10所示。

图9-10

习题要点

使用"导入"命令导入图片，使用"阴影"工具为图片添加阴影效果，使用"椭圆形"工具、"透明度"工具、"高斯式模糊"命令制作半透明效果，使用"椭圆形"工具、"转换为曲线"按钮、"形状"工具绘制装饰图形，使用"文本"工具、"文本"泊坞窗添加其他相关信息。

任务9.3 掌握Banner的制作

　　Banner又称为横幅广告，即为特定目的或活动制作的具有吸引力和信息传达能力的广告，用来宣传或展示相关活动或产品，提高品牌转化率。本任务以多个主题的Banner设计为例，讲解Banner的构思方法和制作技巧，帮助读者制作出生动形象、视觉冲击力强的Banner。

任务实践　制作时尚女鞋网页Banner

任务背景

时尚足迹是一家专注于设计、制造和销售高品质鞋类产品的公司。公司鞋类产品系列多样且丰富，涵盖了各种场合和风格。现因新品发布，为了提高品牌知名度和销售量，需要设计一个在电商平台进行宣传的Banner。希望通过该Banner表现女鞋的美感、品质和多样性，吸引潜在消费者。

任务要求

（1）设计风格简约，与品牌形象相符。

（2）图片清晰明了，并能突出产品的细节和特点。

（3）通过广告内容和视觉元素，引起消费者的情感共鸣。

（4）图文搭配协调，主次分明，画面美观大气。

（5）设计规格为1920px（宽）×600px（高），分辨率为72dpi。

任务展示

图片素材：学习资源中的"项目9\素材\制作时尚女鞋网页Banner\01~03"。

文字素材：学习资源中的"项目9\素材\制作时尚女鞋网页Banner\文字文档"。

设计效果：学习资源中的"项目9\效果\制作时尚女鞋网页Banner.cdr"文件，如图9-11所示。

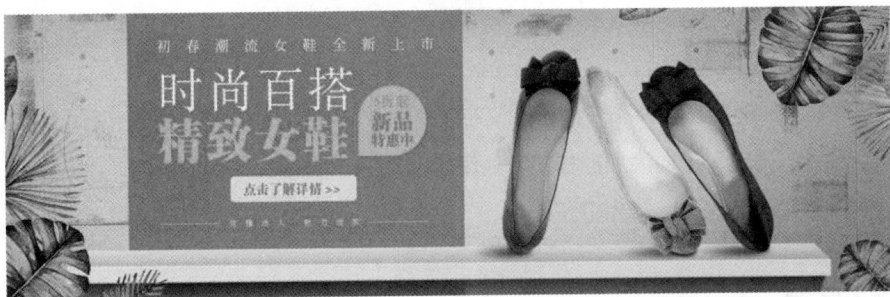

图9-11

任务要点

使用"文本"工具、"文本"泊坞窗和"填充"按钮添加标题文字，使用"椭圆形"工具、"矩形"工具、"合并"命令和"文本"工具添加特惠标签，使用"矩形"工具、"圆角半径"选项制作了解详情按钮。

项目实践 1　制作美妆类App主页Banner

项目背景

相宜草本是一个涉足护肤、彩妆、香水等多个产品领域的护肤品牌，致力于为顾客提供高品质、富有传统韵味的美妆产品。本项目为相宜草本美妆品牌进行Banner设计，旨在通过融合中国传统文化与现代美妆理念，展示品牌的独特魅力。此次设计将聚焦品牌理念和产品特色，打造兼具古典韵味与时尚感的视觉效果，吸引年轻女性群体的关注与兴趣。

项目要求

（1）广告内容以产品实物为主体。

（2）背景与装饰符合产品需求，体现出产品特色。

（3）选用带古典韵味的字体，保持画面简洁优雅，同时确保内容准确、易读。

（4）布局简洁大气，层次分明，避免信息拥挤，并适当留白。

（5）设计规格为1920px（宽）×700px（高），分辨率为72dpi。

项目展示

图片素材：学习资源中的"项目9\素材\制作美妆类App主页Banner\01~05"。

文字素材：学习资源中的"项目9\素材\制作美妆类App主页Banner\文字文档"。

设计效果：学习资源中的"项目9\效果\制作美妆类App主页Banner.cdr"文件，如图9-12所示。

图9-12

项目要点

使用"导入"命令、"矩形"工具和"置于图文框内部"命令制作Banner底图,使用"文本"工具、"文本"泊坞窗、"轮廓笔"工具添加标题文字,使用"矩形"工具、"转换为曲线"按钮、"形状"工具和"置于图文框内部"命令制作装饰图形。

项目实践 2　制作茶叶网站首页Banner

项目背景

本项目为茶叶网站的首页进行Banner设计,旨在通过简洁大气的设计体现产品品质。该网站致力于传承和创新中国茶文化,向消费者介绍各类优质茶叶,提供从种植到冲泡的全方位茶道体验。此次Banner设计将聚焦茶叶的自然魅力与文化内涵,突出品牌在现代茶叶市场中的独特地位,以吸引茶文化爱好者和其他用户群体。

项目要求

(1)采用自然温和的色调,给人一种清新、舒适的视觉感受。

(2)突出展示茶叶的细节。

(3)使用具有现代感的字体,结合传统文化元素,体现品牌的高端与专业。

(4)设计风格具有特色,版式活而不散,能够引起顾客的兴趣及购买欲望。

(5)设计规格为1920px(宽)×720px(高),分辨率为72dpi。

项目展示

图片素材:学习资源中的"项目9\素材\制作茶叶网站首页Banner\01~05"。

文字素材:学习资源中的"项目9\素材\制作茶叶网站首页Banner\文字文档"。

设计效果:学习资源中的"项目9\效果\制作茶叶网站首页Banner.cdr"文件,如图9-13所示。

图9-13

项目要点

使用"导入"命令添加素材图片，使用"阴影"工具、"合并模式"选项、"高斯式模糊"命令为图片添加阴影效果，使用"文本"工具、"文本"泊坞窗添加标题文字和其他信息。

课后习题 1　制作电商类App主页Banner

习题背景

本项目为柔风负离子吹风机进行Banner设计，旨在通过温馨的粉色突出产品的高端、时尚与温柔感。此次广告设计将突出产品的时尚外观和创新技术，以吸引年轻消费者，并传达其独特的设计理念。

习题要求

（1）以柔和的粉色为主色调，搭配渐变效果，突出产品的精致与时尚感。

（2）通过简洁明了的图文展示，突出产品的核心功能。

（3）使用现代、简洁的字体，确保广告信息清晰易读，同时与整体的设计风格相呼应。

（4）布局简洁大方，突出产品及卖点。

（5）设计规格为1920px（宽）×720px（高），分辨率为72dpi。

习题展示

图片素材：学习资源中的"项目9\素材\制作电商类App主页Banner\01"。

文字素材：学习资源中的"项目9\素材\制作电商类App主页Banner\文字文档"。

设计效果：学习资源中的"项目9\效果\制作电商类App主页Banner.cdr"文件，如图9-14所示。

图9-14

习题要点

使用"矩形"工具、"椭圆形"工具、"轮廓笔"工具、"高斯式模糊"命令制作Banner底图，使用"导入"命令导入素材图片，使用"文本"工具、"文本"泊坞窗添加产品名称和功能信息，使用"字形"命令插入字形。

221

课后习题 2 制作生活家具类网站Banner

习题背景

本项目为雅木堂生活家具类网站的首页进行Banner设计，此次Banner设计将突出产品的多样性、功能性和设计感，以吸引消费者关注并提升品牌形象。

习题要求

（1）采用现代简约风格，运用自然色调突出家具的质感与舒适感。

（2）展示多种家具产品，以吸引潜在消费者。

（3）布局清晰有序，重点突出产品特征。

（4）整体设计要简洁大方，避免过多信息干扰，突出品牌特色。

（5）设计规格为1920px（宽）×900px（高），分辨率为72dpi。

习题展示

图片素材：学习资源中的"项目9\素材\制作生活家具类网站Banner\01~08"。

文字素材：学习资源中的"项目9\素材\制作生活家具类网站Banner\文字文档"。

设计效果：学习资源中的"项目9\效果\制作生活家具类网站Banner.cdr"文件，如图9-15所示。

图9-15

习题要点

使用"导入"命令、"旋转角度"选项添加素材图片，使用组合相关命令、"阴影"工具为图片添加阴影效果，使用"文本"工具添加宣传文字，使用"轮廓笔"工具添加文字轮廓。

任务9.4 掌握图书封面的制作

图书设计是指图书的整体设计，是一个综合性的艺术和设计领域。图书设计不仅需要美观，还需要提供良好的阅读体验和与内容一致的视觉风格。本任务以多个主题的图书封面为例，讲解图书封面的构思方法和制作技巧，帮助读者制作出具有独特创意且精美的图书封面。

任务实践　制作刺绣图书封面

任务背景

×××出版社专注于中国传统手工艺的传承与推广。该出版社致力于对传统手工艺的历史渊源、技艺精髓以及手艺人心路历程的宣传，旨在唤起读者对传统手工艺的热爱，并重视传统工艺的传承。本任务为刺绣图书进行封面设计。图书的内容是中国刺绣，所以要求以刺绣图案为画面主要内容，并且合理排版与用色，使图书看起来更具特色。

任务要求

（1）封面以刺绣为主，体现出本书特色。

（2）对刺绣作品进行展示，使画面看起来真实且富有特点。

（3）设计要求表现出图书传统、典雅的风格。

（4）要求整个设计充满特色，让人一目了然。

（5）设计规格为380mm（宽）×260mm（高），分辨率为300dpi。

任务展示

图片素材：学习资源中的"项目9\素材\制作刺绣图书封面\01~06"。

文字素材：学习资源中的"项目9\素材\制作刺绣图书封面\文字文档"。

设计效果：学习资源中的"项目9\效果\制作刺绣图书封面.cdr"文件，如图9-16所示。

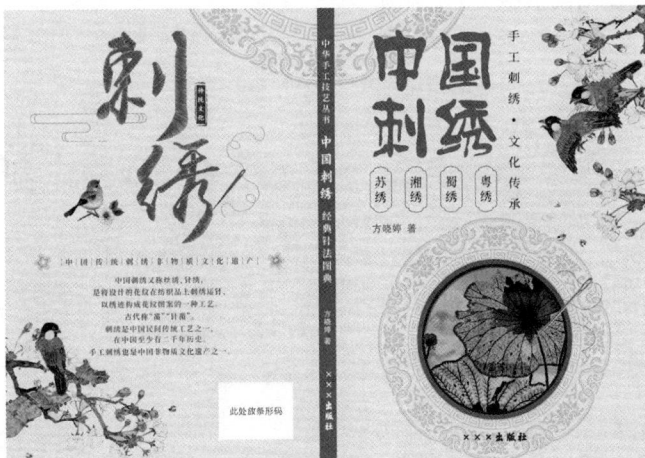

图9-16

任务要点

使用辅助线分隔页面，使用"导入"命令添加素材图片，使用"文本"工具、"文本"泊坞窗添加封面名称和出版信息，使用"矩形"工具、"圆角半径"选项、"形状"工具、"添加节点"按钮绘制装饰图形，使用"字形"命令插入字形。

项目实践1 制作剪纸图书封面

项目背景

×××出版社是一家学术底蕴深厚的出版机构，秉承着传承经典的理念，该出版社专注于学术研究和传统文化的深度挖掘。本项目为剪纸图书进行封面设计，用于图书的出版及发售。要求通过封面吸引读者的注意力，让剪纸在封面得到充分展现。

项目要求

（1）图书封面的设计使用纯色背景，起到突出主题的作用。

（2）整体色调清新舒适，搭配自然。

（3）图书的封面要表现出剪纸文化的深厚底蕴。

（4）文字要配合图片进行设计。

（5）设计规格为385mm（宽）×260mm（高），分辨率为300dpi。

项目展示

图片素材：学习资源中的"项目9\素材\制作剪纸图书封面\01、02"。

文字素材：学习资源中的"项目9\素材\制作剪纸图书封面\文字文档"。

设计效果：学习资源中的"项目9\效果\制作剪纸图书封面.cdr"文件，如图9-17所示。

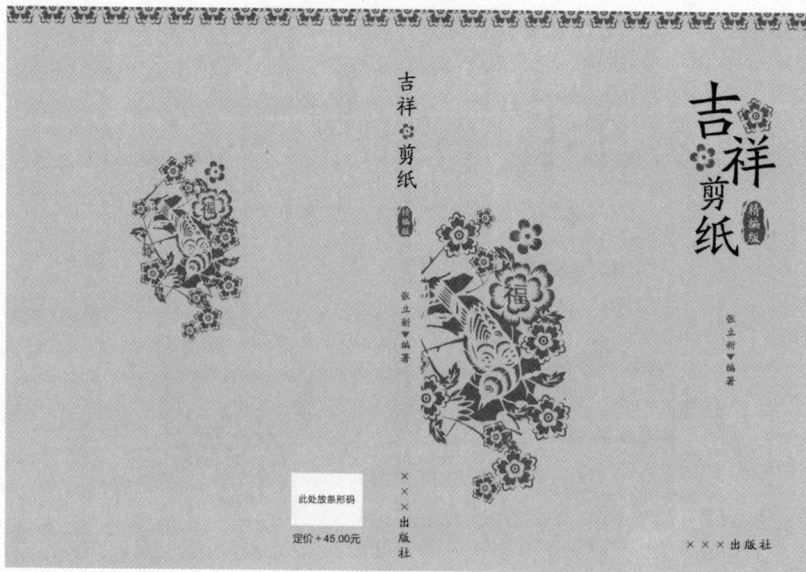

图9-17

项目要点

使用辅助线分隔页面，使用"打开"命令、"矩形"工具、"变换"泊坞窗、"置于图文框内部"命令制作封面背景，使用"文本"工具、"形状"工具添加封面名称和出版信息。

项目实践 2　制作化妆美容图书封面

项目背景

《四季美妆私语》是×××出版社出版的一本介绍美妆技巧的图书，其主要介绍如何打造符合不同时节的美妆造型等。要求通过对书名的设计和对其他图形的编排，制作出醒目且不失优雅的封面。

项目要求

（1）图书封面的设计要以和美妆有关的元素为主，表现图书特色。

（2）画面色彩以粉色调为主，使画面看起来优雅、柔美。

（3）画面设计要富有创意，使用花朵元素进行点缀，为画面增添趣味性。

（4）设计风格要具有特色，版式活而不散，能够引起读者的好奇及阅读兴趣。

（5）设计规格为460mm（宽）×260mm（高），分辨率为300dpi。

项目展示

图片素材：学习资源中的"项目9\素材\制作化妆美容图书封面\01~08"。

文字素材：学习资源中的"项目9\素材\制作化妆美容图书封面\文字文档"。

设计效果：学习资源中的"项目9\效果\制作化妆美容图书封面.cdr"文件，如图9-18所示。

图9-18

项目要点

使用辅助线分隔页面，使用"矩形"工具、"椭圆形"工具、"透明度"工具、"导入"命令和"双色图样填充"按钮制作封面背景，使用"文本"工具、"轮廓笔"工具和"文本"泊坞窗添加封面信息和介绍性文字，使用"2点线"工具绘制装饰线条。

课后习题 1 制作美食图书封面

习题背景

×××出版社现准备出版《家常菜》一书，为厨艺爱好者提供参考，图书以各类家常菜的制作方法为主要内容，所以要求以美食图片为画面的主要内容，且色彩搭配合理，使图书看起来更具特色。

习题要求

（1）图书设计要具有创意与独特的表现力。

（2）能够突出书中所要表现的内容，整个画面视觉体验流畅、简洁大方。

（3）色彩搭配合理，能够让人心情愉悦。

（4）封面设计要求符合主题，表现美食图书的特色。

（5）设计规格为385mm（宽）×260mm（高），分辨率为300dpi。

习题展示

图片素材：学习资源中的"项目9\素材\制作美食图书封面\01~06"。

文字素材：学习资源中的"项目9\素材\制作美食图书封面\文字文档"。

设计效果：学习资源中的"项目9\效果\制作美食图书封面.cdr"文件，如图9-19所示。

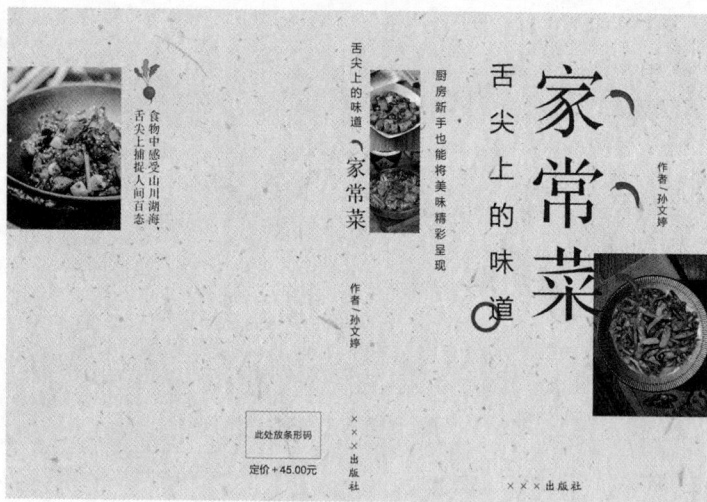

图9-19

习题要点

使用辅助线分隔页面，使用"导入"命令、"矩形"工具、"置于图文框内部"命令制作图框剪裁效果，使用"文本"工具、"文本"泊坞窗添加封面名称和出版信息，使用"椭圆形"工具、"轮廓笔"工具绘制装饰圆形。

课后习题 2　制作茶鉴赏图书封面

习题背景

×××出版社即将出版一本名叫《茶之鉴赏》的图书，该图书主要介绍中国茶艺文化。现需要制作图书的封面用于图书的出版及发售，要求围绕茶艺这一主题进行设计。

习题要求

（1）图书的封面采用浅色背景，使画面视野更开阔。

（2）字体的设计要符合茶艺这一特色，要具有传统特色。

（3）可以采用竖向排版的形式，使封面更加独特。

（4）色彩搭配舒适淡雅，让人印象深刻。

（5）设计规格为440mm（宽）×295mm（高），分辨率为300dpi。

习题展示

图片素材：学习资源中的"项目9\素材\制作茶鉴赏图书封面\01~05"。

文字素材：学习资源中的"项目9\素材\制作茶鉴赏图书封面\文字文档"。

设计效果：学习资源中的"项目9\效果\制作茶鉴赏图书封面.cdr"文件，如图9-20所示。

图9-20

习题要点

使用辅助线分隔页面，使用"矩形"工具、"导入"命令和"置于图文框内部"命令制作图书封面，使用"亮度"命令和"颜色平衡"命令调整图片颜色，使用"高斯式模糊"命令制作图片的模糊效果，使用"文本"工具输入直排和横排文字，使用"转换为曲线"命令和"渐变填充"按钮转换并填充图书名称。

任务9.5 掌握包装的制作

本任务以多个主题的包装设计为例，讲解包装的构思方法和制作技巧，帮助读者制作出精美、独特的包装。

任务实践 制作核桃奶包装

任务背景

食佳股份有限公司是一家以奶制品、干果、茶叶、休闲零食等食品的分装与销售为主的企业。现公司推出高钙低脂核桃奶，要求制作一款包装设计，表现出核桃奶健康美味的特点，并能够快速吸引消费者的注意。

任务要求

（1）包装风格要求清新、简约，符合产品特色。

（2）字体要求简单、大方，符合整体的包装风格。

（3）图文搭配合理，视觉效果强烈。

（4）文字内容要求简洁明了，向消费者传达真实、明确的信息。

（5）设计规格为210mm（宽）×297mm（高），分辨率为300dpi。

任务展示

图片素材：学习资源中的"项目9\素材\制作核桃奶包装\01"。

文字素材：学习资源中的"项目9\素材\制作核桃奶包装\文字文档"。

设计效果：学习资源中的"项目9\效果\制作核桃奶包装.cdr"文件，如图9-21所示。

图9-21

任务要点

使用"导入"命令添加素材图片，使用"椭圆形"工具、"3点椭圆形"工具、"贝塞尔"工具、"形状"工具和"轮廓笔"工具绘制卡通形象，使用"文本"工具、"文本"泊坞窗添加商品名称及其他相关信息，使用"贝塞尔"工具、"文本"工具和"合并"按钮制作文字镂空效果。

项目实践1　制作猪肉酥包装

项目背景

松林食品有限公司是一家涉及食品研发、制造、分销与出口的综合型食品制造公司，其产品涵盖糕点、果冻、干果和调味品等众多类别。现新款肉松饼即将上市，要求设计外包装，要符合产品特点和公司特色。

项目要求

（1）包装风格要清新、简约，与手绘风格相结合，突出产品特点。

（2）使用手写字体，与包装的手绘风格相呼应。

（3）图文搭配合理，视觉效果强烈。

（4）设计规格为365mm（宽）×104mm（高），分辨率为300dpi。

项目展示

图片素材：学习资源中的"项目9\素材\制作猪肉酥包装\01、02"。

文字素材：学习资源中的"项目9\素材\制作猪肉酥包装\文字文档"。

设计效果：学习资源中的"项目9\效果\制作猪肉酥包装.cdr"文件，如图9-22所示。

（a）

（b）

（c）

图9-22

项目要点

使用"贝塞尔"工具、"矩形"工具、"打开"命令、PowerClip相关命令制作包装底图,使用"文本"工具、"转换为曲线"按钮绘制产品名称,使用"文本"工具、"文本"泊坞窗添加营养成分表和其他包装信息,使用"转换为位图"命令、"柱面"命令和"封套"工具制作立体展示图。

项目实践 2　制作爆米花包装

项目背景

美食佳股份有限公司是一家以茶叶、休闲零食等食品的分装与销售为主的公司。现公司推出新款零食爆米花,要求制作一款包装,用于表现爆米花口感酥脆、健康美味的特点。同时,要求画面内容丰富,能够快速吸引消费者的注意。

项目要求

(1)包装应具有吸引力和创新性,以吸引消费者的注意力。

(2)使用亮丽的颜色和有趣的图案,以增加包装的趣味性。

(3)设计要求简洁大气,图文搭配合理,视觉效果强烈。

(4)以真实、简洁的文字内容向消费者传达相关信息,从而突出产品的特点和品牌形象。

(5)设计规格为258mm(宽)×348mm(高),分辨率为300dpi。

项目展示

图片素材:学习资源中的"项目9\素材\制作爆米花包装\01~10"。

文字素材:学习资源中的"项目9\素材\制作爆米花包装\文字文档"。

设计效果:学习资源中的"项目9\效果\制作爆米花包装\爆米花包装平面展示图.cdr"文件,如图9-23所示。

（a）　　　　　　　　　（b）

图9-23

项目要点

使用"导入"命令添加产品图片,使用"多边形"工具、"矩形"工具制作包装底图,使用"椭圆形"工具、"矩形"工具、"移除前面对象"按钮、"文本"工具制作商标和装饰图形,使用"文本"工具、"文本"泊坞窗和"旋转角度"选项制作产品名称。

课后习题 1　制作大米包装

习题背景

稻香米业是一家专注于提供高品质、健康谷物产品的公司，致力于为消费者提供优质的谷物选择。现需要制作大米包装，要求整体画面美观且富有创意，符合公司的定位与市场需求。

习题要求

（1）使用插画的形式制作包装袋上的装饰，体现出产品自然、纯净的特点。

（2）画面排版清晰明了，文字内容易于识别。

（3）画面色调统一，具有平衡感和美感。

（4）整体效果要给人自然、健康的感觉。

（5）设计规格为297mm（宽）×210mm（高），分辨率为300dpi。

习题展示

图片素材：学习资源中的"项目9\素材\制作大米包装\01~05"。

文字素材：学习资源中的"项目9\素材\制作大米包装\文字文档"。

设计效果：学习资源中的"项目9\效果\制作大米包装.cdr"文件，如图9-24所示。

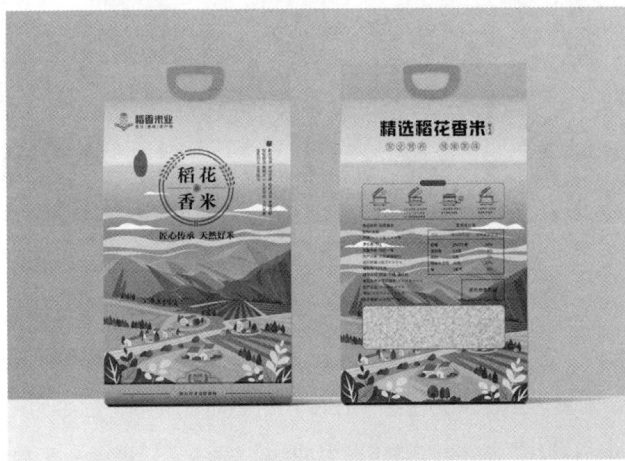

图9-24

习题要点

使用"导入"命令、"矩形"工具、"渐变填充"按钮、"贝塞尔"工具绘制包装底图，使用"文本"工具、"文本"泊坞窗添加产品名称，使用"2点线"工具、"贝塞尔"工具、"椭圆形"工具、"矩形"工具、"圆角半径"选项、"透明度"工具绘制装饰图形，使用"文本"工具、"文本"泊坞窗、"表格"工具添加营养成分表和其他包装信息，使用"矩形"工具、"圆角半径"选项和"置于图文框内部"命令等制作PowerClip效果。

课后习题 2　制作夹心饼干包装

习题背景

麦维特食品有限公司是一家以膨化食品为主要经营对象的食品公司，要求为本公司最新推出的全麦夹心饼干制作产品包装，包装应重点表现新产品的特色，与品牌形象相符，且能吸引消费者的注意。

习题要求

（1）整体画面要求干净自然，突出品牌信息和产品卖点。

（2）运用实物图片，以激发消费者的联想。

（3）整体效果要简洁直观、明快舒适，让人一目了然。

（4）设计规格为330mm（宽）×100mm（高），分辨率为300dpi。

习题展示

图片素材：学习资源中的"项目9\素材\制作夹心饼干包装\01、02"。

文字素材：学习资源中的"项目9\素材\制作夹心饼干包装\文字文档"。

设计效果：学习资源中的"项目9\效果\制作夹心饼干包装.cdr"文件，如图9-25所示。

图9-25

习题要点

使用"矩形"工具、"导入"命令、"旋转角度"选项和"水平镜像"按钮制作包装底图，使用"3点椭圆形"工具、"透明度"工具、"转换为位图"命令和"高斯式模糊"命令为产品图片添加阴影效果，使用"文本"工具、"拆分曲线"命令、"转换为曲线"命令、"形状"工具和"填充"按钮制作产品名称，使用"矩形"工具、"圆角半径"选项、"移除前面对象"按钮、"文本"工具和"文本"泊坞窗制作营养成分标签，使用"矩形"工具、"椭圆形"工具、"调和"工具和"文本"工具制作品牌名称。